〈顔〉のメディア論

メディアの相貌

西 兼志

Nishi Kenji

法政大学出版局

〈顔〉のメディア論——メディアの相貌　目次

はじめに　〈顔〉――この不気味なもの……

二〇〇六年二月六日。記者会見が行われている。中年にさしかかったあたりの女性が声明を読み始める。

> まず最初に、当初からお世話になったアミアン病院の医師団とスタッフに感謝します。
> みなさんもご存じのように、わたしが病院についたとき、わたしの顔は崩壊していました……[*1]

たしかに、こう話している最中も、彼女の顔は幾分、弛緩し、言葉を発するのも楽ではないように見える。下唇は垂れ下がっており、うまく力が入っていないようだ。

> 五月二七日のことでした。心労が一週間、続き、それを忘れようと薬を飲みました。すると、気分が悪くなり倒れてしまい、家具に頭をぶつけてしまったのです。
> ようやく意識が戻って、タバコに火を付けようとしたとき、なぜか、うまくくわえられませんでした。その時です、周りが血の海で、側らに犬が居るのに気づいたのは。

洗面所の鏡を急いで見に行きましたが、目にしたものを信じられませんでした。それはあまりに恐ろしい姿でした……[*2]

そして、この記者会見のクライマックスともいうべき場面がやってくる。記者たちは突如、質問するのをやめ、無数のフラッシュが我先にとたかれる。記者だけでなく、医師たちも驚いているようだ。しかし、彼女は喉を潤そうとグラスに口を近づけただけであった。

彼女は、イザベル・ディノワールという、世界初の顔面移植を受けた女性だ。メディアでは、「ふたつの顔を持つ女性（La femme aux deux visages ＝『奥様は顔が二つ』、グレタ・ガルボの最後の作品のタイトルだ）」と呼ばれることもある。彼女は、薬を飲んで意識を失っているあいだに、顎から鼻までの部分を、飼っていたラブラドールとボースロンの雑種に食いちぎられたのだ。医師によれば、娘と激しく言い争い、その興奮を鎮めようと薬を摂取した後、寝込んでしまったのだった。そして、夜中に起き上がろうとしたところを犬に咬まれたようだが、その理由は不明としている。本人は、犬が咬んだのは、自殺をしようと睡眠薬を過剰摂取し、意識を失った主人を起こそうとしたのだったかもしれないと言っている。

いずれにしろ、目を覚ました彼女は、朦朧とした状態のまま、祖母の家に遁走していた娘に電話をした。自分では、普通に話しているつもりだったが、娘の方は、何を言っているのか理解できなかった。そのため、母の元に駆けつける前に、救急車を呼んだのだった。こうして、ヴァランシエンヌの病院を経て、アミアン病院に入院し、そこで、いつなのかわからない手術を待ちながら、六ヶ月を過ごすことになる。

ケガの状態は、下あごから鼻梁にかけて、特に右側は、頬を含めて目の下までが食いちぎられ、上あごから鼻にかけては骨が露出するほどであった。彼女によれば、見慣れた顔、表情があるはずのところにあるのは、「穴」だけという状態であった。

わたしの顔は、怪物の顔だった。一番耐えられなかったのは、鼻だ。というのも、骨が丸見えだったからだ。そこで、看護師のシルヴィーに、必ず包帯で覆うようにしてもらった。骨は、骸骨、つまり、死を思わせたからだ。[*3]

入院後しばらくは、他者の視線が恐ろしく病室から出することもできなかった。その後、外出できるようになっても、マスクは手放せなかった。たとえ自宅であっても、病院の外の世界には、自分の居場所などないのだと感じるようになっていた。

術後のケアを担当したのは、リヨンのエドゥアール・エリオ病院のジャン＝ミシェル・デュベルナール医師であった。かれは、移植医療の専門家として、一九九八年に手の移植（ただし、三年後に、移植を受けた患者の希望により、移植した手を切断することになった）、さらに二〇〇〇年には両手の移植手術に成功していた。彼女を初めて診断した時のことを振り返り、「彼女の状態を診てからは、もう躊躇うことはなかった」[*4]と言っている。これまで行われてきたような自家移植による再建治療では、彼女の状態を改善させることは不可能だと判断したのだ。

この移植手術に先立つ二〇〇四年に、フランスの倫理審査委員会は、顔面移植手術の要望に対して、全面移植には反対する見解を表明していた。というのも、深刻な拒絶反応の可能性が、術後一年は十％程度、五年〜十年では三十〜五十％と見積もられており、このリスクによって、手術をしなければ致命的ではないものがかえって、致命的になってしまうと考えていたのだ。また、そもそも顔面の摘出に応じるドナーが現れる可能性に否定的であった。しかしながら、部分移植に関しては必ずしも否定しておらず、そのため、今回の移植の可能性は残されていたのであった。

イザベル自身は、移植手術の打診を受けた際に、即、前向きな返答をしたのであった。

こうしてついに、二〇〇五年十一月二十七日に手術が行われることになった。ドナーとなったのは、自殺を図り、脳死状態に陥った女性であった。リールで彼女から摘出された移植片がアミアンに輸送され、アミアン大学病院の顎顔面外科を専門とするベルナール・デュヴォシェル教授を中心とした医師団が執刀することになった。それは、十五時間にも及ぶ大手術であった。

手術が終わってからは、誰とも変わるところなく、わたしには顔があります。

今は、口を開けることもできるようになり、食事も取れるようになりました。少し前からは、わたしの唇を感じ、鼻も口も感じることができます。[*5]

記者会見での彼女の姿は、術後二ヶ月あまりしか経っていないことを考えれば、この手術が成功だったことを証し立てるものである。しかしながら、困難は、手術そのものよりむしろ、終生、続けていかなければならない拒絶反応の管理とリハビリにこそあるのであった。

拒絶反応に関しては、パッチを胸に張って、日々チェックせねばならなかった。当初はドナーの骨髄から取られた造血幹細胞を静脈注射することで、拒絶反応を抑えたのだった。これは、リヨンでの手の移植の経験から得られた技術であった。

しかし、術後一ヶ月経ち、クリスマスを目前にしていたころ、拒絶の徴候が表れた。彼女は、顔色が赤らんでいるのに気づいたのだった。実際、拒絶反応をコントロールするためのパッチも赤くなっていた。今回は乗り越えられたものの、この異物との関係は続いていくのであった。[*6]

移植片をみずからのものにしていくのに欠かせないのが、リハビリである。特に、口は、記者会見の際にもそうであったように、否が応でも注目される器官であり、本人にとっても、食事、そして、言葉に関して、意のままに動かせるようになり、さらに、それを意識しなくてもできるようにならねばならなかった。リハビリの第一歩は、舌で触れるのを繰り返すことで、慣れていくことであった。確認することで、唇の神経を回復させ、わがものとしていくのであった。その他の部分については、作業療法士がマッサージを続けた。こうして、触れられることで、目も背けたかった顔が、血の通った、人間的なもの、みずからのものとなっていったのだ。

いまでも時々、顔がまだそこにあるかを確かめるために、顔を触ってみることがある。夜、寝るとき、口を閉じたままでいようとする。そうすることで、鼻で呼吸をするようになる。朝、唇が開いていないのに気づく。口を閉じたままで目覚められるのは、どれほど幸せなことでしょう！それは、わたしが寝ていても、一晩中、「それ」が働き続けたということだからだ。[*7]

こうして、イザベルは少しずつ顔を取り戻していったのであった。われわれにとっては、これ以上ないほど当たり前で、思い至ることもない状態なわけだが――「顔がある」と改めて考えたことなどあるだろうか――、彼女にとっては、別の惑星からの帰還のようなものなのであった。

わたしは人間の住む惑星に帰還したのです。それは、顔を持ち、微笑み、表情があり、コミュニケーションする人たちの世界のことです。[*8]

しかしながら、「他人のもの」とは感じなくなっていったものの、それでもなお違和感は消えてはいなかった。「帰還」といっても、かつての状態を回復したわけではなかったのだ。もとの顔を取り戻せるわけでないのは言うまでもないが、しかし、だからといってドナーの顔になってしまうわけでもなかった。そのどちらのものでもない、いわば「第三者の顔」であり、ひとつの「創造」のようなものだったのだ。手術に先立つ倫理審査委員会の答申でも、最終的にレシピエントの顔がどうなるかは予見できないとされていた。この新しい顔を「手なずける」ためのリハビリが、レシピエントの仕事なのであった。

この第三者性をよく表しているのが、ある日、あごに生えてきた「ヒゲ」である。

あごにヒゲが生えているのを見たとき、妙な感じがした。それまで、そんなことはなかったからだ。おまえのヒゲじゃないかと言われるかもしれないが、それは、「彼女」がそこにいるということだ。「彼女」を生かしているのはわたしなわけだが、このヒゲは「彼女」のものなのだ。[*9]

看護師や作業療法士にとって、このヒゲは、「花が咲いた」ようなもので、生命の現れにほかならず、かれらの努力が実を結んだことをまさに証すものであった。イザベルをサポートしていた精神科の医師たちも、新しい顔が、「シーツのように」、体になじんでくると励ましていたのだった。しかし、当人にとって、それは、顔があくまでも他者のものであり続けること、そして、移植後の彼女自身が、もはや、かつての彼女ではないという事実を突きつけるものにほかならなかった。

ようやく、自分の顔を取り戻すわけではないことが理解できるようになった。わたしの部分もあれば、ずっとドナーのものであり続ける部分もある。ふたつが混ぜ合わさったものなのだ。[*10]

それゆえ、たとえば、鼻に痒みを感じたときでも、「わたしの鼻(mon nez)」ではなく、「不特定の鼻(un nez)」と言ったほうが、彼女の感覚にはふさわしい表現なのであった。

この自分のものでもあり他者のものでもある——自分のものでもなく他者のものでもないとも言えるだろう——という第三者性の感覚を、次の証言は、決定的に、身体的・直観的に伝えている。

それは内側だったのだが、ある種の感覚があった……自分のものではないようだった。柔らかく、ひどいものだった。

言っていいのかどうかわからないが、気持ち悪いものだった。振り返ってみると、一番耐えられなかったのは、それだった。それは、誰か他の人の口の中を経験することだ。見かけなど、大したことではなかった。[…]

まるで、生きていないかのようだった。まったくの異物だった。それに舌で触れることといったら……[*11]

彼女の経験が興味深く、貴重なのは、世界初の顔面移植であり、ルポルタージュやドキュメンタリー番組を始め、良かれ悪しかれ、様々な報道がなされた大事件となったからだけではない。そうではなく、顔を内側から生きるという、あまりに身近で、あまりに自明であるため、意識に上ることもない経験を物語るものだからである。逆に言えば、彼女の経験は、たしかに特異なものだとしても、わたしたちがごく日常的に経験しているはずのことを教えてくれている——それも内側から——のである。

〈顔〉は本当に自分のものなのだろうか?〈顔〉ほど、われわれにとって遠いものはないのではないか?われわれは、ほんの鼻先を除いて、〈顔〉を直接目にすることもない。自分の姿を撮したはずの写真に違和を覚えたことはないだろうか？　みずからのアイデンティティーを証すはずのものでありながら、それを揺るがすものなのではないか？　みずからのものだと信じ切ってしまうことで、その他者性にもっとも気づかないでいる対象なのではないか？　あるいはむしろ、〈顔〉とは、そもそも、みずからのものというより、他者のために、そして、他者によって存在しているものなのではないか？　イザベルは、他者の〈顔〉をみずからのものとして生き、みずからの〈顔〉を他者のものとして生きていた。移植したあごの皮膚から生えてきたヒゲは、みずからが生かしていると同時に、みずからを生かしている他者を表すものなのであった。[*12]〈顔〉とは、自己の他者、わたしに帰属する他者、わたしには帰属しきれない、異物としての他者、別言すれば、自己と他者、親密さと違和、近さと遠さ、内と外が交差する場、同時にその両者である場なのだ。

この意味で、〈顔〉とは、メディアなのである。〈顔〉こそが、第一のメディアなのだ。

われわれがこれから試みるのは、この主張を、〈顔〉とメディアを突き合わせること――〈顔〉からメディアを、〈顔〉をメディアとして考えること、それと同時に、メディアから〈顔〉を、メディアを〈顔〉として考えること――で確かめていくことである。

注

［以下、外国語文献について、邦訳のあるものはできるかぎり既訳を参照したが、文脈に応じて適宜、変更した。］

＊1――Noëlle Châtelet, *Le baiser d'Isabelle : l'aventure de la première greffe du visage*, Le Seuil, 2007, p. 14. また、次のドキュメンタリーもこの手術の経緯を詳細に辿っている。Michael Hughes, *Greffe du visage, histoire d'une première mondiale*. フランスでは、民放最大手のＴＦ１で二〇〇六年五月二三日に放送された。ちなみに、本書の元になった筆者の博士論文の口頭審問が行われたのは、まさにこの放送日であった。

＊2――*Ibid.*

＊3――*Ibid.*, p. 36.

＊4――*Le Monde*, le 6 décembre 2005.

＊5――N. Châtelet, *op. cit.*, p. 15.

＊6――本書の原稿の最終チェックを行っている最中の二〇一六年九月六日に、イザベル・ディノワールが同年四月二二日に亡くなっていたことが報じられた。免疫抑制剤の副作用として生じた癌が死因だとされている。また、それに先だって、拒絶反応によって、唇の機能の一部を失っていたという。

＊7――N. Châtelet, *op. cit.*, p. 296.

＊8――*Le Monde*, le 7 juillet 2007.

＊9――N. Châtelet, *op. cit.*

＊10――*Ibid.*, p. 277.

＊11――*Ibid.*, p. 239.

＊12――この点で興味深いのは、イザベルの経験とまったく対照的な、美容整形を受ける人々がみずからの術前の〈顔〉に対して持っている違和感である（谷本奈穂『美容整形と化粧の社会学――プラスティックな身体』新曜社、二〇〇八）。彼女らにとって、ほんとうの〈顔〉は、あくまで術後のものなのであり、手術、つまり、人の手、技術を介して、言い換えれば、人工的になって初めて、みずからの自然な〈顔〉を手にすることができたわけである。イザベルの経験と重ね合わせることで浮かび上がってくるのは、「わたし」の〈顔〉とは、何か？という問いであり、自己と他者、ほんものと作られたもの、自然と人工のあいだで揺らぐ〈顔〉のステータスである。

第１部　〈顔〉――第一のメディア

第1章　原初的対象としての〈顔〉

われわれにとって、〈顔〉ほど慣れ親しんだ対象はない。それは、自分の〈顔〉だけでなく、他人の〈顔〉についても同様であり、〈顔〉がないところにさえ、〈顔〉を見て取ってしまうほどだ（心霊写真がその例だ）。薄明や曇天など、認知条件がよくないとき特に、〈顔〉でない対象も〈顔〉として認識してしまう傾向があることを認知心理学は教えている（しかし、その逆に、〈顔〉を、別の対象としてしまうことはない）。

このような傾向は、誕生まもなくの新生児にも確認され、それが大人になってからも、われわれの認知の基調となっているのだ。

生後一時間に満たない赤ん坊であってもすでに、大人が行う舌出しや口の開閉といった行動を模倣することが知られている[*1]（図1）。新生児は生後まもなくから、のっぺらぼうの顔や、目鼻の位置を変えた「乱顔」よりも、そのような変更を加えない「正顔」に対して興味を示す。一ヶ月児になると、正顔に対しては、まず目を見、舌出しが行われるとそれを模倣し、微笑や発声をもって応えるが、乱顔に対しては、不安を示し、体をこわばらせ、泣くなど拒否する。二ヶ月目に入ると乱顔にも同様の反応は見せるようになるが、三ヶ月目になると再び、人の〈顔〉（様のもの）を選好するようになる。[*2]

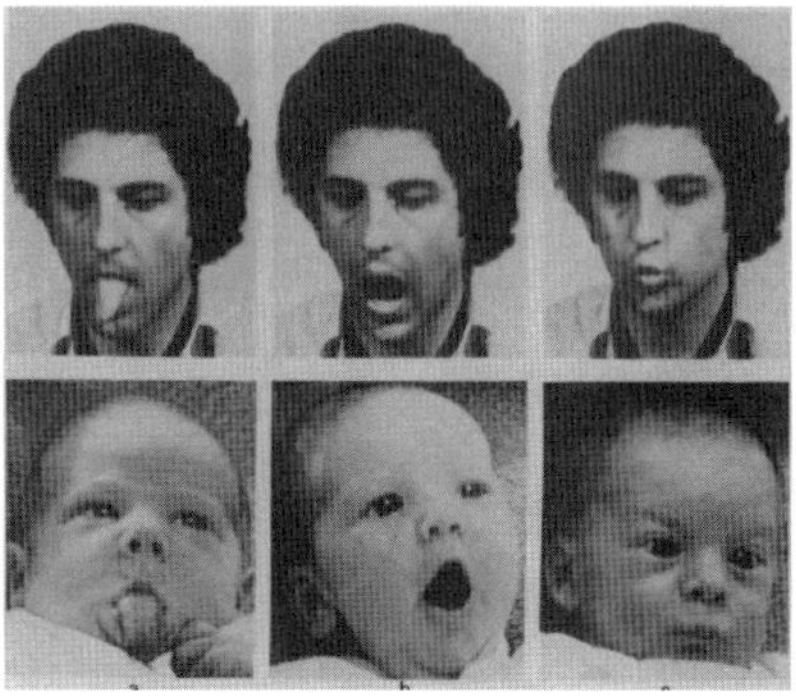

図１：新生児模倣

Andrew N. Meltzoff and M. Keith Moore, “Imitation of Facial and Manual Gestures by Human Neonates”, *Science*, Volume 198, 1997 Oct., p. 75. より。

これらの観察が証しているのは、ふたつの目と口が逆三角形に配置されているという基本的な構造を知覚させるメカニズム（「コンスペック」）が生得的に備わっており、生後二ヶ月くらいからは、顔に表れる表情を学習するメカニズム（「コンラーン」）が、それまでの経験をもとにして機能し始めるということである。[*3]

このような〈顔〉に対する認知的選好は、周囲の他者に対する関心としてだけでなく、鏡像に対する関心として現れ、自己認識へと至らせるものである。

鏡像をめぐって――〈顔〉と鏡

鏡に映った自己像をみずからのものとして認識できるかどうかは、個体発生＝成長だけでなく、系統発生＝進化においても大きな画期を記している。ヒト化のプロセスにおいて鏡像は欠かすことができないものである。

たとえば、鳥類はそもそも鏡像が実在する対象ではないことに気づかないが、犬や猫はこの鏡像の非実在性に気づき、まもなく関心を示さなくなる。それが、オランウータンやチンパンジーなどの高等なほ乳類になると、鏡像をみずからの姿として同定できるため、その像を利用できるようになる。

『人及び動物の表情について』でダーウィンは、二頭のオランウータンに鏡を見せた際の観察を報告している。[*4] それによると、オランウータンは、鏡に近づき、唇を突き出したりするが、それは、二頭のオランウータンが同じ部屋に初めて入れられたときと同じ反応であった。鏡面をこすったり、裏側に手を回したり、のぞいたりしたが、しばらくすると鏡を見なくなる。つまり、オランウータンは鏡に映った姿をみずからの姿とは認識せず、別の個体と認知したわけである。

このような自己認識の有無をより厳密なかたちで証明したのが、ゴードン・ギャラップが一九七〇年に『サイエンス』に発表した「鏡のテスト（あるいは、マーク・テスト）」である。[*5] ギャラップは、複数のチンパンジーに十日間、鏡のある環境で生活させた後、麻酔をかけ、額にマークを付けた。麻酔から目覚めたチンパンジーを、鏡のない環境に置いて観察したところ、額のマークを特に気にかけるような素振りは見せなかった。このことを確認した後、鏡のある環境に改めて置いてみたところ、麻酔をかけられているあいだに付けられた額のマークに気づき、額を触る動作を示したのだった。その後も、手をじっと見たり、匂いをかいだりなど、手を念入りに調べた。さらに、麻酔をかける前に鏡のある環境に置かない対照実験を行ったところ、この対照群はマークを認識しないことが明らかになった。以上の結果から、ギャラップは、チンパンジーはみずからの鏡像を認知できると結論づけた。同じテストをサルについても行ったところ、サルはマークを認識しなかったことから、鏡像認知能力は、チンパンジーに限られると考えられることになった。[*6]

ヒトの場合、鏡に反応し始めるのは、生後三ヶ月になる頃からとされている。[*7] それが四、五ヶ月目に入ると、鏡像に視線を集中し興味を示すようになる。さらに、六ヶ月を過ぎると、鏡像に対して、微笑みかけたり、手を伸ばしたりする。親に抱かれて鏡に映ると、親の鏡像を本物の親と認識し微笑みかけるものの、眼前ではなく背後にいる親が声をかけると、びっくりして、その声のしたほうに振り向く。鏡像を単なる像、反映ではなく、ひとつの実在として捉えているわけだ。そのため、鏡の後ろに実体を探る努力を続けることもある。

このような段階を経て、八ヶ月頃になると、鏡に映ったみずからの姿を認識できるようになる。依然、鏡像を実在するものとして捉えながらも、それを他者としてではなく、もうひとつの自己、分身として捉えるようになるのだ。つまり、この段階では、同じ人が同時に二カ所に存在することが受け入れられているわけである。この段階を通過して始めて、自分では断片的にしか見ることのできないみずからの身体を、ひとつのまとまりを持った全体として把握することができるようになる。

そして、一歳を過ぎた頃から、子供はみずからの鏡像が実在のものではない虚像として認識すると同時に、その像がほかならぬ自分のものだと理解できるようになる。たとえば、鏡に映ったみずからの姿を見ながら、自分がかぶっている帽子を直したりする。こうして、鏡像と実在を区別するだけでなく、それらの関係を正しく理解できるようになるわけである。

精神分析家のジャック・ラカンが「鏡像段階」と呼んだのは、このような発達段階のことである。鏡像段階が指しているのは、鏡に映ったみずからの姿を通して自己を認識するようになる生後六ヶ月から八ヶ月の時期のことである。新生児は未成熟な状態で誕生し、ひとつのまとまった身体イメージを有していない。そのため、みずからの身体を意のままにできるようになるのに先駆けて、鏡に映る姿をみずからのものとすることで、統合された身体イメージを獲得する。新生児は、鏡に映ったイメージを通して、みずからの不十分さを補い、自己認識に達するのだ。この意味で、鏡像は、主体によって構成されるというより、主体を構成する対象であり、主体は外部の対象を通してしか構成されないのである。対象が主体に、外部性が内部性に先行しているのだ。このように、鏡像は、内部環境と外部環境、自己と他者、そして、自然と文化の界面をなすものなのである。

鏡現象——鏡のない世界

このような成長過程における鏡像段階の役割を、逆方向から証しているのが、いわゆる鏡現象である。この現象は、アルツハイマー病型認知症の患者に見られる症状で、鏡像段階を経て獲得された自己認識が崩壊していくものである。精神科医の熊倉徹雄によれば[*8]、症状の進行の早い段階でまず、鏡の背後に実在を求めるという素振りが見られるようになる。患者は、みずからの鏡像を目にするとき、それが自分自身の姿であるのを認められるものの、医師から「あなたはどこにいますか?」と問いかけられたり、患者自身の鏡像を指して、「あの人を連れてきてください」と依頼されると、ひどく混乱、当惑し、鏡の背後に鏡像が実在するかのように振る舞う。みずからの鏡像を認識できているとはいえ、それが虚像であることは理解できなくなり、実在性を帯びるようになっているのだ。病状が次の段階になると、一緒に鏡に映った他者の姿は認知できるものの、もはやみずからの鏡像は認知できなくなり、それを身近な他人だと主張するようになる。熊倉によれば、鏡像を実在するものと見なすようになった患者にとっては、自分がふたりいることになり、その混乱、当惑を解消すべく、鏡像を身近な他人と見なすようになっているのだ。さらに病状が昂じると、みずからの鏡像に話しかけたり、モノを渡そうとするようになる。鏡像は他者としての実在性を帯び、積極的な交流相手となり、現実の存在と変わるところがなくなるわけである。そして、ついには、他者やモノの鏡像も認知できず、鏡自体に関心を示すこともなくなり、鏡を鏡として認知できなくなるというかたちで、病状は進行していく。

以上のように、鏡現象においては、鏡像を他ならぬみずからのものとして取り込むことで自己認識を実現していく鏡像段階を逆行していくわけである。まず、鏡像が自己を離れて実在化し、ついで、鏡像がみずからのものとして認識されなくなる、つまり、他者として実在するようになり、ついには、自己そのものが存在しない段階へと至るのである。

鏡としての〈顔〉——触覚と視覚の界面

このような「鏡像段階」について、小児精神科医のドナルド・W・ウィニコットは臨床経験から疑義を投げかけている。ウィニコットは「小児発達における母親と家族の鏡としての役割」[*9]で、自我の発達における鏡の役割を明らかにした点で、ラカンの鏡像段階論の貢献を認めるものの、それが〈顔〉の役割を取り逃している点を批判する。ウィニコットによれば、母親の顔が〈顔〉に先行しているのであり、それこそが鏡の役割を果たしているのである。この点を例証するためにウィニコットが取り上げるのは、授乳の場面である。誕生まもなくの乳児とその周囲の関係は直接的、融合的なものであり、このような関係性から、自己と他者の分離は徐々にしかなされない。もっとも、この段階をすでに通り抜けてしまったわれわれの目には、乳児と母親は個々独立した存在でしかない。しかし、いまだ融合的な関係性のただなかにおいては、乳児が母親の乳房から得ているのは、あくまで自分自身の一部であり、母親の側も、与えるといっても、それは他者に対してではなく、いまだみずからの一部というべき乳児に対してなのである。乳児にとって母親はみずからの外部に存在しておらず、同様に、母親にとっても乳児は独立して存在する対象なのではない。授乳は、分離、独立したふたつの主体のあいだで行われるやり取りではなく、そのような区別がいまだ存在しない関係のなかで行われているのだ。そして、授乳の際に乳児が目で追うのは、乳房ではなく、母親の〈顔〉なのである。しかし、そこで目にされている〈顔〉は、みずからの〈顔〉にほかならない。

赤ん坊は母親の顔にまなざしを向けている時、一体何を見ているのか。赤ん坊が見ているのは、通常自分自身であると思う。別のいい方をすれば、母親が赤ん坊にまなざしを向けている時、母親の様子（what she looks like）は、母親がそこに見るもの（what she sees there）と関係がある。

母親の表情を模倣する乳児の〈顔〉が、母親の〈顔〉を映し出す鏡であるように、母親の〈顔〉もまた、乳児の〈顔〉を映し出す鏡なのだ。[*10] 向かい合う乳児の〈顔〉と母親の〈顔〉は、合わせ鏡のように互いが互いを映し出し、見るものと見られるもの、主体と客体が区別されはしない。融合的とは、この合わせ鏡のことなのだ。その意味で、〈顔〉的知覚とは、触れるものがそのまま触れられるものである触覚的なものである。別言すれば、視覚において触覚性を再現するのが〈顔〉的知覚なのだ。

このように、〈顔〉は、主体と客体が未分の融合的な触覚的関係性から、独立した主体と客体のあいだの距離を孕んだ視覚的関係性への「移行」段階を記している。〈顔〉は、主体と客体のあいだと同時に、触覚的関係性と視覚的関係性、接触と距離のあいだにある第一の「移行対象」なのだ。

「夢のスクリーン」――触覚と視覚のゆらぎ

ウィニコットと同様に、小児精神科医のルネ・スピッツも、このような移行対象としての〈顔〉を論じている。[*11] スピッツもまた、授乳時の経験の重要さを強調するが、それは、生存の必要を満たすからだけではなく、触覚的な知覚世界から、距離を孕んだ視覚的な知覚世界へ移行していく段階だからである。スピッツがこの生の古層に接近するのは、「夢のスクリーン」概念を参照しながらのことである。

「夢のスクリーン」は、それを提出したバートラム・D・ルーウィンによれば、あらゆる夢がその上に映し出されるブランクのスクリーンのことである。ルーウィンは、このスクリーンが、授乳後の子供が抱く、母親の乳房の記憶を再現するものであり、ある種の夢において、このスクリーンそのものが夢の内容となることがあるのだと言う。

ルーウィンがこの概念を提出した際に依拠していたのは、オットー・イサコワーが行った、精神疾患のある患者たちが入眠時に経験することのある視覚的印象についての報告である。イサコワーは、患者たちの入眠時の感覚についての語りを分析することから、そのような経験においては、ある種の身体感覚が前景化していることを指摘する。特に、口や肌、身体と外的世界が未分化なものとして経験され、そこでは、「何かしわくちゃで、バラバラで、ざらついたような乾いたもの」に包み込まれているという感覚が顕著になる。この感覚は視覚的というより、触覚的なものである。

何か曖昧で不明瞭なもの、丸っこいものが、段々近づいて来て、患者を押しつぶそうするが、次第に小さくなり、ついには消えていく。

同様に、聴覚でも、ざわめきや囁き、蠢きのような明瞭に判別することのできない音が聞き取られる。さらに重要なのは、この種の現象が幼児期の記憶を喚起することである。たとえば、ある患者は、「一気に幼児期の雰囲気を取り戻したかのようだ」と語っている。このような観察から、イサコワーは、これらの感覚が、誕生して間もなくの身体感覚を再現するものであり、入眠時の内的感覚と外的感覚のあいだのリビドーの配分の変化によって、内的感覚が強調され、精神生活の古い層が再浮上してきたものなのだと結論づける。つまり、乳児期の知覚、特に、母の乳房の記憶を再現しているのである。

迫り来る対象がおそらく表しているのは乳房、すなわち満足を約束するものである。乳児にとって母親の乳房は、環境世界を表す唯一のものである。この段階において対象として存在するのは人格を持った母親ではなく、その乳房のみなのだ。[*12]

このように、患者の語る入眠時の経験は、人間の生の一次過程がいかなるものであるのかを理解させてくれるわけである。

ルーウィンは、このような入眠時の経験が母親の乳房に由来するとする観察が、実のところ、「夢が投影される表面」を探りあてているのだと言う。さらに、この夢のスクリーンが表しているのは、夢の内容でなく、「睡眠それ自体」なのだと付け加える。

夢のスクリーンは睡眠の欲望を表すものである。夢の視覚的内容はこの欲望に反するものを表している。というのも、それは目を覚まさせるものだからである。何も繰り広げられない夢のスクリーンは乳児の睡眠の再現なのだ。[*13]

夢の内容が睡眠を阻害しうるのに対し、その内容を支えている夢のスクリーンは、あらゆる夢が前提としている睡眠の欲望そのものを表しているのである。

スピッツは、このようなルーウィンによる「夢のスクリーン」の解釈が、視覚を強調しすぎており、イサコワーの議論を十分に捉え切れていないと批判する。先に見たように、イサコワーの記述する入眠時の印象では、口や手、皮膚といった触覚が顕著であり、この点をルーウィンは取り逃しているというわけである。しかし、スピッツは、ルーウィンを批判したのに続いて、イサコワーの議論も批判する。というのも、ルーウィンもイサコワーもともに、乳児と母親の関係において、授乳の経験が重要だと主張しながらも、成人の報告からその経験へと遡行するばかりで、乳児と母親の行動を直接、観察していないからである。

さらに重要なのは、スピッツが、先行者たちの議論が母親の乳房こそが原初的対象だとするフロイトの仮説にとらわれたままにすぎないとして却けていることである。スピッツは、授乳を行っている母子の様子の観察から、乳児にとっての第一の対象は乳房ではなく、〈顔〉なのだと結論づける。

子供が乳房を口に含んだり、触れたりしている時に見ているのは乳房自体ではない。子供は母親が近づき、離れていくまで絶えずその顔を見続けているのだ。[*14]

夢のスクリーンは、赤ん坊が母親の〈顔〉について有する弱視的な知覚に由来しているのである。それに対して、イサコワーが強調する口腔、手、肌などの触覚的印象は、それらの器官を介した乳房との接触の経験を再現するものである。つまり、イサコワー現象が原初の触覚を再現するものであるのに対して、夢のスクリーンはむしろ、それに伴う遠隔的な知覚を再現しているのである。スピッツが主張しているのは、授乳時の経験には、ルーウィンが強調する視覚という距離を孕んだ知覚と同時に、イサコワーが強調する接触という触覚が共存しているということであり、触覚と視覚を総合する全体的な現象として、夢のスクリーンを捉え直すことなのだ。

以上のウィニコットやスピッツらの議論が明らかにしているのは、〈顔〉こそが乳児と母親の関係で中心的な役割を演じる、第一の対象だということである。〈顔〉は、口を通して、栄養を受け取り、乳房と組み合わされているだけはなく、向かい合い互いを映し出す、合わせ鏡としても存在しているのだ。別言すれば、原初的関係には、口と乳房という栄養的なカップリングだけでなく、〈顔〉と〈顔〉のあいだで結ばれるコミュニケーション的なカップリングも存在しているのである。

そして、このコミュニケーション的関係性は、栄養的関係性に単に後から付け加わるのではなく、人間の実存、さらには、その生存にとってさえも欠かしえないものである。この点を証し立てているのが、ハリー・ハーロウが行った、いわゆる「代理母実験」である。

栄養的／接触的＝コミュニケーション的

ハーロウの「代理母実験」ではまず、布製で肌触りのよい母親模型と針金製の母親模型を作り、つぎにそれぞれの模型に授乳できるものとそうでないものを用意する。そして、これらの四つの母親模型のうち、アカゲザルの赤ん坊がどの模型をもっとも好むかを調べることで行われるものである。八匹のサルの半数を、布製の授乳できる模型と、針金製の授乳できない模型、もう半数を布製の授乳できない模型と、針金製の授乳できる模型と一緒に小部屋に入れ、それぞれのサルが母親模型と接触している時間を計測したところ、いずれの場合も、授乳の有無に関わらず、布性の母親模型と過ごす時間が長いことが確かめられたのだった。さらに、興味深いことに、後者の場合――布製‐非授乳と針金製‐授乳――では、成長するにつれて、授乳できる針金模型よりも、授乳できない布製模型と過ごす時間が長くなる。栄養よりも触れることが満たされ

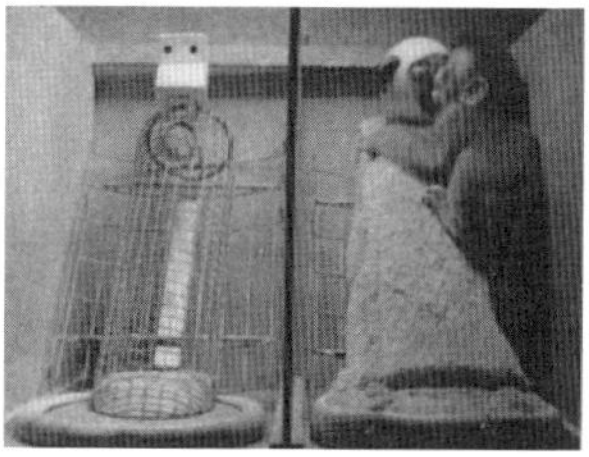

図２：Ｈ・ハーローの代理母実験

Harry F. Harlow and Robert R. Zimmermann, "The Development of Affectional Responses in Infant Monkeys", *Proceedings of the American Philosophical Society*, Vol. 102, No. 5, 1958 Oct., p. 502. より。

ること、接触による慰撫こそが、愛着の大きな要因なわけである。また、もうひとつの実験では、二体の母親模型をともに布製にした上で、授乳できるものとそうでないもののどちらとでも過ごせるようにした。この条件では、すべての個体が、授乳できるものを選んだのだった。つまり、触れるという条件が満たされて初めて、栄養が愛着の要因となるのであり、栄養が優先するわけではないのだ（図２）。

子供の愛情は、母親の顔や姿が飢えや渇きの解消に条件づけられた結果生じた派生的動因であるという考え方に、まっこうから対立するものである。ここで接触の慰撫が、母親に対して愛情をそそぐ誘引となっていることは明らかである。[*15]

触覚的関係こそが、栄養的関係に先立ちさえもする第一のものなのである。

この触覚的関係の第一義性が証しているのは、乳房ではなく〈顔〉こそが第一の対象だという認識と同様に、栄養的関係性とは別に、コミュニケーション的関係性が存在しており、それこそが優越しているということである。主体と客体のあいだ、主客未分の境位と主体－対象関係のあいだ、触覚と視覚のあいだ、栄養的関係とコミュニケーション的関係のあいだにある〈顔〉のコミュニケーションは、触覚的な直接性＝無距離から、視覚的な間接性＝距離への「移行的」段階を記すもの、視覚的でありながら触覚的、距離を孕みながらも接触的なコミュニケーションなのである。

そして、このような特質によって、〈顔〉的コミュニケーションは、純粋な触覚的なコミュニケーションのように直接的で融合的な二者関係にとどまることなく、他者との関係性へも開かれている。

このようなコミュニケーション的関係性、他者関係の優越を、別の角度から明らかにしているのが、〈顔〉を介した「社会的参照」である。

社会的参照――媒介としての〈顔〉

「社会的参照」が成長の早い段階から実現されていることは、幼児が奥行きを把握しているかどうかを調べるために行われる、「視覚的断崖」を使った実験から明らかになっている。[*16] この実験は、次のようにして行われる。ガラスのテーブルを用意し、手前の半面には、ガラス板の裏面に直接、格子柄の板を張り付ける。それに対して、残りの半面は何も張り付けず透明なままにしておき、ガラス板の裏面ではなく、その下の床に格子柄の板を置く。こうして準備されたテーブルの上に赤ん坊を乗せ、裏面に格子柄の板がなくなり、床が透けて見えるガラス板だけのところまで進んだとき、どのような反応を示すかを調べる。もし、赤ん坊が奥行きを認識しているなら、透明なままのガラスのほうに進んでいくのはためらい、逆に、奥行きを把握していないのであればそのまま進んでいくことになる。この実験によって、赤ん坊は、六ヶ月を過ぎた頃から、奥行きを把握できるようになることが確認されているが、心理学者のジェームズ・J・ギブソンらは、この「視覚的断崖」を利用して、赤ん坊が行う「社会的参照」についても明らかにしたのであった。つまり、「視覚的断崖」の実験を行っている赤ん坊の前に、母親を立たせ、赤ん坊がためらっているとき、母親の表情の変化が子供の行動にどのような影響を与えるかを調べた。その結果、母親が不安な表情をすると、すべての赤ん坊が渡るのをやめたのに対して、微笑みを見せると、四分の三の赤ん坊が渡ったのだ。この「社会的参照」は、対象関係一般に関わり、子供は、否定的な表情とともに差し出された対象ではなく、肯定的な表情とともに差し出された対象に対して接近する。つまり、母親の微笑みという肯定的な表情は、続いて行われる行為や対象に対して、肯定的な評価を与え、接近を促し、逆に、否定的な表情は行為や対象に対する否定的な評価となり、接近を抑止するのだ。顔色をうかがっているわけだが、その色は〈顔〉だけでなく、世界そのものの色となっているわけである。

このように、他者の〈顔〉を媒介として、対象の認識は行われるのであり、対象関係は他者関係と不可分なのだ。認識は、主体と対象という二項関係ではなく、他者を加えた三項関係として考えられるべきものなのである。[*17]

鏡の比喩を思い出すなら、融合的な関係では、向かい合い、互いを映し出し合っていた鏡であったのが、対象に向けられた母親の〈顔〉＝鏡によって、子供の視線は対象へと導かれ、〈顔〉＝鏡を介して、対象は目にされるわけである。

このような他者を介した対象との関係性、あるいは、他者とのコミュニケーションのフレームの内で、対象との関係を考えること。このようなコミュニケーションは、指で何かを指し示すとき、日常的になされているものである。対象に他者の視線を差し向けるにはまず、その視線を、差し向ける指そのものに引きつけねばならない（「月を指せば指を認む」）。もっとも、この指そのものへの注目は前景化せず、忘れられてこそ、指さしはその役割を果たす。そして、この指さしというコミュニケーションは、社会的参照と同様、乳児期から見られるものである。

指さすこと——指標的コミュニケーション

心理学者の麻生武は、「手差し」と区別しながら、「指さし」が他者志向的なものであることを明らかにしている。[*18] ここで「手差し」とは、対象に向けて手全体を伸ばす身ぶりのことであり、そのとき、人差し指と親指はモノを摑もうとし、体全体で乗り出すような姿勢が伴っている。麻生によれば、この「手差し」を、子供が届かない対象に向かって行うのは、その対象を他の誰かが手にしているときと、子供自身が誰かに抱かれているときに限られている。つまり、「手差し」は、対象を摑むことを再現しているのであり、届かない対象を手に入れたいという欲望を、他の誰かに伝えるための振る舞いなのである。

それに対して、「指さし」には、「手差し」の場合のように、体全体を乗り出し、対象に近づこうとする姿勢は伴っておらず、そのため、周囲の大人の側も、その対象を取って渡すのではなく、むしろ、その名前を挙げるというかたちで応える。言い換えれば、赤ん坊が「指さし」を行うのは、対象を操作するためではなく、むしろ認識するためであり、対象に注意を差し向けるためにこそ行っているのである。[*19]

この「指さし」を、乳児は、みずからが行うのに先だってまず、他者が行っているのを理解し始める。麻生は、自身の息子の成長の観察から、みずから「指さし」を始める一、二ヶ月前にはすでに、他者の「指さし」を理解し、指された対象の方を振り向いたり、「指さし」に伴って、その対象の名前を大人が言うのを喜んだりすることを報告している。ここから、「指さし」の本質が、「対象の認識を他者と分かち合うこと」にあり、「人差指あるいは延長された指先は、私たちの視線と重なり合うことによって、注目すべき図を背景から切り取りマークするという機能を果たす」のだと言う。周囲の大人が、「指さし」に対して、対象を取って渡すのではなく、名前を挙げて応えることも、この機能を証すものである。こうして、「指さし」によって、同じ対象に向けて他者とともに注意を向ける「共同注視（joint attention）」が実現する。この「共同注視」こそが、「指差し」のもっとも重要な側面であり、「共同化された対象世界」が他者とのあいだに確立される第一歩なのだ。

このように、「指さし」の場合に問題になっているのは、「手差し」のように、対象を実際に手にするかどうかではなく、他者と対象の認識を分かち合うことなのである。つまり、「手差し」では、他者を介して対象との関係を築くこと、すなわち、手に入れることが重要なのに対して、「指さし」では、対象を介して、他者との関係を築くことが重要なのだ。別言すれば、「手差し」では、対象志向が優先しているのに対して、「指さし」では、他者志向が優先しているわけである。

「指さし」は、「社会的参照」と同様に、対象への志向が他者への志向と不可分であり、それを介して行われること、つまり、対象の認識は主体と対象の二項的な関係ではなく、他者を介した三項的な関係においてなされることを明らかにしている。

このような対象認識の三項性を、その機能不全によって、いわば裏側から証しているのが、自閉症である。

自閉症と〈顔〉

ケンブリッジ大学の精神医学・実験心理学部門の教授であるサイモン・バロン゠コーエンによれば、自閉症は、「心の理論」が十全に発達していないことから生じるものである。[*20]「心の理論」とは、他者の心を読むこと、すなわち、ある事実に対する他者の信念を推し量ることを可能にするもののことである。この理論は、たとえば、次のような場面を見せて、被験児の反応をテストすることで確かめられる。ふたりの子供が同じ部屋にいる状況で、一方の子供が、おはじきをバスケットに入れ、その子供が退室した後、もう一方の子供がそのおはじきを別の場所に置く。そして、退室した子供が戻って来て、おはじきを探すとき、どこを探すかを被験児に尋ねる。「心の理論」が確立され、退室した子供の立場に立つことができるなら、その子供は、自分が不在であったあいだに、おはじきが動かされていることを知らないのだから、当然、元のバスケットのなかを探すと答えることになるはずである。そして、このような推論を行うことができないのが、自閉症の子供の特徴だとされる。

バロン＝コーエンは、注意の共有（「注意共有の仕組み Shared-Attention Mechanism」）という三項関係が、このような「心の理論」の基本的な図式となっていると言う。単に目の前の出来事――上の例で言えば、バスケットから別の場所へおはじきが動かされたこと――を認識するのではなく、その出来事が他者の目にはどのように映っているか――その他者は、移動されたときに不在だったため、その出来事を知らないということ――を理解することが、心を読むことの第一歩になっているというわけである。

そして、この注意の共有が実現するにあたって前提となるのが、「意図性（intentionality）」と「視線」の検出である。バロン＝コーエンは、なかでも視線の検出の役割を強調し、「EDD［＝Eye-Direction Detector］には、特別の何かがある」[*21]と言う。そこでかれは「目の言語」、すなわち、目が表出する心の状態の分類・分析に取りかかる。

この分析で重要なのは、目から、どのような感情が読み取れるかではなく、まず、目、あるいは視線を検出することが、他者の心を理解するにあたっての第一段階となっていることである。つまり、「他者」を認識することは、その「目」を認識することなのであり、「目」が認識されるからこそ「他者」として認められるのだ。目を認識することで、対象を共有すべき他者の存在が浮かび上がってくるわけである。

対象との三項関係が他者の視線を介して確立されることはまた、人間に特徴的なものである。たとえば、は虫類や鳥類でも、人間に見られていると、長時間、じっとして動かなくなること、つまり、緊張性の不動反応を呈することが知られている。それが、ほ乳類になると、多くの場合、目が合うことは、威嚇を意味し、視線に対して、回避反応や恐怖反応を示すようになる。さらに、ヒヒのような類人猿になると、視線のやり取りはより機微のあるものとなる。しかしながら、注意共有、そして、心の理論の確立までに至るかについて、バロン＝コーエンは懐疑的である。たとえば、チンパンジーでは、自分の方に顔をむけている養育者とそうではない養育者がいる場合、前者に対して、何かを要求することが多くなるとはいえ、顔を向けていても視線を逸らしている養育者に対しても同様に要求する。すなわち、視線の意味＝方向を必ずしも正しく理解しておらず、他の個体の視線を介した対象との三項関係が成立しているわけではないのだ

いずれにしても、この議論で重要なのは、対象との関係が、主体‐対象という二項関係ではなく、他者との関係を介した三項関係として確立されていることであり、その際、〈顔〉、なかでも目、視線が中心的な役割を演じていることである。

以上の「指さし」や「社会的参照」、「共同注視」あるいは「注意共有」の仕組みが教えているのは、対象との関係性が、他者との関係性の枠内で実現されるということである。〈顔〉、なかでも目、視線は、正対して互いを写す出す合わせ鏡の、触覚性に接した融合的な関係性から、その鏡の一方が対象へ向けられることで、もう一方に対象が映し出されるようにする。逆に言えば、一方の鏡に対象が映し出されるのは、もう一方の鏡を介してのことにほかならないのだ。

このような第一の他者関係、コミュニケーション、あるいは、コミュニケーションの第一義性を、メディアの理論として体系化するのが、メディオロジーであり、その基礎となる「指標的コミュニケーション」の概念である。

〈顔〉、指標的コミュニケーションのメディア

指標的コミュニケーションの概念を提出したのは、コミュニケーションの哲学者であり、メディオロジーの理論的基礎を築いたダニエル・ブーニューである。そのコミュニケーション学の核となるのが、この概念であり、それをもっともよく表すのが、「記号のピラミッド」[*22]である（図3）。このピラミッドは、チャールズ・サンダース・パースに由来する記号の三分類に基づき、上から、象徴、類像、指標の三つの次元から構成されている。

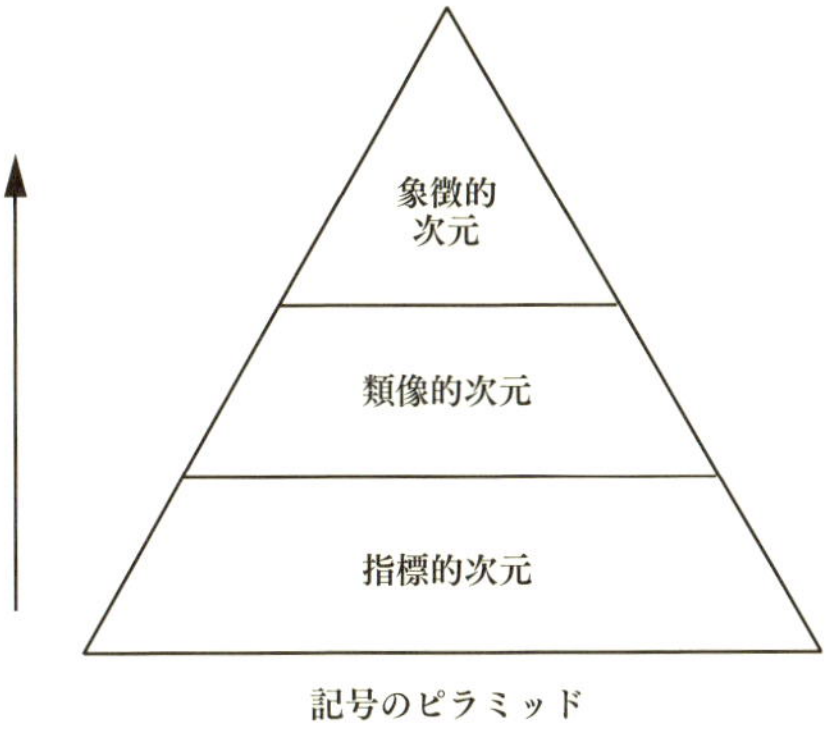

図3：記号のピラミッド

ダニエル・ブーニュー『コミュニケーション学講義：メディオロジーから情報社会へ』西兼志訳、書籍工房早山、2010、p.60［Daniel Bougnoux, *Introduction aux sciences de la communication*, La Découverte, 1998, p. 36］より作成。

ピラミッドの頂点に位置する象徴の次元は、指示対象と記号の関係について恣意性と有契性（コード）によって定義されるものであり、言語、とくに文字によって代表される。ソシュールに端を発する記号学が理論化したのもこの次元である。恣意的でコードに基づいた象徴記号は、この性質によって、特定の文脈を越え、「いつでもどこでも」理解されうるという利点を備えている。その反面、使いこなすには時間と労力が必要で、この次元に達するのは、人類、あるいは個々人が誕生してから長い時間をかけた後のことでしかない。

これに対して、ピラミッドの基層にあるのが指標の

次元であり、「接触（contact）」という直接的関係性によって特徴づけられる。たとえば、煙はその元である火がまさにそこにあること、足跡はそれを残したものがまさにそこにいたことを示す指標記号である。この記号はあらゆるコミュニケーションの基層であり、先行している。「接触」はまた、ロマン・ヤコブソンが定式化したコミュニケーションの「六機能図式」で、「交話的」と呼ばれる、関係設立機能に関わっている。交話的コミュニケーションとは、たとえば、電話で使う「もしもし」という発話や、挨拶一般のことであり、なんらかの内容、メッセージを伝えるのに先立ってまず、関係性を打ち立てるものである。この意味で、指標記号は、象徴記号が、特定の文脈から離脱し、脱文脈的に＝「いつでもどこでも」通用するのに対し、対象および他者との直接的な関係性＝「接触」によって規定され、「いま、ここ」の文脈から離脱することがない。別言すれば、特定の文脈に埋め込まれ、文脈そのものを打ち立てるものである。

これらの象徴と指標のあいだにあるのが、類像の次元である。この次元はイメージ（絵）一般に関わり、「類似性」によって特徴づけられる。この次元は、象徴、指標両者の利点を兼ね備えた特有の有効性――「類像的有効性（efficacité iconique）」――を持っている。つまり、象徴と同じく特定の文脈から離脱しうると同時に、指標記号のような直接的な訴求力を有しているのだ。

記号のピラミッドで、これら三つの次元は、あくまで下から指標、類像、象徴の順番で積み上げられねばならず、ピラミッドの脇には上下両方向のベクトルが添えられている。[*23] まず、上向きのベクトルは、ヒト化のプロセスが指標、類像、象徴をこの順で獲得していくことを表している。個体発生という個人の成長のレベルで言えば、誕生してまもなくの生は、先に見たような、養育者との触覚的、そして、〈顔〉的コミュニケーションに満ちている。それが、成長するにつれ、絵を描くという類像の次元を経て、文字という象徴の次元に達する。近代化を推し進めてきた公教育が目指したのも、生まれながらの口語性の世界から、試験による選抜を経て、文字の世界へアクセスしていくというかたちで、ピラミッドを上昇していくことにほかならない。

これに対して、複製技術としてのメディアの進展は、逆のベクトルに従っている。グーテンベルクの銀河系を誕生させた活版印刷は、ピラミッドの頂点に位置する象徴記号を複製する技術であり、十九世紀以降に発明される写真、映画、ラジオ、テレビなどのアナログ技術は類像記号の次元に関わるものである。このなかで、テレビという記号技術は、映像をともなったリアル・タイム――「生」＝live あるいは direct ――のメディアとして、出来事と視聴者（あるいは聴取者）のあいだに「現前性」＝「いま、ここにあること」を構築する点で、指標的次元に接している。そして、デジタル技術は、位置情報技術にしろ、バイオテクノロジーにしろ、単独性を担保する「いま、ここ」という一回的なものまでをも把捉することになる。つまり、記号の複製技術としてのメディアは、象徴から指標へと下降するベクトルに従って、技術化する帯域を拡張しながら進展するのだ。

この意味で、記号のピラミッドでは、指標、類像、象徴がこの順で並べられていなければならないわけである。これとともに、ブーニューの議論では、記号の問題が、コミュニケーション論、語用論の観点から捉え返されていることも確認しておこう。

このコミュニケーション論的転回は、詩的機能の再解釈において、特に明瞭になる。構造主義的詩学を築いたヤコブソンは、詩的機能を、六機能図式に基づいて「メッセージそのものの志向」と定義した。さらに、この定義を進め、「等価性の原理を、選択軸から結合軸へと投射する」ものとしている。その例として挙げているのが、「I like Ike」という、アイゼンハワー大統領の選挙戦におけるスローガンであった（「Ike」は、アイゼンハワーの愛称）。このスローガンでは、「I」「like」「Ike」という本来は無関係な単語が、/ay/ という音韻によって範列関係＝選択軸に置かれ、それが文を構成している。すなわち、統辞関係＝結合軸に投射されている。この意味で、詩的機能が行っているのは、メッセージの次元での自己言及的な操作である。

この自己言及性は、コミュニケーションの観点からは、メッセージの自己複製しながらの伝播を保証するものということになる。すなわち、メッセージがみずからを参照し、みずからに閉じていることで、どんな文脈に置かれても、反復され伝播していくことが可能になる。いわば、パッケージ化されることで、そのままのかたちで口の端に上り、さらにそれが取り上げられ……という伝播が可能になるのだ。その意味で、みずからを志向する詩的メッセージは、コミュニケーションのただなかで、「コピー機を備えた、もっとも効率よいメッセージ」なのである。

このような記号概念のコミュニケーション論的転回の重要性はまず、指示対象との二項関係で捉えられる記号を、他者との関係性に開かれたコミュニケーションの内で考えることにある。対象との指示関係は、他者とのコミュニケーション的関係と別にあるわけではないのだ。

先に、ハーロウの実験を参照しながら、触れるというコミュニケーション的関係が栄養的関係に先行しさえもする第一のものであることを見た。それは、「接触」によって規定される指標的コミュニケーションが、記号のピラミッドの基層にあることを別の角度から明らかにし、指標的コミュニケーションの基層性を補強するものである。また、〈顔〉がわれわれの注目を引く第一の対象だということは、交話的機能を実現しているということであり、〈顔〉の指標性を証し立てている。さらに、ウィニコットやスピッツらの議論から、〈顔〉の知覚が触覚的で融合的なものであるのを見たが、それは〈顔〉によるコミュニケーション的関係が指標的なものだということにほかならない。そして、〈顔〉を介した対象との関係性である社会的参照が、指さしと同型的なものであることもまさに、〈顔〉による関係が指標的なものであることを示している。

つまり、〈顔〉とは、指標的コミュニケーションの媒体なのだ。

それは、コミュニケーションの第一義性と同時に、第一のコミュニケーションのあり様を明らかにするものである。

〈顔〉を、記号のピラミッドの基層にある指標的コミュニケーションの媒体として捉えることはまた、メディアの進展における〈顔〉の行方を見定めるにあたって、導きの糸となるだろう。

以下の議論では、〈顔〉認識の不全である相貌失認を〈顔〉のコミュニケーション論の観点から分析することで、第一歩を踏み出すことにしよう。それは、ヤコブソンが失語症の研究に基づいて、ソシュールの構想を発展させ、言語研究から文化現象一般を対象とする記号学への道を開いたことに呼応したものである。それに続いては、〈顔〉をめぐって提出されてきたさまざまな議論を取り上げることで、〈顔〉のコミュニケーション論の射程を確かめると同時に、それらの議論がこのコミュニケーション論においてどのように位置づけられるかを検討することにしよう。

注

＊1―― Andrew N. Meltzoff, and M. Keith Moore, "Imitation of Facial and Manual Gestures by Human Neonates", *Science*, 198, 1977, pp. 75-78; id., "Newborn infants imitate adult facial gestures", *Child Development*, 54, 1983, pp. 702-709.

＊2―― Mark H. Johnson, and John Morton, "CONSPEC and CONLERN: A two-process theory of infant face recognition", *Psychological Review*, Vol. 98 (2), 1991, pp. 164-181; *id.*, *Biology and Cognitive Development : The Case of Face Recognition*, Blackwell, 1992. また、池上貴美子「顔の模倣」、『言語』vol. 22 no. 4, 1993, pp. 38-45.

＊3―― *Ibid.*

＊4――チャールズ・ダーウィン『人及び動物の表情について』浜中兵太郎訳、岩波文庫、一九三一年［Charles Darwin, *The Expression of the Emotions in Man and Animals*, John Murray, 1872］。

＊5――ジュリアン・ポール・キーナンほか『うぬぼれる脳――「鏡のなかの顔」と自己意識』山下篤子訳、日本放送出版会、二〇〇六年。

＊6――しかし、イルカやゾウもこのテストに合格したことが報告されている。フランシス・ドゥ・ヴァール『共感

の時代へ――動物行動学が教えてくれること』柴田裕之訳、紀伊國屋書店、二〇一〇年。

＊7――アンリ・ワロン『児童における性格の起源――人格意識が成立するまで』久保田正人訳、明治図書、一九六五年［Henri Wallon, *Les Origines du caractère chez l'enfant. Les préludes du sentiment de personnalité*, Boisvin, 1934, rééd. PUF-Quadrige, 2002］。

＊8――熊倉徹雄『鏡の中の自己』海鳴社、一九八二年。

＊9――ドナルド・W・ウィニコット『遊ぶことと現実』橋本政雄、岩崎学術出版社、一九七九年［Donald W. Winnicott, "Mirror-role of Mother and Family in Child Development", *Playing and Reality*, Tavistock, 1971, p. 131］。

＊10――「ミラーニューロン」の存在は、このような鏡像関係に、神経学的な基盤があることを教えてくれるものである。ジャコモ・リゾラッティ、コラド・シニガリア『ミラーニューロン』茂木健一郎監修、柴田裕之訳、紀伊國屋書店、二〇〇九年。マルコ・イアコボーニ『ミラーニューロンの発見――「物まね細胞」が明かす驚きの脳科学』塩原通緒訳、ハヤカワ新書、二〇〇九年。

＊11――René A. Spitz, *De la naissance à la parole : la première année de la vie*, PUF, 1971.「夢のスクリーン」を参照しながら、ジル・ドゥルーズとフェリックス・ガタリが提出した「顔貌性」の概念については、本書第12章で論じる。

＊12――Otto Isakower, « Contribution à la psychopathologie des phénomènes associés à l'endormissement », *Nouvelle revue de psychanalyse*, n° 5, 1972.

＊13――Bertram D. Lewin, « Le sommeil, la bouche et l'écran du rêve », *Nouvelle revue de psychanalyse*, n° 5, 1972.

＊14――R. A. Spitz, *op. cit.*, p. 62.

＊15――ハリー・F・ハーロウ『愛のなりたち』浜田寿美男訳、ミネルヴァ書房、一九七八年、三六頁［Harry F. Harlow, *Learning to Love*, Jones & Bartlett Publishers, 1971］。

＊16――麻生武『乳幼児の心理――コミュニケーションと自我の発達』サイエンス社、二〇〇二年。山口真美『視覚世界の謎に迫る――脳と視覚の実験心理学』講談社ブルーバックス、二〇〇五年。

＊17――この点は、言語行為論の認識とも呼応したものである。つまり、対象関係＝事実確認的志向性は、他者関係＝行為遂行的志向性と不可分なのである。

＊18――麻生武『身ぶりからことばへ――赤ちゃんにみる私たちの起源』新曜社、一九九二年。

＊19――ハインツ・ウェルナー、バーナード・カプラン『シンボルの形成――言葉と表現への有機・発達論的アプローチ』ミネルヴァ書房、一九七四年［Heinz Werner and Bernard Kaplan, *Symbol Formation: An Organismic Developmental Approach to Language and the Expression of Thought*, John Wiley, 1963］。かれらは、見つめ認識するための対象を「静観対象（contemplated objects）」と呼んでいる。

＊20――サイモン・バーロン＝コーエン『自閉症とマインドブラインドネス』長野敬ほか訳、青土社、二〇〇二年［Simon Baron-Cohen, *Mindblindness: An Essay on Autism and Theory of Mind*, MIT Press/Bradford Books, 1995］。

＊21――同上、一六二―一六三頁。

＊22――ダニエル・ブーニュー『コミュニケーション学講義――メディオロジーから情報社会へ』西兼志訳、書籍工房早山、二〇一〇年、六〇頁［Daniel Bougnoux, *Introduction aux sciences de la communication*, La Découverte, 1998, p. 36］。

＊23――パースでは、一次性、二次性、三次性によっても規定されることで、類像、指標、象徴の順にあるのだが、記号のピラミッドの基層にあるのは、あくまで指標であり、それに続いて、類像、象徴が重ねられるかたちになっている。

第2章 〈顔〉——言語とイメージの界面 (le visage entre langage et image)

ラカンに対するフロイト——イメージの論理を取り出すこと

パースの記号概念に依拠した記号のピラミッドは、象徴の次元に位置する言語を相対化することで、類似性によって規定され、イメージ一般に関わる類像の次元、そして、接触によって規定される指標の次元にまで記号の概念を拡張するものであった。触覚に接したイメージとして、指標的コミュニケーションの器官であると同時に、言語の器官でもある〈顔〉を考えることは、このような記号概念の拡張を要請するものである。

ここではまず、言語をモデルにした記号学を築いた失語症をめぐる議論を検討することで、このような拡張の可能性を探ることにする。そこで取り上げるのは、ロマン・ヤコブソンだけでなく、ヤコブソン以後の言語学・記号学の成果を十全に取り入れることで精神分析を再定式化したジャック・ラカン、さらに、精神分析の祖、ジークムント・フロイトである。この試みは、記号学、そして精神分析のいわば無意識を明るみに出すことであり、言語の論理に対するイメージの論理を明らかにすることを目指したものである。

失語症をめぐって

周知のように、記号学の定式化において大きな役割を果したのは、ヤコブソンによる失語症研究である。ヤコブソンが失語症の研究を行っていた当時、この症状の主要なタイプとして、その発見者にちなんで名づけられた「ブローカ失語」と「ウェルニッケ失語」が区別されていた。ポール・ブローカは、一八六一年に発話中枢として左半球第三前頭回後部、いわゆるブローカ領域を発見した。「タン」としか発しない「タンさん」と名付けられた患者を解剖したところ、この領域に梗塞が見つかったのだった。「ブローカ失語」は、聞き取り能力は維持されているが、発話が困難な失語症であり、運動性失語と呼ばれていた。これにつづいて、一八七四年にはドイツの精神科医カール・ウェルニッケが、言語理解の中枢として左半球側頭回後部、いわゆるウェルニッケ領域を発見した。話し言葉の理解が損なわれている患者では、この領域に損傷があることが判明したことから、話し言葉を理解できない失語症は「ウェルニッケ失語」と呼ばれることになった。こうして、ブローカが定式化した、発語ができない「運動性失語」に加えて、語の理解が損なわれた「感覚性失語」、さらに、これらのブローカ領域とウェルニッケ領域の連環が損なわれたために、語の理解や構音は保たれているが、語を取り違えるなど運用が不安定な「伝導性失語」が区分されていたのだった。

ヤコブソンは、このような区分を批判し、失語症の呈する症状が、ソシュールに由来する範列軸と連辞軸それぞれの毀損として考えられると主張したのだった。

言語障害が言語単位の結合〔＝連辞軸〕と選択〔＝範列軸〕とに対する個人の能力をいろいろな程度に冒すことがあることは明らかであって、事実、これらの二つの操作のうちのどちらが、主として損傷されるかという問題は、さまざまな形の失語症を記述、分析、分類する上に広大な意味をもつものとなる。この二分法のほうが、発話交換の二つの機能――ことばによるメッセージの符号化と復号化と――の、どちらが特に冒されているかを示す送出性 emissive の失語症と受容性 receptive の失語症という古典的な区別よりも、いっそう示唆的であろう。[*1]

このようにして、ヤコブソンは、失語症を言語学の観点から定式し直すわけだが、それと同時に、この再定式化によって記号学を基礎づけし直すことにもなる。つまり、ソシュールが提出した言語活動のふたつの軸が神経学的基盤を有することを明らかにし、それに基づいて、文化現象一般に及ぶ記号学の可能性を開くことにもなったのだ。ヤコブソンが記号学にもたらした最大の功績は、この点にこそある。

ラカンの錯誤（lapsus）――イメージの論理

ヤコブソンが失語症研究から基礎づけを与えた言語活動のふたつの側面は、ラカンによって改めて取り上げられ、さらなる展開をみせることになる。言語学、記号学の成果を取り入れることで精神分析を再体系化し、「無意識は言語のように構造化されている」と定式化したラカンが注目するのは、フロイトのテクストのなかでも『日常生活の精神病理学』や『機知』である。それは、これらのテクストで問題にされている錯誤が、言語のメカニズム――隠喩と換喩の働き――を明らかにするものだからであり、この言語のメカニズムを理解することが精神活動のメカニズム――圧縮と移動――を理解することになるからである。

隠喩と換喩の対立は根本的なものです。というのはフロイトが神経症のメカニズムの中で始めから重点をおいているもの、またそれと同じように夢のメカニズムとか日常生活の辺縁的な現象のメカニズムについて始めから重点をおいているものは、隠喩でも同一化でもないからです。実はその逆なのです。大雑把に言えば、フロイトが圧縮と呼んでいるものが修辞学で言えば隠喩と呼ばれるものであり、フロイトが移動と呼んでいるものが換喩にあたります。シニフィアンという装置全体の構造化、語の体系としての実在こそが、神経症にとって決定的な役割をもっています。[*2]

精神活動がまずあり、それが言語活動を通して表出されるのではなく、言語構造こそが、精神活動を司っているというわけである。そして、言語活動のなかでも、フロイトの言う「圧縮」にあたる「隠喩」ではなく、「移動」にあたる「換喩」こそが中心的なものだとされる。

圧縮、移動、形象化という夢のメカニズムはすべて換喩という分節化の次元に属しています。

このように、ヤコブソンが失語症研究から導き出した言語の構造を参照しながら、フロイトを解釈し整理し直すわけだが、ここで奇妙なのは、ラカンがフロイトの失語症研究に触れていないことである。それは、ラカンがフロイトへの回帰を唱えているだけ、より奇妙だと言わねばならないだろう。この錯誤（lapsus）は、なぜか？

フロイトの失語症研究

フロイトの失語症研究は、精神分析の創始に先立つ、神経学者としての出発点を記すものであり、そこで提出された着想は、後にフロイトが「メタ心理学」を構想するようになったとき、改めて浮上してくるものである。『日常生活の精神病理学』では、健常者でも疲労したり、注意が散漫なときにみられる言い間違いや言い淀みが、「病理的な条件下で現れるいわゆる「錯誤」の前段階であるかのような印象を与える」とされているが、失語症研究でもすでに、そして、より一般的に、言語装置の「正確な作動能力が低下した兆候」として捉えられている。このような観点からすれば、失語症研究の成果は、後のフロイトの精神分析においても通奏低音をなすものだと言えるだろう。

フロイトの失語症研究は、ヤコブソンと同様に、「運動性失語」「感覚性失語」「伝導性失語」という三分類、特に局所論的な理解を批判することから始まっている。フロイトは、このような局所論に代えて、機能論的な理解を提案している。それは、すべての失語症が伝導の障害によると考えるものである。

あらゆる失語は連合の、とはつまり伝導の遮断に基づいて起こると主張する権利を得た。「中枢」の破壊、もしくは損傷による失語は、我々にとって、中枢と名付けられた結節点で合流する連合経路の損傷によって起こる失語以上でも以下でもない。[*3]

失語症を、このように、中枢ではなく伝導の障害として捉えること、別言すれば、局所論的にではなく、機能論的に理解することで、言語の働きが注目されることになる。というのも、フロイトによれば、言語活動は、「語」あるいは「語表象」が「対象表象」と結合されることで実現されるものにほかならないからである。そして、これらの「語表象」と「対象表象」はそれぞれ、「音像」と「視覚像」に対応するとされ、音像が語を、視覚像が対象を代理表象するとされる。

このような代理表象の区別が改めて浮上してくるのが、フロイトがメタ心理学を構想するときである。この時期の中心的なテクストのひとつである「無意識について」では、「語表象」と「対象表象」が、「言語表象」と「物表象（Sach [Ding] vorstellung）」と再定式化され、意識がこれらふたつの表象からなっているのに対して、無意識は後者のみからだとされる。別言すれば、語表象は第二次過程に、対象表象は第一次過程に対応するということである。

このふたつの代理表象のうち、フロイトが特に強調するのが、対象表象、視覚像、すなわち、イメージである。失語症研究でもすでに、「我々の言う対象表象の中で視覚像が最も卓越した、そして最も重要な構成要素である」[*4]とされているが、「自我とエス」でも、その第一義性は次のように主張されている。

実際、像による思考（das Denken in Bildern）は、語による思考（das Denken in Worten）よりもどこか無意識的過程に近く、個体発生的に見ても系統発生的に見ても、語による思考より古いことは疑えないところである。[*5]

つまり、フロイトの理論は、「語表象－音像－第二次過程－意識」と「対象表象－視覚像－第一次過程－無意識」というふたつの軸に従って構造化されているわけである。失語症についても、この観点から、このふたつの軸とそれらの連携が損傷を受けることで生じるとされ、先に見た三区分に代わるフロイト独自の区分が提案されることになる。つまり、語表象の要素が損なわれた「語性失語」、語表象と対象表象の連合が損なわれた「失象徴性失語」、対象表象が損なわれた「失認性失語」という三つのタイプが区別されるのである。

ここで重要なのは、失語症を把握するにあたり、フロイトが運動性と感覚性という従来の枠組みではなく、「語表象」と「対象表象」、すなわち、言語とイメージという枠組みから理解しようとしていることである。そして、このような観点からは、ヤコブソンからラカンへ流れる構造主義的、記号学的な失語症理解で見落とされているのが、イメージの次元であることが明らかになるだろう。

フロイトが明らかにした夢の仕事においても、まず第一義的なのは、実のところ、このイメージの次元である。

たとえば、フロイトは、夢を象形文字に喩えている。それによれば、意識の生を構成しているのがアルファベットであるのに対して、無意識や夢は原始的な象形文字によってだとされる。この「文法のない原始的言語」では、接続詞や前置詞が表す論理的関係が存在しておらず、矛盾、否定、対立を表現することができない。そして、このような違いによって、目覚めた意識にとって、夢は不条理なものとなるしかない。

フロイトが夢の仕事として挙げるのが、「圧縮」と「移動」、そして、「形象化」＝イメージ化である。先に見たように、ラカンはこのうち「圧縮」と「移動」を取り上げ、特に、後者の重要性を強調していた。しかし、フロイトにおいて、夢の仕事の象形文字化のプロセスで第一義的なのは、あくまで「形象化」である。たとえば、『続・精神分析入門講義』では、次のように言われている。

> 思考が像（Bilder＝イメージ）に変換されます際には、このような合併——すなわち圧縮——が優先的に選ばれます。[*6]

夢はまず「形象化」を行うものなのであり、この「形象化」のひとつが「圧縮」なわけである。そして、

「形象化」を特徴づけるのが、「類似性」である。
夢形成のメカニズムは論理的関係中のただ一つのものだけには、きわめて役立つのである。これはすなわち類似、一致、接触の関係、つまり「ちょうど……のように」であり、夢の中でこの関係はほかの関係に見られないほど実に多様な手段で表現されうるのである。[*7]

夢で行われる形象化は、類似性を発見するプロセスなのであり、それが「圧縮」や「移動」として表れてくるわけである。夢の解釈が明らかにしているのは、このようなイメージの論理なのだ。そして、このイメージの論理こそが、フロイトへの回帰を訴えながらも、言語的記号学に依拠したラカンが抑圧しているものにほかならない。

われわれが試みるのは、このような抑圧に抗して、イメージの論理を回復することである。そのために参照するのは、言語の失認である失語症ではなく、イメージの失認、特に、相貌失認という〈顔〉をめぐる失認である。それによって、記号のピラミッドが象徴の次元を超えて、類像、そして、指標の次元にまで記号の概念を拡張したように、言語的記号学を超えて、イメージの記号論が素描されることになるだろう。

相貌失認と〈顔〉の記号論

〈顔〉のない世界、〈顔〉しかない世界

彼は私のほうを見ながら話をする。彼の顔はたしかにこちらを見ている。だが問題はそこなのだ。はっ

きりとうまく言えないが、前にいる私に注意をはらっているのは耳であって、眼ではない。彼の眼は、私を注視していない。ふつう相手を見るときのような眼つきではないのだ。その視線は、つぎつぎと移って、私の鼻に向けられたり、右の耳へいったり、顎へおちたり、右の眼にいったりする。私の顔の各部分をじっと見つめるけれど、顔を全体として把握することはしていないし、表情をくみとろうとする様子もなかった。[そのときは、私はそれほどよくわかっていなかった。ただ、ちょっと変だな、と不安に感じただけだった。]普通やるように、たがいに見つめあい、顔と顔で何かを表現しあう、ということがぜんぜんなかったのである。[*8]

これは、オリバー・サックスが『妻を帽子とまちがえた男』で描く、相貌失認を患ったPの様子である。Pの視線は、部分を走査するばかりで、全体像を捉えるべく定位することがない。それは、診察する医者に対してだけでなく、妻であっても、写真であっても、変わるところがない。実際、ある日、サックスが行うテストを受けた後、帰宅しようと、帽子に手をのばしたところ、妻の頭をつかまえ、持ち上げてかぶろうとしたのであった。妻を帽子と取り違えたのだ。

これだけでなく、消火栓やパーキングメーターを知り合いと勘違いすることもあった。そのため、他人を識別するには、声を聞いたり、髪型や髭などの特徴を捉えねばならなかった。しかしながら、Pは知性や教養の点で問題があるわけではなく、ユーモアにも富み、魅力的な人物として、音楽を教えながら、日常生活を送っているのだった。

このようなPにとって、世界はどのように映っていたのか？　かれの報告するところによれば、たとえば、バラの花は、「約三センチあり［…］ぐるぐると丸く巻いている赤いもので、緑の線状のものがついている」ものでしかなく、手袋も「表面は切れめなく一様につづいていて、全体がすっぽりと袋のようになって先が五つにわかれていて、そのひとつひとつがまた小さな袋」になっているものでしかなかった。世界は、断片化されており、ひとつの判じ絵でしかないのだ。それゆえ、そこにあるものが何であるかを理解するには、その都度、ゼロから解釈し直さねばならないのであった。

Pの場合、このようにばらばらになった世界を組み立て直し、他者との共同生活をそれでもなお可能にしていたのは、音楽であった。かれの妻が報告するところによれば、日常生活のさまざまな所作――服を着るにしろ、食べるにしろ、風呂に入るにしろ――をつねにハミングしながらこなしていた。実際、サックスの前で、ハミングしながらケーキを食べていたところ、偶然、その部屋のドアがノックされると、途端に身じろぎもできなくなることがあった。うつろな表情をうかべ、もはやどこにケーキがあるのかもわからなくなってしまったのだ。しかし、コーヒーがかれのカップに注がれると、その香りのおかげで現実に立ち戻ることでき、あらためてケーキを食べ始めたのだった。つまり、Pは、視覚における統合能力を欠いていたのであり、音楽がその欠如を満たしていたわけである[*9]。

このように、部分の把握にとどまり、全体像に達することのない相貌失認患者の呈する症状は、同じくサックスが記述している失語症患者たちの症状と対照的なものである。あるとき、元俳優の大統領がテレビで感動的な演説を行っていたところ、その姿を見ていた失語症患者たちの病棟から、どっと笑い声が沸き起こった。大統領の演説は、かれらの目には「ふきだすほど感動的」だったのだ。言葉を解さないかれらにとって、演説はあまりに芝居がかったパントマイムにすぎなかったのである。

しかし、このような顕著な特徴を持っているように思われる患者たちも、「自然に」話しかけるかぎりで、普通に言葉を理解しているようにしか思われない。そのため、失語症を見極めるにあたって、医師たちは、「不自然に」話さねばならない。そこで、たとえばコンピューターによる合成言語が使用される。声の調子やイントネーションといった言語的な手がかり――「感情的調子（フィーリング・トーン）」と呼ばれ、サック

図4：G・アルチンボルド『ウェルトゥムヌスに扮するルドルフ2世』

スは「言葉におのずからそなわる表情」としている――のみならず、表情やジェスチャーなどの視覚的な手がかりもすべて取り除かなければならないわけである。このような失語症患者は、発話内容を理解する力を失ってしまったかわりに、発話行為の次元にある、パラ言語的な特徴をよりよく理解できるようになっているのだ。それゆえ、すべての単語が理解できないときでさえ、話全体の意味は十分通じるのである。[*10]

このように、サックスが描き出しているのは、部分は解さないのに全体像を把握できる失語症患者に対して、部分に囚われ全体の把握に至らない視覚性失認患者の姿である。

ここで重要なのは、視覚性失認、なかでも、相貌失認が、部分の集まりには還元されない全体についての認識不全だということである。逆に言えば、このような失認を患っていない健常者は、全体的な認識を、日々、意識することなく、直観的に行っているわけである。

この点を証明しているのが、ジュゼッペ・アルチンボルドの絵画（図4）についての、視覚性失認患者の認識である。この絵を前にして、物体失認の患者は、〈顔〉を認めることはできるものの、それを構成している果物や植物を認識することができない。その逆に、相貌失認の患者は、構成要素を見て取るばかりで、〈顔〉を認識することができない。[*11] つまり、〈顔〉認知は、部分の和からなっているのではなく、それを超えた全体的なものとして実現しているわけである。

そして、このような性質ゆえに、〈顔〉、あるいは、イメージ一般をめぐる失認は長らく、その他の失認に比して、対象化するのが困難なものであった。

視覚性失認について広範なサーヴェイを行ったマーサ・ファラーによれば、神経心理学で支配的なのは、失語症や健忘症といった言語と記憶の障害をめぐる研究であり、視覚性の失認は忘れられた分野であった。[*12]それが研究対象として注目されるようになったのは、ようやく一九八〇年代になってからのことでしかない。視覚性失認には、視覚そのものの障害による「統覚型」と、視覚自体に問題はないのに、正しく認識できない「連合型」があり——この不全は、視覚以外の情報、たとえば、触れてみたり、その対象の音を聞いたりすれば、その対象が何であるか理解しているかどうかで確かめられる——、相貌失認は後者のひとつに分類される。この連合型の失認症では、部分は部分として捉えられるばかりで、全体の認識、判断に至らない。部分は、全体へと統合されず、断片でとどまっているわけである。

サックスも、古典的な神経学では、直観やイメージの理解に関わる右脳よりも、論理や言語に関わる左脳ばかりが注目され、脳の損傷が、抽象的な思考を失わせ、個別的な感情しか残さなくなるとされていることを批判し、視覚性失認患者の症例が、このような神経学の公理に対する挑戦になるものだと指摘している。

このように、イメージに関わる失認は、神経科学における言語中心主義を証し立てているわけだが、この失認はまさにイメージに関わり、言語に関わるものでないがゆえに対象化されてこなかったのである。別言すれば、イメージが、理性より感性、分析的な推論より総合的な直観に関わり、部分に還元されえない全体的な認識であるがゆえに、忘却されてきたのだ。[*13]

続いては、このように忘却されてきた相貌失認について、認知科学の知見を参照しながら、より詳しく見ていくことにしよう。

〈顔〉認知のふたつの面と相貌失認のふたつのタイプ

〈顔〉に関する認知科学によれば、相貌失認には、ふたつのタイプがあり、それは、〈顔〉認知のふたつの独立したプロセスの存在を明らかにするものである。ひとつの症状としては、表情の理解は保たれているものの、〈顔〉から人物を特定できないもの――狭義の相貌失認症――が存在する。このような機能不全は、表情を読み取ることが、誰であるかを同定せずとも可能なのを考えれば、人物同定が〈顔〉認知のより高次の機能であり、それが失われたのだと結論づけさせることになるだろう。

しかし、このような見方をとるならば、もうひとつの症状、すなわち、人物の同定はできるものの表情を理解できないという機能不全が説明できなくなる。この種の失認は、〈顔〉から人物を特定する能力と、〈顔〉に表れた感情を理解する能力に関して、損傷が特定の部位に認められない、慢性器質性脳症候群の患者に対して行われたテストによって確認されたものである。[*14] このテストでは、さまざまな表情の〈顔〉を写した写真から、感情を読み取れるかどうか、また、看護師や病院の職員といった、日常生活で交流のある人々や、歴代の大統領の写真から、それが誰なのかを識別できるかどうかを調べる。その結果、どんな人物であっても、その識別は完全にできるにも関わらず、まったく表情を理解できないこと、すなわち、「相貌情動失認（prosopo-affective agnosia）」であることが判明したのであった。

このようはふたつの種類の不全、相貌失認と相貌情動失認が存在することから明らかになるのは、人物同定と表情理解が、互いに独立した認知メカニズムによって担われているということである。これらが独立しているがゆえに、表情は理解できるもののその人物が誰なのか同定できなくなる相貌失認と、その逆に、人物は特定できるものの表情は読み取れない相貌情動失認という症状が現れてくるのだ。[*15]

そして、このふたつのプロセスには、神経科学的な基礎が存在することが明らかになっている。[*16] つまり、人物の同定に関する情報は、側頭葉後方下面の紡錘状回で処理されるのに対して、表情の理解では、上側頭溝と偏桃体が機能しており、それぞれの領域の損傷によって、ふたつのタイプの相貌失認が生じるわけである。

以上のような知見からは、〈顔〉に対する認知的親和性の上に築かれる情報処理プロセスには、表情理解と人物同定という、ふたつの大きな軸が存在すると結論づけられる。つまり、ヤコブソンが失語症の研究から、言語活動を司るふたつの軸——類似性に基づく「範列軸」と隣接性に基づく「連辞軸」——の存在を明らかにしたのと同様に、〈顔〉認知にもこのようなふたつの軸が存在するわけである。

認知学者のヴィッキー・ブルースとアンディー・ヤングは、このような顔認知メカニズムを体系化し、三つのモジュールからなるモデルを提案している[*17]（図5）。それによれば、まず起動するのは、知覚された〈顔〉の構造的情報を処理するプロセスである（「構造的符号化」）。このプロセスには、「観察者中心の記述」と「表情とは独立の記述」というふたつの段階がある。前者では、〈顔〉の角度や表情が現れたままに記録され、後者では、そのような現れには影響されない形態的特徴が抽出される。この構造的符号化によって、その対象が〈顔〉であるという認知が行われ、それに続いて、人物特定と表情分

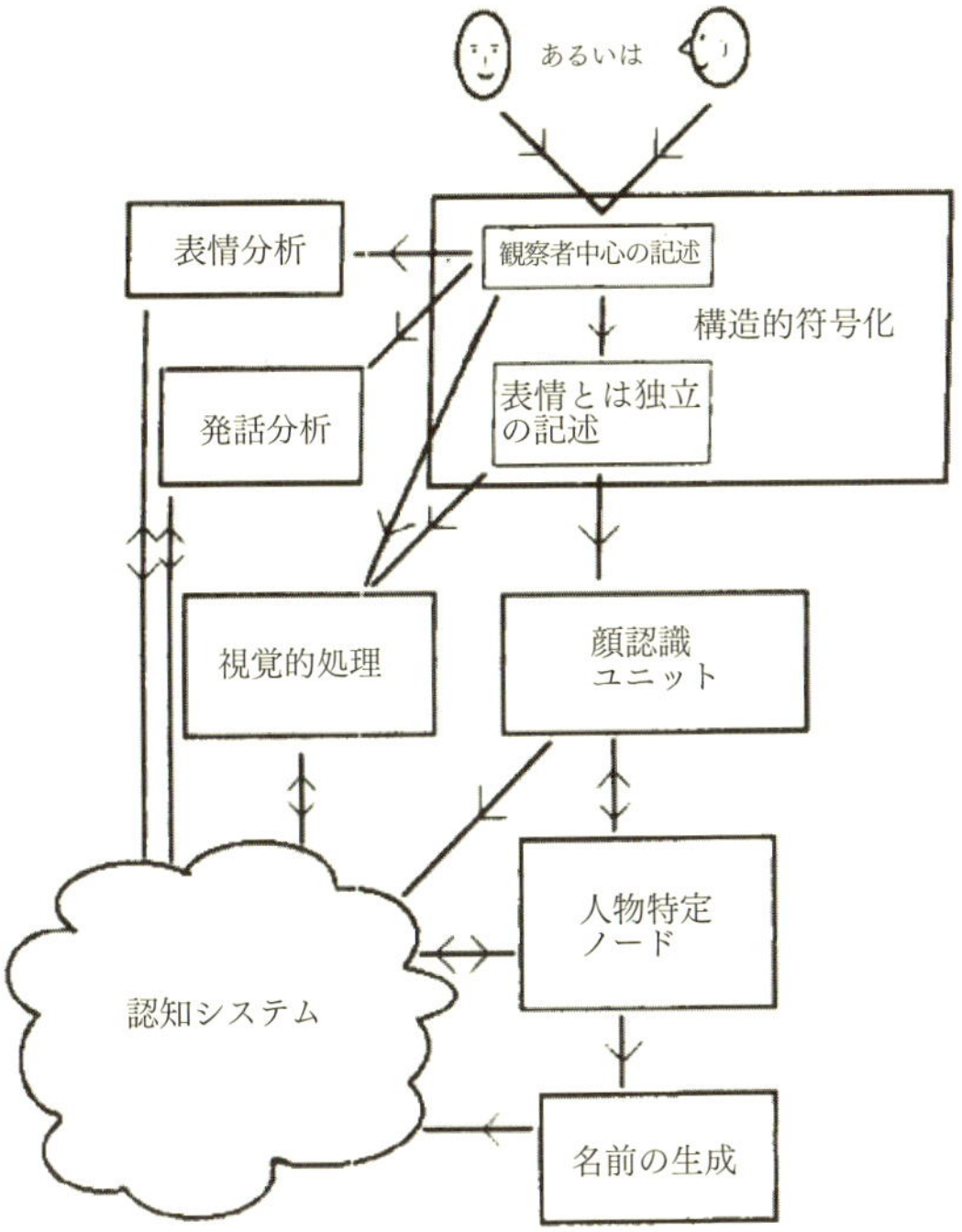

図５：V・ブルースとA・ヤングによる顔認識モデル

Vicki Bruce and Andy Young, "Understanding Face Recognition", *British journal of psychology*, vol. 77, no. 3, p.312. より作成。

析のプロセスが起動される。そのうち人物特定は、構造的符号化のふたつの段階から「顔認識ユニット」を経て、人物の名前の生成へといたるものである。それに対して、表情分析は、人物特定へといたるプロセスから独立に、構造的符号化のなかの観察者中心の記述に発して行われるプロセスであり、観察された人物の表出する感情の理解や、年齢や性別、人種などの推定、視線の方向の探知、唇の動きによる発話の解釈がなされる。

このモデルに従えば、たとえば、日常生活でもよくある、顔を見ても、名前が思い出せないような場合は、「構造的符号化」は行われたにもかかわらず、「顔認識ユニット」に達しなかったためだと解釈される。

それに対して、人物は特定できるものの、表情を読み取れなくなるのが相貌情動失認であり、そのひとつに数えられるのが、カプグラ症候群である。

カプグラ症候群

この症候群は、「妄想性人物誤認症候群（delusional misidentification syndrome）」のひとつとされ、特に親しい人のアイデンティティーに疑いを抱き、偽物や替え玉としか感じられなくなる認知障害である。たとえば、フィリップ・K・ディックの描く世界は、このような症状を体験させるものである。その典型は、「父さんもどき（The Father Thing）」であり、あるとき、父親が外見がそっくりなだけの、中身が入れ替わってしまった存在だという疑いに取り憑かれ、もはや「あれ」と名指すしかなくなってしまった子供が主人公である。あるいは、人間とアンドロイドの境界を問う『アンドロイドは電気羊の夢をみるか？』も、同様の疑いをテーマにした作品だと言えるだろう。

この症候群の名称は、一九二三年にこの症例を報告した、フランスの精神科医ジョセフ・カプグラに由来するものである。ジャン・ルブール＝ラショとの共著で[*18]、この症状は「瓜二つの錯覚（illusion des sosies）」と呼ばれているが、それは次のような経緯による。

当時、五三歳のM婦人は、三度にわたって、子供の死産を経験していたのだが、死産を認めようとせず、子供が取り替えられたとか、誘拐されたり、毒殺されたと主張していた。さらに、夫に対しても、夫ではないと言うようになった。このような妄想は一層、進行し、パリの警察署を訪れ、多くの人（特に子供）が、彼女の自宅やパリのいたるところの地下室に監禁されていると告発し、彼女の証言を確かめ、被害者たちを解放するよう求めたのだった。こうして、サンタンヌの病院に収容されることになり、周囲の人が取り替えられているという慢性的な幻覚や誇大妄想を患っていると診断されたのだった。このとき、彼女は、極めて饒舌で、著しい誇大妄想を持ち、論理的な思考はできなくなっていた。とくに、王族に連なっているという誇大妄想を患っていたが、亡くなる直前の母親から、自分の娘ではなく、生後十五ヶ月に誘拐してきたのであり、実は、王族の末裔だと告げられたと言うのであった。彼女によれば、一連の不幸は、この血筋ゆえのものであり、財産を狙って迫害されているというわけであった。

彼女の妄想の中心となっているのは、瓜二つの人物のあいだの取り替えである。彼女自身がすでに幼くして誘拐され、取り替えられていたわけだが、彼女には、瓜二つの人物が数人おり、この瓜二つの人物と取り違えられないようにするため、みずからの身元を証明する公正証書を携えていると言うのだった。そして、入院させられているのも、「罪を犯した瓜二つの人々のひとり」と取り違えられたせいなのだと主張する。

別の人がわたしに代わって退院しており、わたしはずっと前に退院したことになっている。ここに連れてこられたのも、私に似た誰かの代わりとしてで、彼女はわたしと同じ格好をし、わたしが留守のあいだ、わたしの部屋に住んでいる。[*19]

そして、彼女の子供も取り替えられており、そのため、「わたしは、自分の息子ではない子供の埋葬に参列した」と主張するのだった。また、実の夫も失踪し、瓜二つが取って代わっており、その瓜二つは、少なくとも二十四人いるのだった。このように、夫や子供など、もっとも親しい人も含めて、彼女にとって、周囲の人々は瓜二つの人物ばかりだったのだ。瓜二つの人物は、日々、増加し、この無限の瓜二つたちが彼女を迫害するのだった。

このような次第で、「瓜二つの錯覚」と呼ばれることになったわけだが、M婦人の症状を診たカプグラ医師による分析は、次のようなものであった。誰しも、長い間会っていない知り合いを前にしたとき、「親近感と違和感の間の葛藤」を感じるものだが、それがM夫人の場合、親近感をまったく覚えることができず、違和感しかない。日常的にも、会っていないのが長くなればなるほど、違和感が親近感に勝るものだが、とはいえ、決して違和感が全面化し、知覚や記憶を変えてしまうようなことはない。しかし、知り合いであることはわかるものの、それに伴うはずの親近感が沸いてこないような場合、違和感が全面化する、つまり、似ていることを認めながらも、同じ人物だとは考えられなくなってしまう。この違和感から、瓜二つという結論が導かれることになるわけである。

瓜二つの幻覚は、実のところ、知覚によるのではなく、情動的判断から導き出されたものである。[*20]

顔認知のモデルを提案したヤングも、このカプグラ症候群をそのモデルに従って解釈している。[*21]それによれば、カプグラ症候群の患者をテストしたところ、親しい人と見知らぬ人の区別はできるものの、〈顔〉から感情を読み取ることができなかった。そこから、この症候は、知っている人の顔刺激に対する適切な感情的反応がともなわないことによるものであり、この欠如を合理的に意味づけしようとした結果、その人が入れ替わっているという結論を導き出したのだと解釈している。

このように、カプグラ症候群は、顔認知に人物同定と表情理解のふたつの軸の存在しており、そのふたつの軸に沿って行われるプロセスのあいだのズレによって生じるものなのだ。この症状が親や子供、夫など、もっとも親しい人に関わるのも、これらの人びととの感情的な結びつきが強いぶんだけ、ひとたび、人物を同定できるにも関わらず、表情を理解し反応できなくなると、そのズレがより大きくなるからなのである。

また、この症候群が明らかにしているのは、表情の理解が、喜びや怒りといった個々の感情の表現よりまず、親近感に関わり、他者が表出する感情にみずからが反応できるかどうかにかかっているということである。いわば、感情の「内容」より「関係」そのもの、すなわち、「接触」の次元に関わっているのだ。言い換えれば、感情を理解することとは、みずからもそれを感じることなのであり、合わせ鏡のような、触覚的・融合的なものなのである。

以上のような、顔認知をめぐる知見から、〈顔〉の記号論を提起することができるだろう。〈顔〉はまず、触覚に接したイメージとして、記号のピラミッドを参照するなら、言語＝象徴の次元に対して、類像、そして、指標の次元に関わるものである。それはまた、分析的というより総合的な認識であり、理性的推論より直観に関わっている。そして、言語的記号学では、範列と連辞というふたつの軸が中心であったのに対して、〈顔〉の記号論を構成するのは、表情理解と人物同定というふたつの軸である。さらに、それにともなって、言語的記号学が、範列軸に関わる類似性によって規定される隠喩と、連辞軸に関わる隣接性によって規定される換喩を取り上げたのに対して、〈顔〉の記号論は、部分の集合には還元されない全体に関わるものとして提喩的なものを問題にするということである。

このような〈顔〉の提喩性は、鏡像段階が証しているものでもある。ウィニコットが主張していたように、ばらばらの身体像を先取り的に統合する鏡像段階の鏡とは、〈顔〉のことだったわけだが、このような統合は、実のところ、〈顔〉の提喩的な効果によるものだったのだ。言語中心主義者としてのラカンの錯誤は、換喩と隠喩に対して、提喩を、つまり、言語の論理に対して、イメージの論理、なかでも、〈顔〉的な認知の論理を取り逃したことにあったわけである。

次章からは、こうして定式化される〈顔〉の記号論の観点から、さまざまな〈顔〉をめぐる議論を検討していくことにする。これらの議論と突き合わせることで、この記号論の妥当性を検証することもできるだろう。

注

＊1——ロマン・ヤコブソン「言語の二つの面と失語症の二つのタイプ」『一般言語学』川本茂雄監修、田村すゞ子ほか訳、みすず書房、一九七三年、二一七—二一八頁［Roman Jacobson, *Essais de linguistique générale, Tome 1*, Minuit, 1963, réed. 2003］.

＊2——ジャック・ラカン『精神病（下）』小出浩之ほか訳、岩波書店、一九八七年、一〇九—一一〇頁［Jacques Lacan, *Les psychoses : Séminaire Livre III, 1955-1956*, Le Seuil, 1981］。

＊3——ジークムント・フロイト「失語症の理解に向けて——批判的研究」中村靖子訳、『フロイト全集〈1〉——失語症』岩波書店、二〇〇九年、八三—八四頁［Sigmund Freud, *Zur Auffassung des Aphasien : Eine kritische Studie*, Franz Deuticke, Leiptig/Wien, 1931, reed. Fisher, 1992, p. 111］。

＊4——同上、九八頁［*Ibid.*, p. 125］。

＊5――Ｓ・フロイト「自我とエス」道籏泰三訳、『フロイト全集〈18〉』岩波書店、二〇〇七年、一五頁［S. Freud, *Das Ich und das Es*, 1923］。

＊6――Ｓ・フロイト「続・精神分析入門講義」『フロイト全集〈21〉』［S. Freud, *Neue Folge der Vorlesungen zur Einführung in die Psychoanalyse*, 1932］。

＊7――*Ibid.*, p.54.

＊8――オリバー・サックス『妻を帽子と間違えた男』高見幸郎ほか訳、晶文社、一九九二年、三〇―三一頁［Oliver Sacks, *The Man Who Mistook His Wife for a Hat, and Other Clinical Tales*, Summit Books, 1985］。

＊9――音楽をめぐる現象・症状については、以下を参照。Ｏ・サックス『音楽嗜好症（ミュージコフィリア）――脳神経科医と音楽に憑かれた人々』大田直子訳、早川書房、二〇一〇年［O. Sacks, *Musicophilia: Tales of Music and the Brain*, Alfred A. Knopf, 2007］。

＊10――このようなパラ言語を解さない失語症とは逆に、発話内容は完全に理解できるのに、発話行為の次元にある要素を理解できないという症例も存在する。これは「音感失認症」と呼ばれる症状であり、前者の失語症が左側頭葉の障害によって起きるのに対して、右側頭葉の障害によって生じる。このような患者は、文法的に整った発話ならば理解できるが、くだけた言葉づかいや、ほのめかし、感情的な言葉は理解できない。先の失語症たちといっしょに聴いていた音感失認症患者の「エミリー・Ｄ」に、大統領の演説はどう聞こえたのか？「説得力がないわね。文章がだめだわ。言葉づかいも不適当だし、頭がおかしくなったか、なにか隠しごとがあるんだわ」（Ｏ・サックス、前掲書、一五八頁）。大統領の演説は、言葉の表情しか理解できない失語症患者も、言葉の文字通りの意味しか理解できない音感失認症患者も、どちらに対しても説得力を持っておらず、その目的を果たせなかったわけだ。

＊11――Morris Moscovitch, Gordon Winocur, and Marlene Behrmann, "What Is Special about Face Recognition? Nineteen Experiments on a Person with Visual Object Agnosia and Dyslexia but Normal Face Recognition", *Journal of Cognitive Neuroscience*, 9. 5, 1997, pp. 555-604; 山口真美『視覚世界の謎に迫る――脳と視覚の実験心理学』講談社ブルーバックス、二〇〇五年。特に、第六章「『顔』だけは特別」。

＊12――マーサ・ファラー『視覚性失認――認知の障害から健常な視覚を考える』河内十郎ほか訳、新興医学出版社、1996［Martha J. Farah, *Visual Agnosia: Disorders of Object Recognition and What They Tell Us about Normal Vision*, MIT Press, 1990］。

＊13――この観点から興味深いのは、視覚性失認を音楽が補っていることである。音楽もまた、感性的な対象であり、個々の楽音という部分には還元されない全体的なもの――現象学で言うところの「時間対象」――である。

＊14――Janos Kurucz, and Gabriel Feldmar, “Prosopo-affective agnosia as a symptom of cerebral organic disease”, *Journal of the American Geriatrics Society*, no. 27, 1979, pp. 225-230; Janos Kurucz, Gabriel Feldmar, and William Werner, “Prosopo-affective agnosia associated with chronic organic brain syndrome”, *Journal of the American Geriatrics Society*, no. 27, 1979, pp. 91-95. 感情に関しては、怒り、悲しみ、喜びの順に理解できなくなるのが明らかになった。逆に言えば、喜びの理解は、相貌情動失認の進行に対してもっとも抵抗する。この事実は、新生児がまず識別できるのが、喜びであり、悲しみや怒りは遅れてでないことに対応している。

＊15――Andy Young, and Hadyn Ellis, “Semantic processing”, *Handbook of research on facial processing*, 1989, p. 235.

＊16――James V. Haxby, Elisabeth. A. Hoffman, and Maria I. Gobbini, “The distributed human neural system for face perception”, *Trends in Cognitive Science*, 4, 2000; 野村理朗「顔と認知科学」、竹原卓真、野村理朗編『「顔」研究の最前線』北大路書房、二〇〇四年。

＊17――Vicki Bruce, and Andy Young, “Understanding face recognition”, *British Journal of Psychology*, 77, pp. 305–27.

＊18――Joseph Capgras, et Jean Reboul-Lachaux « L’illusion des « Sosies » dans un délire systématisé chronique », *Bulletin Société clinique de médicine mentale*, 1923, pp. 6-16.

＊19――*Ibid.*, p. 8.

＊20――*Ibid.*, p. 14.

＊21――Andy Young, Ian Reid, Simon Wright, and Deborah J. Hellawell, “Face-processing Impairments and the Capgras Delusion”, *The British Journal of Psychiatry*, 162, 1993, pp. 695-698.

第3章　〈顔〉の記号論——〈顔〉と「現れの空間」

〈顔〉＝仮面——「prosopon」をめぐって

古代ギリシアでは、〈顔〉に大きな関心が払われていたが、ギリシア語で〈顔〉を意味する「prosopon」はまた、「仮面」を意味するものでもあった。この〈顔〉＝「仮面」を規定しているのは、他者の視線であり、他者の視線に晒されているかぎり、両者が区別されることはなかったのだ。

しかしそれは、〈顔〉＝仮面が見られるだけの受動的な対象だということではない。〈顔〉はコミュニケーションのただなかに現れ、見られる対象であると同時に見る主体でもある。それは、眼という器官が光を受け取ると同時に光を発するもの、受動的であると同時に能動的なものとして考えられていたことに存している。このような両義性——自己と他者、受動と能動——によって、〈顔〉＝仮面は、市民の関係における特権的メディアであり、公的生活で最重要の役割を担うことになる。たとえば、演説家は、〈顔〉＝仮面の専門家であらねばならず、聴衆を正面から見据えることで、みずからの演説の真正さ、誠実さを証さねばならなかった。

しかし、〈顔〉は公的生活に欠かせないというよりむしろ、〈顔〉こそが公的生活の範例なのであった。ギリシア社会では、男性市民のあいだで結ばれる「友愛（フィリア）」が、個人のあいだの関係の理想をなしていた。たとえば、アリストテレスは、「われわれの生活に対してこれほど欠くべからざるものはない。何びとも、実際、たとえ他のあらゆる善きものを所有するひとであっても、友（フィロイ）なくしては生きることを選ばないであろう」[*1]と言っている。そして、この友愛を特徴づけるのはまず、相互性である。

友愛というものが存在しうるためには、〔…〕お互いに好意を抱いており、お互いに相手かたにとってのもろもろの善を願っているということ、そして、それのみならず、このことがそれぞれ相手かたに知られていることが必要である。[*2]

この相互性に基づいた友愛を具現化するのが、向かい合った〈顔〉と〈顔〉、見つめ合い、互いを映し合う眼と眼である。〈顔〉、そして、眼は、合わせ鏡のようにして、互いに映し合い、映すものと映されるものがもはや区別されない関係、相互的で平等な関係を表しているのだ。

このような関係のただなかで、〈顔〉は、その人物の人となりを直截に映し出すものでもある。相互的な友愛においては、互いに隠すところがあってはならず、「このことがそれぞれ相手かたに知られていることが必要である」。ここでは、他者に向けられることで相互性を表していた鏡としての〈顔〉が、みずからの内へと向けられることで、その内奥を映し出すわけである。〈顔〉は、他者だけでなく、みずからの内面に向けられた鏡として、もはや何も隠しておきはしない。向かい合った〈顔〉と〈顔〉は、そこから何も逃れることがない透明な関係を保障する装置でもあるのだ。

このようにして結ばれる友愛において、内面と外面、自己と他者は、もはや矛盾するものでも対立するものでもない。

われわれが自分で自分の顔を見ようと欲するとき、鏡をのぞきこんで見るのと同じように、われわれが自分で自分を知ろうと欲するときにも、われわれは親友を見て、これを知りうるであろう。というのは、われわれが言うように、親友は第二の自己だからである。そうである以上、もしも自分自身を知っていることが快いことであり、またこれを知っていることが、他の自己である親友なしには不可能であるとすれば、自足せる人自身が自分自身を知るためには、親友を必要とするであろう。[*3]

己を知ることができるのも、鏡としての友の〈顔〉を介してなのである。みずからを省みるには、友の〈顔〉がみずからを映し出してくれることが欠かせないのだ。反省にはまず、反映が必要だったわけである。

このように、〈顔〉＝仮面は、他者との関係のただなかに現れるものとして、もっとも公的なものであると同時に、みずからの秘された内面性を直接に映し出すという意味で、もっとも私的なものである。〈顔〉の上で公的なものと私的なもの、外面と内面が交差するのだ。〈顔〉は、現前的コミュニケーション、あるいはコミュニケーションの次元での現前性を打ち立てる装置なのである。

このコミュニケーション的現前性によって、ギリシアにおける「公領域（public realm）」は「現れの空間」と呼ぶべきものとなる。別言すれば、「現れの空間」に現れるのはまず、〈顔〉なのである。

現れの空間

「現れの空間」は、この概念を提出したハンナ・アーレントによれば、「私が他人の眼に現れ、他人が私の目に現れる空間であり、人びとが単に他の生物や無生物のように存在するのではなく、その外形をはっきりと示す空間」のことである。[*4] アーレントが、この空間を問題にしたのは、人間の条件をなす「活動」を規定するためであった。彼女は、人間の「活動的生（vita activa）」を「労働（labour）」「仕事（work）」「活動（action）」に分類する。「労働」は、生物的な再生産、生殖に、そして、「仕事」は、作品の制作に関わるものである。これらふたつより価値を置かれるのが、「活動」である。というのも、作品としてかたちをなす「仕事」が価値を持ちうるのも、「活動」がそれに改めて生命を吹き込むかぎりのことでしかないからである。「活動」によって再活性化されることで、作品は、「永遠性」ではなく、この世における「不死性」を保証されるのだ。

この優れて人間的な「活動」が繰り広げられるのが、ポリスであり、その中心をなすアゴラである。この公領域は、物理的な空間として存在するのではなく、あくまで共に行動し、共に語る人びとのあいだに生まれる。つまり、「現れの空間」としてのみ存在するものである。他者の存在、他者に対して現れることこそが、人間に、世界の現実性を保証するのだ。そして、「現れ」とは、「見られ、聞かれること」にほかならない。

公に現れるものはすべて、万人によって見られ、聞かれ、可能な限り最も広く公示されるということを意味する。

この「見られ、聞かれること」、すなわち、イメージと言語の中心的な器官となるのが、〈顔〉である。そして、〈顔〉を中心にして構成される「現れの空間」によって要請されるのが、観相学と弁論術というふたつのアプローチである。

観相学

観相学は、十九世紀のチューリッヒの説教師、ヨハン・カスパール・ラファーターに端を発するとされることもあるが、ラファーターはあくまでも先行者たちのテクストの集大成を著したのであって、観相学自体はギリシア以来存在しているものである。たとえば、アリストテレスに誤って帰されてきたテクストや、ポレモス、アダマンティオスのテクスト、ローマ時代の筆者不詳のテクストなどが残されている。この〈顔〉の解釈術についての専門家であるエリザベス・エヴァンズは、観相学の祖を、ガレノスの説に依拠しながら、ヒポクラテスとしている。*5 この医学の父と称されるヒポクラテスのテクストには、たとえば次のような観相学的な記述がある。

赤ら顔で鼻がとがっていて眼が小さい人はよくない。しかし、赤ら顔で鼻が平たくて眼が大きい人は問題がない。〔…〕長身で、禿げていて、舌足らずな話し方をし、どもるのは、問題ない。しかし、舌足らずな話し方をするか、禿げているか、どもるか、毛深い人は、黒胆汁が強烈に作用する病気にかかっている。〔…〕

頭が大きくて眼が小さく、舌足らずな話し方をする人は、怒りっぽい。長生きしている人は歯の数が多い。舌足らずな話し方をし、早口で、極度に黒胆汁が多く、まばたきをしない人は、怒りっぽい。頭が大きく、眼は黒くて大きく、鼻が肉厚で低い人は勇敢である。眼がきらきら輝いていて、長身で、頭が小さく、くびが細く、胸が狭い人は、温厚である。頭が小さい人は、眼が青灰色でないかぎり、舌足らずな話し方もしないし禿げにもならないであろう。[*6]

この観相学は、医学的診断術のひとつであり、黒胆汁の影響について触れられているように、いわゆる四体液説に基づいたものである。古代ギリシアでは、世界は「水」「火」「空気」「土」――それぞれ「湿」「温」「乾」「冷」という性質を有している――という四つの元素から成り立っていると考えられていた。四季の移り変わりも、この四元素の性質を反映し、春＝温湿、夏＝温乾、秋＝冷乾、冬＝冷湿とされたのであった。人体も、このような特徴を持った四元素に対応した四種類の体液から構成されているとするのが、四体液説である。四体液とは、温かく湿った血液、温かく乾いた黒胆汁、冷たく乾いた黒胆汁、冷たく湿った粘液のことであり、それぞれ心臓、肝臓、脾臓、脳で作られると考えられていた。この体液のバランスが、人の性格を決定し、それぞれの体液が多いと、楽天的、鈍重、憂鬱（メランコリーの語源は黒胆汁である）、気むずかしい気質になるとされた。病気も、この体液のバランスが崩れることによるものであり、季節の変化とともに、体液のバランスも変化するため、季節ごとに流行する病気があるとされたのだった。

このような思想を背景としたギリシア時代の観相学を体系化したのが、アリストテレスである。アリストテレスは観相学についてのテクストを著したとされてきたが、実際、それももっともだといえるほど、多くの観相学的記述を残している。なかでも、『分析論』における次の一節はまさに、この学が成立する条件を定式化したものである。

人相を観ることが可能となるのは、もしひとが、自然本来のものたるかぎりの諸性情は、身体と精神を同時に変化させると承認を与えてくれるならば、である。［…］そしてもしこのこととともに、また一つの自然本来の性情に一つの徴標が対応してあることに承認が与えられ、かつわれわれが動物の各種類に特有な自然本来の性情と身体上の徴標を容認することが可能だとすれば、われわれは人相を観ることが可能となろう。

観相学が可能になるのは、自然本来の「性情」と、その「徴標」、つまり、精神と身体のあいだに対応関係が確立しているかぎりであり、観相学が関わるのも、後天的に獲得されたのではなく、あくまで自然的に与えられた性質のみである。この対応関係は、人間だけでなく、動物にも当てはまるものであり、人間における対応関係を知るにはまず、動物において、この関係を考究せねばならない。

なぜなら、もし動物のなにかあるひとつの不可分な類に特有なものとして現前している性情が、たとえば獅子どもに勇気がのごとく、存在するとすれば、必然のこととしてそこにはそれに応ずるなにかあるひとつの徴標がなければならぬからである。けだしここではじめから精神と身体は相互に一緒に変化を受容すると設定されているからである。そしていまこれを「身体末端部の大きいものを持っている」とせよ。これは他のいくらかの動物の種類にもまた、その全体にではないが、現前していてもよい。けだし徴標はこのような意味で特有なのだからである。というのは、性情はひとつの種類全体に特有である。そこで他の種類においてもまたこれが現前しようし、人間も、あるなにか他の動物も、勇敢でありえよう。それゆえこの性情を持つものはそれに応ずる徴標を持つこととなろう。なぜなら一つの性情には一つの徴標が対応してあったからである。[*7]

人間であれ、その他の動物であれ、ひとつの性情にはひとつの徴標が対応しており、ある徴標が見つかるということは、それを発現させる性情を有していることを明らかにしている。なかでも、人間以外の動物では、このような性情と徴標の関係が、より単純で、捉えやすい。それゆえ、動物における対応関係をまず把握し、それを適用することで、人間についても、外的な徴標からその性情を特定することができるようになるわけである。

このような対応関係を保証しているのは、アリストテレスが前提としている解剖学によれば、血液である。血液の質が個人の性格を決定するのであり、その循環の中心である心臓こそが人間の精神の座だとされる。

血液の本性は、動物の性格および感覚という点から見ると、多くのことの原因になっているが、血液が全身の質料である以上は当然のことで、栄養は質料であり、血液は最後の栄養だからである。そこで血液が冷たいか温かいか、濃いか薄いか、澄んでいるか濁っているか、ということは重大な相違となる。[*8]

こうして、アリストテレスは、血液を媒介とした、解剖学的性質と精神的傾向のあいだの因果関係を原理とすることで、観相学に基礎づけを与えるわけである。

そして、この観相学のより具体的な例証を与えるのが、『動物誌』である。たとえば、それぞれの動物を特徴づける性格が次のように列挙されている。

動物はまた次のような性格の相違によっても異なる。すなわちウシのように柔和で憂鬱で反抗しないもの、イノシシのように激情的で反抗的で粗野なもの、シカやウサギのように、思慮深くて臆病なもの、蛇類のように卑屈で陰険なもの、ライオンのように自由で勇敢で高貴なもの、オオカミのように、純系で野生的で陰険なものがある。[*9]

人間では複雑で見誤る可能性のある性情も、動物では見定めることができる。このような動物学的観察が、人間の観相学の基礎となるのである。

アリストテレスの著作にはこのように、観相学の原理だけでなく、具体的な記述も散見される。それゆえ、観相学についてのテクストも、誤って帰せられてきたわけである。出自はともかく、このテクストは、アリストテレスの観相学を体系化するものとなっている。

このテクストは、二部からなっており、第一部は先に見た『分析論』と同様の議論によって、この学を基礎づけることから始まっている。これに続く箇所では、以後の観相学に受け継がれることになる三つの方法が定式化されており、このテクストのみならず、観相学の歴史においても決定的なものである。この三つの方法とは、動物学的方法、民族学的方法、表情の分析である。まず、動物学的方法は、個々の動物の徴標と性情の対応関係を明らかにし、それに基づいて、それぞれの動物に外見的に似た人が、その動物と同様の性情を有すると推論するものである。先に引用した『動物誌』の記述は、このアプローチの基礎となるものである。二つ目の民族学的方法は、外見的特徴と性格の合致が確証されるまで民族の分類を行い、三つ目は、相互作用する表情と感情の対応関係を確立しようとするものである。

これら三つの方法のうち、三つ目のものが対象とする表情は、あまりにつかみどころがなく、もっとも難しいとされる。また、動物の外見と性格の対応も、実際には、それほど単純ではなく、動物との類比にあまりに頼るのも危険だと警告される。このような留保の後、勧められるのは、恒常的な外的な徴標を判断の根拠とすることである。このような徴標のみが、それに応じた恒常的な性格の推測を可能にするのだ。このように観相学を分類、画定した上で、その簡潔な定義が与えられる。

観相学は、その名が示すとおり、魂の性情の外見への表れと、相貌から推測される徴を変更する性情を探求するものである。[*10]

こうして、観相学的記述には、ふたつの方向性があることになる。ひとつは、「柔らかい髪は内気さを表し、硬い髪は勇気を表す」というように、外見的特徴から内的性格を推論するものである。もうひとつは、その逆方向で推論するものであり、「臆病さの徴は柔らかい髪であり、活力のない、動かないことを習慣とする体格である」[*11]というかたちの記述を行うものである。

さらにもうひとつのアプローチにも触れられているが、それは、かつてなかったものとされ、ある性格から別の性格を推測するというものである。それは、たとえば、次のように行われる。

ある人の気性が激しく、気むずかしく、吝嗇であるとき、その人は常に嫉妬深いものである。たとえ嫉妬深さの徴がない時でさえ、観相学の心得のある者が、その他の性質から嫉妬深い人を同定できると言えるだろう。[*12]

しかし、この方法を正しく実践するには、十分な経験を積んでおらねばならず、それゆえ、哲学の教養を有する者にしか勧められないという留保が付け加えられるほど、難しいとされる。

いずれにしろ、アリストテレスの諸著作において定式化されている観相学は、血液を介した、自然本来の性情とその外的徴標、精神と身体のあいだの相互作用を基礎づけとしている。この相互作用によって、観相学の学としての正当性は保証されるのである。

ここまで見てきたように、観相学が観察対象とするのは、外見、外的徴標一般であり、〈顔〉だけでなく、体格や体型、髪の生え方、肌の質、声の質なども含まれている。それぞれの徴標の重要度は異なっているが、その中心となるのは、あくまで〈顔〉である。

たとえば、『動物誌』の第二部も、内的性情と外的徴標の相互作用を確認することから始まり、動物学的方法がまず論じられる。なかでも性差について多く記述された後、[*13] 観相学的観察を行うにあたって重要な部分が、次のようにまとめられている。

もっとも観察に都合がよいのは眼の周りの部分、額、頭、顔である。その次に来るのが胸と肩であり、最後は脚と足である。腹部の重要性はもっとも低い。[*14]

こうして定められた、それぞれの部分の観相学的観察にとっての重要性は、後の時代になっても度々指摘されるが、アリストテレスの観相学ですでに、眼に第一の重要性が認められている点を確認しておくことにしよう。

以上のように、古代ギリシアの観相学は、医学的、動物学的、民族学的知見として体系化されており、自然に備わった内的性情と外見的徴標の対応関係を特定する試みである。そして、この観相学を特徴づけるもののうち、後世に至るまでこの学を規定することになるのは、次の三点である。

—精神と身体の相互関係をその原理とすること

—三つの方法(動物学的方法、民族学的方法、表情分析)

——内的性情を類推するための眼を中心とした外的徴標の重要性[*15]
これらの特徴が、後の時代の論者によってそれぞれに展開されていくことになる。

観相学の記号論

先に見たように、古代ギリシア社会は、「現れの空間」を中心として組織され、市民のあいだの友愛が人倫の理想をなしていた。それは、相互的で、隠すところのない透明な関係であった。そして、このような関係性をよく表していたのが、現れの空間で向かいあう〈顔〉と〈顔〉、見つめあう眼と眼なのであった。

観相学は、目の前の人物の隠れた性情を、明らかな外的徴標から推論する学として、このような関係のひとつの側面、すなわち他者の現れ、与えられに関わるものである。この学は、内的性情と外的徴標のあいだの相互作用に基づき、前者が後者において表出されるという考えに基づいていた。しかし、それと同時に、ある種の不透明さを前提にしたものでもある。というのも、このような解釈術が必要とされるのはあくまで、未知の人物を前にした場合だからである。そもそも、顔なじみの人について、このような方法に頼る必要などない。この間主観的な次元での不透明さなしには、観相学は無用なものにすぎず、この不透明さこそが、観相学を招来するわけである。

このような事態を、記号論の用語にならって言うなら、観相学は意味論的次元——表すものと表されるもの、すなわち、外的徴標と内的性情の関係——における透明さを原理とするものであるが、そもそも、それが必要とされるのは、語用論的次元——すなわち、向かい合った人との関係の次元——の不透明さによってだということである。つまり、見つめあう眼と眼によって象徴される相互的な関係性が断ち切られることで、観相学は要請されるのだ。観相学は、未知の人物を前にして、どんな人なのかをいち早く知りたいという欲望に根ざしているわけである。ギリシア語の「prosopon」が〈顔〉＝仮面を同時に意味していたことを思い出すなら、観相学は未知の人物の〈顔〉に仮面を与え、それが何ものであるかを仮初めにも同定する試みなのである。

先に、認知科学における相貌失認研究を参照しながら、〈顔〉の記号論を提出したが、それは、〈顔〉認知が、〈顔〉のそれとしてのカテゴリー化に続いて、人物同定と表情理解というふたつの軸に沿って行われることに基づいていた。この記号論に従えば、観相学は次のように定義できるだろう。つまり、観相学は人物特定と表情解釈というふたつの軸を短絡し、他者の直接的な現れを、そのままで人物同定とするものである。別言すれば、未知の者を前にして、人物同定へと至るプロセスが働かない場合、もうひとつのプロセスである表情理解、そして、〈顔〉としてのカテゴリー化を人物同定に代えようとするものなのだ。

この観点から興味深いのは、すでにアリストテレスが提出し、後の時代においても観相学の範例をなし続けることになる動物学的方法である。このアプローチは、〈顔〉の記号論からすれば、〈顔〉、あるいは〈顔〉様のものに対する認知的親和性を、そのままで人物の同定に短絡するものである。観相学とは、表情解釈にしろ、それに先立つ〈顔〉に対する認知的親和性にしろ、直観的な現れ、与えられから直接に、人物特定に至ろうとする短絡の試みにほかならないのだ。〈顔〉の記号論の観点からは、観相学はこのような短絡によって定義されるだろう。

以上のような観相学の定義は、この学に向けられた批判によっても、逆証されるものである。時代を隔てたものではあるが、観相学がラファーターの体系化によってあらたな興隆を経験した、まさにその時代に、カントとヘーゲルがこの学を批判している。この批判を取り上げることで、記号論的な定義の妥当性を検討することにしよう。実のところ、この二人の哲学者による批判は、この〈顔〉の解釈術の根本に関わるものである。

カントとヘーゲルによる観相学批判——観相学の記号論の逆証として

カントがラファーターの観相学を批判しているのは、その『人間学』においてである。それによれば、人には目の前の人の性情を知ろうとする傾向があるのは否めないとはいえ、学と呼ぶに値するものになることなど決してない。

人相による性格診断なるものは争う余地なく存在するのだが、しかしこれがけっして科学となりえないのは、見られている人間の容貌がその人の何らかの傾向性とか能力を示唆するといっても、その容貌の特徴を了解することが可能となるのは概念に従った記述によってではなく、観察による叙述によってないしはその特徴を模倣した描写を通してでしかないからである。[*16]

観相学は概念による理解ではなく、直観に依拠するだけで、根拠に欠けている。それゆえ、到底、学と呼ぶには値せず、せいぜい社交における趣味を育むための術にすぎないというわけである。

ヘーゲルも観相学に対して同様の批判を行い、「有用性も根拠もないもの」と断じている。[*17]しかしながら、その一方で、絶対知へと至る弁証法の道程において一定の場所を認めてもいる。つまり、占星術や手相占いは、外面と外面の対応関係を扱うにすぎず、完全に切って捨てられるのに対し、観相学は内面と外面の関係に関わるものであり、そのかぎりで哲学的に一定の価値があるとされる。しかし、カントによる批判と同様、観相学は直接的で感覚的な印象に基づく、「根拠なきもの」にすぎない。それと同時に、実効的な行為ではなく、あくまで行為への傾向のみを問題にするものであるため（「認識されるはずのものは、人殺しや盗人ではなく、そういうものである能力である」）[*18]、「有用性なきもの」とも批判される。こうして、ふたつの観点、すなわち、根拠および目的の両面からの批判が観相学に向けられることになる。

> そういう学が見つけようとする法則は、これら二つの思いこまれた側面の関係であるから、それ自身、空しい思いこみ以上のものではありえない。[*19]

このようなヘーゲルの批判は、カントによる批判を受け継ぎ、発展させたものだと言えるだろう。つまり、無根拠さに加えて、無用さをも批判し、単なる「空しい思い込み」と断じているわけである。

以上のような批判を、〈顔〉の記号論の観点から捉え返すと、どうなるか。観相学を概念なき理解あるいは根拠なきものとする批判は、〈顔〉に対するわれわれの認知的親和性、その直接的な現れ、与えられの次元に関わるものであり、このような次元に、概念的把握の余地がないことを指摘するものである。それに対して、観相学を有用性なきものとする批判は、その人物がいかなるものかを同定する段階に関わっている。それが実効的な行為ではなく行為への性情にしか達しないというのは、〈顔〉の直接的な現れ、与えられを人物の同定と短絡するかぎりで、真の意味でその人物を知ることにはならないということである。つまり、観相学は一見したときに与えられる外的徴標から内的性情を「早まって判断する」[*20]ものでしかないわけである。

カントとヘーゲルによる観相学批判は、このようなかたちで、われわれが提起した〈顔〉の記号論の観点から捉え返すことができるものである。その意味で、かれらの批判は、この記号論を裏側から正当化してくれるものである。また、逆に、われわれの記号論によって、かれらの批判の正当性を証することもできるだろう。

以上のように、観相学は、〈顔〉の記号論の観点から言えば、〈顔〉のそれとしてのカテゴリー化、表情解釈という直接的な現れ、与えられをそのままで、人物同定と短絡させるものである。それは、他者を前にして、その他者が何者かをいち早く知ろうとする、われわれの本性に深く根ざしている。われわれは、語用論の次元――他者との関係性の次元――での不透明性のただなかで、まさにこの不透明性のゆえに、意味論的な次元での透明さ――外面は内面を隠すことなく表出しているという想定――を求めずにはいられないのだ。続いては、ギリシア時代に体系化されたもうひとつのアプローチである弁論術を検討することにしよう。このアプローチは、〈顔〉の記号論の観点からは、どのように位置づけられるか。

弁論術

観相学は、〈顔〉の直接的な現れ、与えられから、目には見えない内的性情を推測するものであった。別言すれば、未知の人物の〈顔〉に仮面を与えることで、その人物を、仮初めにであれ、同定しようとする試みである。それは友愛を理想とした、市民のあいだの相互性において、そのひとつの側面、つまり未知の人物を前にしたとき、それが何者であるかを知らずにはいられない性向に根ざしている。ここで論じるのは、もうひとつの側面、つまり、未知の人たちを前にしたとき、みずからの振る舞いがいかなる印象を与えるのか、また、望み通りの印象を与えるにはいかに振舞うべきかを教示するものである。

弁論術は、哲学とともに、「おたがいが二つの柱、二つの頑丈なアトラス像」[*21]として、ギリシア時代の教育全体を支えるものであった。ギリシアにおける最高の教育とは、医学や自然科学などのような専門家だけに限られたものではなく、あくまで全き人間を育成することを目指した教養教育であった。この全人的な教育を先導していたのが、プラトンとイソクラテスであり、それぞれがみずからの理想の教育を実践する学園を設立したのであった。しかし、古典古代時代を通じて、一貫して圧倒的な優位を保っていたのは、あくまで弁論術であった。弁論術こそが「教育の王者」だったのだ。

もっとも、現代からは、弁論術が哲学に対して、ソフィストの教える、いかがわしいものにすぎないと思われるとすれば、それはまさにプラトンが、その対話編で、弁論術を斥けているからにほかならない。たとえば、『パイドロス』で、イソクラテスは、いかなる弁論家よりも優れ、「大人と子供以上の差をつけたとしても、別に驚くにはあたらない」とされ、「知に対するひとつの切実な欲求が、生まれつき宿っている」と評価されている。しかし、弁論家は、医者がみずからの技術を発揮するのに身体の本性を知らねばならないように、魂の本性を知らねばならず、そのためにはまず、弁証法を学ばねばならないとされる。あるいは、イソクラテスの師の名を冠した対話編『ゴルギアス』では、弁論術は、聴衆にとっての最善のことではなく、快いことしか目指さず、聴衆に迎合するばかりで、医学に対する料理法、あるいは体育に対する化粧法にすぎないと断ぜられている。つまり、プラトンにとって、弁論術は、弁証法なしには、単なる経験や熟練に基づくにすぎず、弁証法による導きが欠かせないわけである。

このような哲学の側からの弁論術に対する断罪にもかかわらず、ギリシア世界で優位だったのは、断然、弁論術なのであった。古典古代世界の教育についての専門家である、アンリ＝イレネ・マルーは次のように言明している。

これら二つの教養・教育［＝弁論術と哲学］のなかでも支配的だったのは文句なく弁論術である。ヘレニズム精神の顕現するところ、ことごとく弁論術の深い刻印が押されていた。圧倒的多数の学生にとって、高等教育を受けるとは弁論教師の講義を聞き、その指導で雄弁の技の門へ入ることであった。[*22]

このような弁論術こそが「教育の王者」という状況は、イソクラテスや、初期のソフィストたちが活動した時代を越え、ヘレニズム期、そして、ローマ時代まで続いていくことになる。つまり、弁論術は、「政治上、社会上のいかなる変革にもかかわらず終始一貫、高度な教養が目ざす主な目標であり、完全さを願う自由人教育の総仕上げ[*23]」だったのである。

弁論術にこのような重要性が認められていたのは、言葉こそが人間と動物を分かつものであり、しかるべく話せることこそがすぐれた思慮の確かな証しと考えられていたためである。

深識遠慮の行為が言葉なしに生じることはなく、また行為も思考もすべてその導き手は言葉であり、最大の知性をそなえた者こそが最も言葉をよく用いる。[*24]

イソクラテスにとって、弁論術は、単なる言葉の技術にとどまらず、よき行為、よき生き方を養うものとして、極めて実践的なものであったのだ。イソクラテスが、教養を身につけた人物の条件として挙げているのは、次のような資質である。

第一に、それは日ごとに生起する問題をてぎわよく処理し、時機を的確に判断し、ほとんどの場合において、有益な結果を過たずに推測することのできる人物である。[*25]

このほかにも、周囲の人々に対して、礼儀正しく、柔和に接することや、逆境にあっても屈せず、逆に、成功にも有頂天になって傲ることがないといった性質が挙げられている。このような実践的な観点から、実際の行為から遊離した哲学は、その名に値しないものとして斥けられる。

結論として、現場に根ざしておらず、言行いずれにおいても何の利益ももたらさないものを「哲学」と呼ぶべきではないと私は思う。むしろ、そのような学業は魂の鍛錬であり哲学の準備と呼びたい。[*26]

イソクラテスが信奉する実践的な哲学と、批判する思弁的な哲学とのあいだの対立は、ドクサとエピステーメの対立として、決定的に表れることになる。それによれば、「常識的判断（ドクサ）を取る人のほうが、知識（エピステーメ）をもっていると公言している人よりも一貫性があり的確な判断を下す」[*27]ことができるとされる。この批判が、プラトンに向けられたものであるのは明らかだろう。[*28]

いずれにしろ重要なのは、古典世界の教育において価値を置かれていたのが、実践的な弁論術だったということである。そしてそれは、この世界が、他者に見られ、聞かれる場である「現れの空間」を中心に組織されていたからにほかならない。弁論術は、この空間において弁論家がみずからの現れ、特に〈顔〉を意のままにすることで、聴衆を意のままにする術を教示するものだったのだ。それは、眼前の他者の表情を解釈したり、その人物を同定するのではなく、他者を統御すべく、みずからを統御する〈顔〉の学である。

ギリシア世界の教えを受けついだローマ時代の弁論術も、高等教育の中心であり続けた。それは、言い換えれば、ギリシア語の用語をラテン語に翻訳することに大きな労力が払われたということであり、それゆえ、

「弁論術は、ギリシア人が発明し、徐々に改良を加えて完成したもので、ラテン固有の弁論術はない」[*29]と断ぜられることにもなる。しかしながら、〈顔〉の技法という観点からは、ローマ時代の弁論術の改良は極めて興味深いものである。そのひとつが、言説を上演、演出する身体言語の重要性を強調したことである。それは、弁論術を構成する「案出（inventio）」、「配列（dispositio）」、「発話（elocutio）」、「記憶（memoria）」「行為（actio）」のうち、最後の「行為」が前景化してくることによく表れている。すでにアリストテレスが『弁論術』で、十分に顧みられてこなかったとはいえ、実のところ、「行為」こそが弁論において最重要の役割を果たすものだと断言している。

［行為は］最大の効果を挙げるものではあるが、これまで弁論家の誰によっても取り上げられなかったものである。［…］それら演劇的要素についての技術はまだ組織されていない、なにぶん表現の問題ですら、取り沙汰されるようになったのは後になってのことなのだから。それにまた、演劇的要素の研究など低俗なことだと思われているが、そのように見るのも正しいものである。しかしながら、弁論術の仕事は、その全体が聞き手はどう思うかに向けられているのであるから、そのような表現方法を、正しいこととしてではなく、説得に必要なことと考えて、それに関心を寄せるべきである。[*30]

キケローやクインティリアヌスといったローマの弁論家たちは、このような欠如を補うことで、ギリシア時代の弁論術を更新していったわけである。キケローのものとされる『ヘレニウス弁論術』では、アリストテレスにおけるのと同様に、その他の要素に比した「行為」の重要性が次のように強調されている。

弁論家にとってもっとも有用で、説得するのにもっとも効果的なのは行為だという者は多い。わたしは、弁論術を構成する五つの内の一つが他のものに優ると安易に主張しようとは思わないが、行為の優位性はかなり大きなものだとは敢えて言っておくことにしようと思う。この点に関して書いたものは誰もおらず――われわれの感覚に依存した声や顔、身ぶりを明瞭に論じることはできないとみなが考えていたのだ――、弁論家が弁論術のこの部分に関して知っておくのは極めて重要であるのだから、この問いの全体を見逃すことなく探求する必要があると思われる。[*31]

このように、「行為」の重要性を確認したのち、より具体的に、「行為」を構成する声や顔つき、身振りといった、いわゆるパラ言語的な要素を挙げながら、なかでも身体言語の演じる役割を強調している。たしかに、言説を上演するにあたり声の調子が重要なのは言うまでもない。しかし、言葉により大きな説得力を与えるのは身ぶりなのであり、それは身ぶりが人々の感情に、より直接的に訴えかけられるからである。こうして、身体言語の規則と言うべきものが例示されていく。たとえば、穏やかな展開が期待されている会話の場合、話し手は同じ場所にとどまり、右手を軽く動かしながら話し、話題に相応しい表情をするように言われる。他方、他者と競い合う論争では、激しい動きやさまざまな表情を用い、相手を射抜くように見据えねばならない。また、相手を説得するには、ゆったりとした身ぶりで話し、表情を変えてはならないとされる。聞き手に対して悲壮感を印象づけるには、頭を叩いてみせたりしながらも、あくまで落ち着きを失うことなく、表情によって悲しみや困惑を表すことが勧められる。このように、『ヘレニウス弁論術』は、極めて実践的な言語行為の教本というべきものとなっている。

キケローの『弁論家』でも、弁論の内容に対して、それを聞き手との関係において実現する行為の重要性が、次のように言明されている。

行為こそ、とわたしは言いたい、唯一弁論に君臨するものなのである。この行為がなければ、たとえもっとも優れた弁論家といえども弁論家とは見なされえないのであり、この行為をそなえていれば、たとえ並みの弁論家といえどももっとも優れた弁論家をさえ凌駕できるのである。[*32]

「行為」の次元で効果的に力を発揮できることこそが、有能な弁論家たる条件だというわけだが、その目論見を実現するにはまず、現れを統御し、聴衆を意のままにすることが欠かせない。そこで重要になるのは、聴衆の感情である。キケローは、弁論家の使命として、議論の真実を確証すること、聴衆の同意を得ること、そして、みずからの奉じる大儀を実現するのに好都合な感情を呼び起こすことの三つを挙げている。[*33]そのうえで、最終的に「行為」として実現される弁論においては、真実だけでは、聴衆を説得するのに十分でなく、弁論家と聴衆の感情が、身ぶりや表情を介して、通じ合うことが不可欠だとする。こうして、キケローは、観相学がその原理としていたのと同様に、精神と身体の相互関係に基づいて、弁論の外見、現れの重要性を特に強調する。

人間の感情にはすべて、それ自体のある種の表情や声や仕草が自然にそなわっているのであり、人間の身体の全体、そして、その表情、その声は、あたかも竪琴の弦のようなものであって、感情という心の琴線もまた爪弾かれるのに呼応して、共鳴し、響きを返すのである。[*34]

精神と身体は、互いに響き合うものであり、弁論家はそこに働きかけねばならない。それが首尾よくできて初めて、思い通りの効果を生み出すことができるようになるのだ。後のパロ＝アルト派は、コミュニケーションすることは、オーケストラに入ることだと言ったが、弁論家はまさに、オーケストラのよき指揮者であらねばならないというわけである。

そして、弁論術においても、観相学と同様に、〈顔〉、なかでも眼の重要性が強調される。もし、魂があらゆる行為に宿り、〈顔〉が魂を映し出す鏡だとすれば、そこで中心的な役割を演じるのは、眼である（「行為とは、要するに、心を映す鏡であり、表情は心の映し絵、眼は心の指標なのである」）。[*35] それゆえ、弁論家は、聴衆を正面から見据え、演説の内容が矛盾しないように配慮するのと同様、表情、特に眼の印象を一貫するようにせねばならない。

キケローに続き、弁論術を集大成したクインティリアヌスもまた、演説において、「行為」、特に、〈顔〉の果たす役割を強調している。ギリシア以来の伝統に則り、精神の状態をもっともよく表すのは血液であり、血液の状態は、眼を中心とした〈顔〉にもっとも明瞭に表れるとされる。それゆえ、〈顔〉の現れを統御することが、聴衆を望み通りに導くにあたっては重要になる。

> 弁論術においては、身体そのものにおいてと同様に、顔こそが主要な部分である。[*36]
>
> 〈顔〉は、向きを変えるだけでも、さまざまな精神状態を表現することができる。たとえば、前方に傾ければ謙虚さを、後方ならば尊大さを、横ならば憂鬱さを表す。また、〈顔〉が強ばり、動かないと、性格の激しさを表すことになる。このように、些細な変化であっても、さまざまな精神状態を表現できる〈顔〉に、聴衆の関心も集中することになる。

至高の役割は、特に顔に与えられている［…］。聴衆がひきつけられるのは、顔にであり、注目が集まるのも、そこである。話さなくともそうなのであって、われわれは顔を見つめ、愛し、憎む。顔は多くのことを聞かせるが、それは、あらゆる言葉に匹敵する。[*37]

このように聴衆に与える印象をコントロールすべく、〈顔〉が果たす役割に重きを置くことは、「行為」の前景化と並ぶ、この時代の弁論術のもうひとつの技術革新、すなわち、「記憶術」の前景化によって補完されるものである。つまり、聴衆に対して、みずからの誠実さを証し、歓心を買うには、聴衆を正面から見据える必要がある。言い換えれば、用意した演説原稿を読むために、聴衆から視線を外して、伏し目になるようなことがあってはならない。それゆえ、弁論を前もって完全に記憶しておくことが必要不可欠になる。弁論家にとって、「記憶」は、いわば現代のキャスターにとってのプロンプター、体内化されたプロンプターなのだ（逆に言えば、プロンプターは、外在化された「記憶」である）。

弁論術＝修辞学の歴史をたどり直し、その革新を唱えたロラン・バルトの考察は、「行為」と「記憶」が不可分であることを別のかたちで証明している。ローマ時代の弁論家が重要さを認め、詳細に論じた「行為」と「記憶」は、教育、そして、文化一般において重視されるのが、口頭のコミュニケーションから、書記的コミュニケーションへと移り変わっていくのにともなって、ふたつながらに看過されることになるのだ。

後の二つ［行為と記憶］は、弁論術＝修辞学がもはや、弁護士や政治家、あるいは、《講演者》（演示的ジャンル）の、語られる（演説される）弁論を対象とするのではなく、（書かれた）作品をも、そして、次第に、もっぱらそれだけを対象とするようになると、たちまち犠牲にされてしまった。[*38]

「行為」と「記憶」がともに、弁論家が聴衆を正面から見据えて、訴えかける必要から要請されたものであるかぎり、言説の舞台がパロールからエクリチュールへ移動することで、無用の長物になるしかない。逆に言えば、弁論術、なかでも「行為」と「記憶」の前景化は、公的生活において〈顔〉が不可欠の媒体であることを証明しているわけである。

以上のように、ローマ時代の弁論術は、ギリシア時代の観相学の教説と同様、コミュニケーション装置としての〈顔〉の重要性を強調し、なかでも眼を中心とした部分が、聴衆に与える印象に決定的であることを明らかにしている。この点からすれば、弁論術は、観相学の知見を、弁論という言語行為に実践的に応用するものと考えられるかもしれない。しかし、弁論術と観相学は、コミュニケーションにおける役割からすれば、相補うものである。先に見た通り、観相学は、〈顔〉の直接的な現れから、見ることのできない内的性情を捉えようとするものである。それに対して弁論術は、みずからの〈顔〉や身体が語ることを統御することで、聴衆の感情を統御する術を教えるものである。観相学が〈顔〉のそれとしての与えられを人物の同定として短絡させることで、その人物が何者であるかをいち早く知るためのものだとすれば、弁論術は、みずからの弁論への同意を獲得すべく、聴衆に対して直接的な影響を行使しようとするものなのだ。別言すれば、観相学が、未知の〈顔〉に仮面を与え、仮初めにも人物を同定するのだとすれば、弁論術は、聴衆の歓心を買うべく、いかなる仮面をまとうべきかを教示するのだ。

この意味で、観相学と弁論術は、「現れの空間」という公領域において、相補的に存在するものなのである。このふたつの学は、未知の他者を前にして、一方は、それがいかなる者であるかを把握しようとし、他方は、その他者をコントロールしようとするものであり、この空間における、現れ－現れてくる、あるいは、与え－与えられるという相互的な関係性に根ざしているのだ。「現れの空間」こそが、観相学と弁論術というふたつの学を要請したのである。

先に、それぞれイソクラテスとプラトンに代表される弁論術と哲学の対立についてみたが、「現れの空間」における実践の学である弁論術に対して、哲学は、現れざるものに価値を置くものである。〈顔〉が重きをなすのが「現れの空間」においてこそなのだとすれば、哲学において、〈顔〉は、いかなる扱いを受けることになるのか。

注

＊1——アリストテレス『ニコマコス倫理学』高田三郎訳、岩波文庫、一九六三年、VIII, 1155a.

＊2——同上、1156a.

＊3——アリストテレス『大道徳学』茂手木元蔵訳、岩波書店、一九六八年、1213a.

＊4——ハンナ・アレント『人間の条件』志水速雄訳、ちくま学芸文庫、三二〇頁［Hannah Arendt, *The Human Condition*, University of Chicago Press, 1958］。

＊5——Elizabeth C. Evans, "Physiognomics in the Ancient World", *Transactions of the American Philosophical Society*, 1969.

＊6——ヒポクラテス「流行病」第二巻第五章第一節、第六章第一節『ヒポクラテス全集』大槻真一郎編集・翻訳責任、エンタプライズ、一九八五年、六一五—六一九頁。

＊7——アリストテレス『分析論前書』井上忠久訳、岩波書店、一九七一年、第二巻第二七章 70b.

＊8——アリストテレス『動物部分論』島崎三郎訳、山本光雄編、岩波書店、一九六九年、第三巻第四章 651a.

＊9——アリストテレス『動物誌』島崎三郎訳、岩波書店、一九六九年、第一巻第一章 488b. このような議論は、アリストテレスのものとして誤って考えられてきた観相学のテクストで展開されている。

＊10——Pseudo-Aristotle, *Physiognomonica*, trans. W. S. Hett, Harvard University Press, 1936, 806b.

＊11——*Ibid.*, 806b, 807b.

＊12——*Ibid.*, 807a.

＊13——*Ibid.*, 809a-b. たとえば、全ての動物において、雌性は愛想がよく、親切で、力が弱く、教育が困難である。また、より狡猾で、勇気はなく、図々しい。雄性は全く逆で、その例はライオンであるとされる。

＊14——*Ibid.*, 814b.

＊15――〈顔〉のなかで第一に注目するのが目であることは、心理学によっても実証されている。Cf. Alfred L. Yarbus, *Eye Movements and Vision*, Plenum Press, 1976; 中野珠実「視線・瞬目パタンから迫る顔認知」、山口真美ほか編『顔を科学する――適応と障害の脳科学』東京大学出版会、二〇一三年。

＊16――イマヌエル・カント「実用的見地における人間学」『カント全集〈15〉』渋谷治美訳、岩波書店、二〇〇三年、二七二頁［Immanuel Kant, *Anthropologie in pragmatischer Hinsicht*, 1798］。

＊17――ゲオルク・ヴィルヘルム・フリードリヒ・ヘーゲル『精神現象学』樫山欽四郎訳、平凡社ライブラリー、一九九七年、三六三頁［Georg Wilhelm Friedrich Hegel, *Phänomenologie des Geistes*, 1803］。

＊18――同上。

＊19――同上。

＊20――同上、三六四頁。

＊21――「後世の眼には、哲学的教養と弁論術の教養とがいかにも二つのライバルのように映るのだが、それらは同時に二つの姉妹的なものでもあった。それらは、共通の起源のみならず、時に入りまじる並行した野心を持っていた。それはいってみれば同じ種の二つのバラエティであり、争いは、その一致を損なうことなしに古典的伝統を豊かにするものだった」。アンリ＝イレネ・マルー『古代教育文化史』横尾壮英ほか訳、岩波書店、一九八五年、一一四頁［Henri-Irénée Marrou, *Histoire de l'éducation dans l'Antiquité*, Paris, Le Seuil, 1948, rééd., *Histoire de l'éducation dans l'Antiquité, t. 1, le monde grec*, Le Seuil, Points, 1981, p. 143］。

＊22――同上、二三七頁［*Ibid.*, p. 292］。

＊23――同上、二三九頁［*Ibid.*,p. 294］。

＊24――イソクラテス「アンティドシス」二五七、『イソクラテス弁論集〈2〉』小池澄夫訳、京都大学学術出版会、二三七頁。

＊25――イソクラテス「パンアテナイア祭演説」三〇、同上、七三頁。

＊26――イソクラテス「アンティドシス」二六六、同上、二三九頁。

＊27――イソクラテス「ソフィストたちを駁す」七、同上、一四二頁。

＊28――廣川洋一『イソクラテスの修辞学校――西洋的教養の源泉』岩波書店、一九八四年、一八〇頁。

＊29——H・I・マルー、前掲書、三四四頁［H. I. Marrou, *op. cit.*］。

＊30——アリストテレス『弁論術』戸塚七郎訳、岩波文庫、一九九二年、1403b.

＊31——キケロー『ヘレニウス弁論術』3. 19［Cicéron, *Rhétorique à Hérennius*, 3. 19, tr. par Guy Achard, Les Belles Lettres, 1989］。

＊32——キケロー『弁論家について』大西英文訳、岩波文庫、二〇〇五年、3. 213.

＊33——同上、2. 114, 121, 128.

＊34——同上、3. 216.

＊35——同上、3. 222-223.

＊36——Quintilien, *Institution oratoire*, XI. 68, Les Belles Lettres, Paris, 1953-1954, tr. par Henri Bornecque.

＊37——*Ibid.*, XI. 72.

＊38——ロラン・バルト『旧修辞学』沢崎浩平訳、みすず書房、一九七九年、八〇頁［Roland Barthes, « L'ancienne rhétorique », *Communications*, 16, 1970, repris dans *L'aventure sémiologique*, Le Seuil, Paris, 1985, pp. 123-124］。

第4章　哲学の〈顔〉／〈顔〉の哲学

『アルキビアデス』の次の一節は、プラトン哲学における「現れ」の後退を明瞭に表している。

ソクラテスはアルキビアデスと、言論を用いて問答しているというのがそれであったが、これはきみの外面を相手に言論しているのではなく、むしろアルキビアデスその人を相手にしているわけで、それはまたきみの魂を相手にすることなのだ。[*1]

外面、すなわち、「現れ」を超えて、その人、その魂を相手に対話を行うこと。弁証法のこのような言明は、弁論術の「現れ」への配慮と著しい対照をなしている。弁論術と弁証法の対立とは、実のところ、「現れ」に認める価値の対立なのであり、〈顔〉と魂、現れと本質、外面と内面は峻別されることになる。特に、アルキビアデスが、アテナイの最盛期の政治家、ペリクレスの甥にあたり、家柄もよく、裕福でもあるのに加えて、美貌の持ち主とされていただけに、〈顔〉ではなく、魂こそを相手にしているという言明は、後者の重要性を一層際立たせるものである。ソクラテスとアルキビアデスの関係をめぐる、いわゆる「アルキビアデス問題」に賭けられているのも、この点にほかならない。アルキビアデスが愛していたのは、実のところ、ソクラテスなのであったが（「アルキビアデスには、恋する者が、おそらく過去においても、また現在においても、ただ一人しかいなかったし、またいまもいないのであって、そのただ一人とはソクラテスなのだ」）、ソクラテスの想いもまた、アルキビアデスが少年期を終えても変わることはなかった。それは、肉体ではなく、魂を愛しているからこそなのであった。

> その原因は、きみという人を愛したのはぼく一人だけで、ほかの人たちはきみの付属物を愛したにすぎなかったからだということにある。そしてきみの付属物は最盛期を過ぎようとしているけれども、きみ自身の開花期はいま始まりかけているからだ。そして今となっては、きみがアテナイの民衆によって腐敗させられ、いまよりも醜くなるようなことがないかぎり、ぼくは決してきみを見捨てるようなことはしないだろう。[*2]

ここで「きみ自身」とは、その「魂」のことであり、「自身を知れ」というデルフォイの神託が命じるのも「魂を知れ」ということである（「「自身を知れ」という課題を出している人は、われわれに「魂を知れ」と命じているわけだ」130E）。そして、このような観照を実現するうえで中心的な役割を演じるのが、眼である。

> 眼の中をのぞきこむと、自分の顔が相対する眼のおもてに、あたかも鏡に見るように現れていて、この鏡のようなものをまたわれわれは人見（ひとみ）と呼んでいるが、そこに現れているものはのぞきこんでいる者の写影みたいなものなのだ。[*3]

このように、のぞき込む人そのものを映し出す眼は、「神に近い性質のもの」にほかならず、「魂の本来の機能である知恵が、そこに生ずるような、魂のそういう局所」なのである。

神に似ているのは、魂のこのところであって、ひとはこれをながめているうちに、また神的なものの全体を知ることになり、それによってまた自分自身をも最大限に知ることができるようになる。[*4]

他者との相互性、関係の透明性を基礎づけるものであった、向かいあう〈顔〉と〈顔〉、見つめあう眼と眼は、眼前の他者ではなく、自分自身、そして、神的なものを志向するものとなるわけである。しかし、それはまた、みずからを知ることを通じて神的なものを求める観照が、決して他者との関係を離れてなされるものではないということでもある。観照も、他者との関係においてしか行われえないのだ。この点に関して、ギリシア社会で〈顔〉＝仮面が有していた文化的、社会的、宗教的意味を分析したフランソワーズ・フロンティシ＝デュクルーは次にように言っている。

ギリシア人にとって、おのれを知ること、反省性は相互性を経るものなのであった。他者、容姿においてではないとしても、少なくとも、自由な市民という地位において、みずからと同等で、みずからに似たものの鏡を通すことなしには、みずからを知ることはできないのだ。[*5]

みずからを知り、神的なものに与ることは、市民同士の相互的な関係性を前提にしているのであり、それは、合わせ鏡のように向かいあい、見つめあう関係性にほかならない。この意味で、みずからを知ること、観照が強調されているとはいえ、プラトン哲学においても、相互性を保証する〈顔〉＝仮面概念は、その前提として保たれているわけである。

このように、哲学において、〈顔〉は両義性を帯びている。つまり、一方では、〈顔〉は、向かいあった市民のあいだの相互関係を表すものでありながら、しかし他方では、もはやその人の真の姿、魂を明らかにするものではなくなり、それを覆い隠す現れ、外面でしかなくなるのだ。

そして、この〈顔〉の両義性をよく表しているのが、プラトンの師、ソクラテスの〈顔〉である。

ソクラテスの〈顔〉

ソクラテスの〈顔〉についてのさまざまな記述を調査したフロンティシ＝デュクルーがそこから間違いなく言えることとして導き出しているのは、その顔が決して美しいものでなかったという至って単純な結論である（図6）――もっとも、モンテーニュもすでにソクラテスの〈顔〉の醜さを嘆いてる（「あらゆる偉大な特質において完全な模範であったソクラテスが、人々の言うように、美しい魂の美しさに似合わないあんなにも醜い肉体を持ち合わせたというのは、私には残念なことである。あんなにも熱心に美を愛した彼に自然は不正を働いたのである」）[*6]。しかし、それは善と美を不可分のものとする（kalos kagathos）ギリシア人にとっては、受け入れがたい事実であり、スキャンダルとさえ言うべきものであった。

しかしながら、この醜さは、美しさと同様に規範化され、神的なものに与っている。

たとえば、『饗宴』の最後で、酔って乱入してくるアルキビアデスは、ソクラテスがシレノスに似ていると言う。シレノスとは、ディオニソスの従者の半獣神で、その容貌は、馬の耳、団子鼻で毛むくじゃらの老人の姿によって表されるものである。しかし、このような醜い姿をしたシレノスであるが、それを象った像は、その内部に、神々を隠しているのであった。

> この人は、彫像屋の店頭に置かれてあるあのシレノスの像に、まったくよく似ているよ。その像というのは、彫刻家の手によって、竪笛とか横笛をもった姿に細工されたものであり、それを両方に開くと、内部におさめられている神々の像があらわれるというものだ。[*7]

ソクラテスの〈顔〉の醜さは、その下に、高貴な秘密を隠し持っていることを示すものにほかならないというわけである。外見と本質が乖離、対立していることを明らかにし、これらが同じ次元にはなく、隠されたものがおのずと表＝面に現れ出てくるわけではないことを証し立てているのだ。別言すれば、ソクラテスの〈顔〉が対置される当のもの、すなわち、それが秘匿し、次いで明らかにするのは、可視的、可感的なものではなく、不可視で可知的なものの次元に属しているのだ。この次元に接近するには、もはや視覚ではなく、観照による以外になく、それが対象とするのもまた、移ろいやすい個人の性向や性格ではなく、不変の可知的なものなのである。

つまり、ソクラテスの〈顔〉には、形而上学的な対立関係が刻み込まれており、その醜さが、この対立を必然的なものとして要請したわけである。

図６：ソクラテスの〈顔〉

Domenico Anderson, "Napoli Socrates (Farnese Collection) Museo Nazionale". Catalogue #23.185.

以上のように、プラトンにおける〈顔〉は、「現れの空間」における相互性、透明性を破り、形而上学的な方向づけを確立するものである。そして、この方向はキリスト教によってさらに進展し、完成されることになる。キリスト教において、人間の〈顔〉は、神の姿を映し出す、神聖なものであるとされ、それを覆い隠し、別のものに変貌させようとすることは、悪魔の業と断罪されたのであった。〈顔〉と仮面は峻別され、仮面には否定的な価値しか与えられなくなるのだ。

キリスト教の中心的教理は、唯一の神が人間となり給うた、というご託身の玄義にあるわけだが、このキリスト教は、仮面の問題に関するすべての与件を、そっくりそのまま、裏返しにしたものである。それまでは、仮面は、地上的な存在条件を超越して、神々に似たものになろう、とする人間の企てに力を貸す道具であったのだ。道具そのものの完全さの度合いには、多少の差異はあったにしても。ところが、新しい教理が勝ちを制し、同一化の原理が逆の方向――すなわち、神から人間への方向――で行われるようになった瞬間から、仮面はすくなくとも西欧社会においては、明らかに、その主要な存在理由を失ってしまった。[*8]

こうしてキリスト教において、人間と神、〈顔〉と仮面は重なることなく、対置されることになるわけだが、この対立関係は、聖像《イコン》という神を表すイメージをめぐる争いにおいて、より過酷なかたちで前景化することになる。

聖像をめぐって

前章では、古代ギリシア社会で体系化された観相学と弁論術を、〈顔〉の記号論の観点から位置づけると同時に、これらのアプローチを試金石として、この記号論の有効性を確認してきた。これらの学を要請したのは、アーレントの言う「現れの空間」という、現前的コミュニケーションの空間なのであった。しかし、プラトン主義とともに、可感的な現れは、可知的な本質と対置されるようになり、その特権性を失い、キリスト教は、この対立をより強固なものとすることになる。

このような対立によって、〈顔〉は、神と人間、神とその似姿の関係をめぐる問題、つまり、聖像をめぐる争いとして前景化してくる。そこで賭金となっているのは、神の姿、なかでも、その〈顔〉をいかに表象するか、あるいはそもそも表象することは可能であり、許されるのかという問いである。

周知のように、イスラエルの神が預言者モーセに授けた十戒では、聖像は禁じられていた。

あなたは自分のために、刻んだ像を造ってはならない。上は天にあるもの、下は地にあるもの、また地の下の水のなかにあるものの、どんな形をも造ってはならない。それにひれ伏してはならない。それに仕えてはならない。[*9]

しかし、聖像は、書かれたテクストを補うものとして、その効用が説かれてもきた。聖像が教会に置かれていたのは、聖書を知らず、また、文盲の人々を信仰に導くために不可欠だったからである。たとえば、聖グレゴリウス一世(教皇在位:五九〇～六〇四)は次のように言っている。

書物が、文字を読める人に対して持つ意味と、絵が、文字は読めないが、絵は見ることのできる人たちに対して持つ意味とは、同じである。なぜなら、絵によって、文盲の人たちでさえ、自分たちが従うべきはどのような先例であるかを、見て取ることができるからである。絵なら、文字を知らない人たちも、読むことができるからである。[*10]

図7：ロシアのイコン（11世紀）

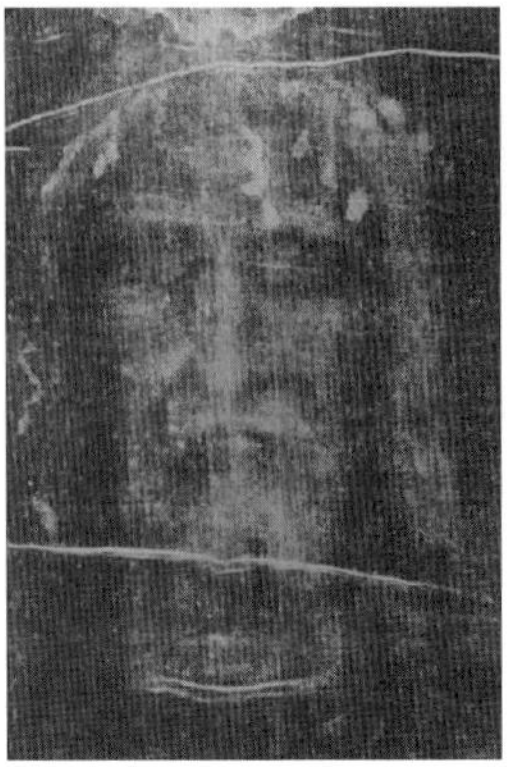

図8：トリノの聖骸布

聖像とは、「貧者の聖書」だったわけである。

このように禁止と許可のあいだで揺れ動く聖像で中心となるのも、〈顔〉である（図7）。

それを端的に表しているのが、聖像の画法である。ロシアの記号学者、ボリス・ウスペンスキーによれば、聖像の画法の指導書では、描かれる要素が「顔面」と「顔面以前」とに分けられ、「顔面以前」の要素を描いた後に、「顔面」の要素が描くように指示されている。[*11] ここで、「顔面以前」という用語が指しているのは、衣服や建物といった、描かれた人物の顔、そして、身体の露出している部分以外のすべての要素のことである。また、これらの要素は異なった画工によって描かれるのが一般的であり、それぞれ「顔前画工」と「顔面画工」と呼び分けられていたのだった。

このような人の手による聖像に先立つ、第一の聖像と言うべきものが、人の手によらない「アケイロポイエトス・イコン（自印聖像、マンディリオン）」である。この聖像は、画家が描いた肖像画ではなく、キリストがみずからの濡れた〈顔〉を拭った布に残されたとされる痕跡のことである[*12]（図8）。ここでも、聖像は〈顔〉の痕跡であり、〈顔〉が中心的な対象となっている。このような聖像の存在を初めて記録したと言われる、エヴァグリウスの『教会史』（五九三年）によれば、五四四年、シリアのエデッサがペルシャ軍に攻め込まれたとき、町を奇跡によって守ったとされており、「この人の手によらない像は、六世紀末までに東ローマ帝国の野営地や都市に広まっていた[*13]」のであった。

この像が重視されるのはまた、キリストが神であるのとまったく同様に人間であるという三位一体論を証明すると考えられたからである。それによれば、聖像は、モーセに禁止されたとはいえ、そもそも神が人となったことによって、存在を許されるべきものである。もっとも、描かれたのはあくまで神の写しにすぎず、神自身と混同することは許されない。つまり、神への崇敬は「絶対的な崇敬（ラトレイア）」であるのに対して、聖像への崇敬は「相対的な崇敬（プロスキネーシス）」でしかないとされたのだ。八世紀から九世紀に活躍したストゥディオス修道院の聖テオドロス（七五九～八二六）は、このような聖像の位格を次のように言い表している。

人間の手になるすべての画像は写しであり、模倣によってモデルを描いている。真実は写しの中にあり、モデルは画像の中にある。しかしモデルと画像は本質が異なっている。だから画像を崇拝する人はそこに描かれたモデルを崇敬しているのであって、画像の本質（である物質）を崇敬しているのではない。[*14]

このような聖像の位置づけをめぐる争いから、〈顔〉をめぐる第一の哲学、そして、〈顔〉のみならずイメージ一般の哲学が練り上げられることになる。このイメージの哲学は、その歴史的な重要さだけでなく、その極めて高度な洗練によっても、注目すべきものである。

イメージの戦争

聖像が宗教的、政治的争いの中心を占めたのは八世紀のビザンツ帝国においてである。[*15] この争いの経過を手短に振り返れば、帝位に二度就くという特異な経歴を持つユスティニアノス二世（在位：六八五～六九五年、七〇五～七一一年）がまず、帝国での聖像の普及を推し進めたのであった。最初の治世では、ウマイヤ朝への侵攻に失敗したことでクーデタを起こされ、失脚する。その際、かれは鼻を削がれたが——ローマでは、五体満足であることが皇帝即位の条件であったため、失脚した皇帝は、二度と帝位に就けないよう、目を潰されたり、鼻や耳などを削がれたりしたのであった——、この削がれた鼻の代わりに、黄金でできた鼻をつけ、帝位に復帰する。この間、最初の在位中に、聖像崇拝を承認するだけでなく、さらに、キリストの正面像が刻まれた金貨を鋳造させ、その結果、神のみならず、あらゆるイメージを禁じていたイスラムの聖像破壊を激化させることになった。ビザンツ帝国の聖像をめぐる態度は、このようなイスラムとの関係に大きく影響されたのであった。

聖像の普及に対する破壊運動のほうは、七三〇年にレオン三世（在位：七一七～七四一年）が、コンスタンティノープルの中央門であるカルケー門に掲げられていた聖像を取り払わせるなど、聖像崇拝を禁じたことに端を発する。その後、この禁止は、コンスタンティノス五世（在位：七四一～七七五年）のもとで行われた七五四年の公会議で、正式に承認されることになる。しかし、禁止されたとはいえ、十字架などの非表象的な図像や皇帝の肖像は認められており、あくまでキリストを始めとした、聖者のイメージのみが禁止されたのであった。また、聖像崇拝を行う聖職者に対する迫害がなされた形跡もなく、後の時代の対立ほど、過酷なものではなかった。

この第一次聖像破壊運動は、七八七年に、摂政であったエイレーネー（皇帝在位：七九七～八〇二年）によって開かれた第二回ニケーア公会議において覆される。この公会議では、聖像愛好の立場が確認されることになる。

ところが、エイレーネーを倒し帝位に就いた、ニケフォロス一世（在位：八〇二～八一一年）がバルカン半島でブルガリア帝国のハーン、クルムに殺害される。さらに、ミカエル一世ランガベ（八一一〜八一三年）も、ブルガリア帝国に対して敗北する。この結果、対立していたレオン五世（八一三〜八二〇年）が即位することになり、聖像破壊運動が再開されることになる。この第二次聖像破壊運動は、七三〇年から七八七年にかけての第一次のものに比して、熾烈を極めるものであった。聖像を擁護し続けた修道士たちは、修道院閉鎖や財産没収といった迫害を受け、殉教者も出るほどであった。[*16]

聖像をめぐる根底的な理論化がなされたのは、この第二次聖像破壊運動においてであった。この争いは、聖像破壊者、聖像崇拝者、そして聖像愛好者の三者のあいで繰り広げられた。なかでも、聖像愛好者の教父たちは、聖像破壊と同時に聖像崇拝の両者に対して、みずからの立場を確立し、擁護せねばならなかった。つまり、聖像破壊主義者からすれば、聖像愛好であれ、聖像崇拝であれ、無限で無形の神の力を、有限で有形の図像によって表象することを認めるかぎりで変わるところのないものであった。その一方で、聖像崇拝者にすれば、聖像愛好者も聖像破壊者も、日常の実践から聖像を排除する点で、同じものでしかなかった。聖像愛好者は、このような三つ巴の緊張関係のなかで、「偶像（idole）」と「聖像（icône）」の区別を厳密に行うことで、みずからの立場を確立していった。聖像を、偶像として崇拝するのでも、破壊するのでもなく、あくまで聖像として愛好する議論を展開したのである。

それゆえまず、この聖像愛好の議論を理解するにあたって、「聖像」と「偶像」の区別について確認しておこう。「偶像」は、ギリシア語の「エイドロン（eidôlon）」に由来し、古代ギリシア学者のジャン＝ピエール・ヴェルナンによれば、霊魂を意味することもあれば、粗末な造りの彫像（「コロッソス」）、あるいはまた、夢のイメージや影、幽霊をも意味するものであった。今日的な観点からは、共通点のない、異なったものにしか思われないが、古代ギリシアにおいては、これらすべてが「エイドロン」と名指されていたのだ。それは、「イメージ」というより、「分身（double）」というべきものなのであった。

分身はイメージとはまったく違うものである。それは「自然」のものではないが、心が生み出したものでもない。現実の模倣でもないし、心が見る幻影でもなく、思考が作り出したものでもない。分身は自身の外部にある現実であり、その異様な性格からして、普段の生活のなかで見られるものとはかけ離れている。[*17]

実のところ、聖像の破壊者も崇拝者もともに、「聖像」を、この意味での「偶像」、すなわち、「分身」と取り違えているのであり、この取り違えにもとづいて、崇拝あるいは破壊を主張しているにすぎない。つまり、聖像破壊は聖像崇拝と表裏一体のものなのだ。いずれにしろ、聖像破壊も聖像崇拝も「聖像」の本質を取り逃しているのであり、聖像愛好は、この取り違え、取り逃しに抗して、「偶像」ならざる「聖像」を擁護するわけである。

現代フランスにおける聖像の理論家、マリー＝ジョゼ・モンザンによれば、この理論は、独自のイメージ論というべきものであり、その中心となるのは、「エコノミー」概念である。この概念は、本来的には「oikos ＝家」の「nomos ＝秩序」、つまり「家政」を意味している。そこから、政治的統治の不可欠の条件として、自然と自然の法の遵守を定め、政治において人が用いる手段の全体を指すものとなる。教父たちの用いた「エコノミー」概念にも、このような政治、自然、人間という多様な次元が含まれている。しかし、教父たちは、この概念を前代未聞のかたちで展開し、「御言葉が顕現し、歴史的に実現される過程と不可分の媒介のモデル」[*18]としたのであった。教父たちのもとで、この概念は、神と人間の関係、すなわち、神が人間に対して姿を現し、逆に、人間が神を表象するという関係に及ぶものとなったのだ。

モンザンによれば、聖像にまつわるあらゆる問題は、この「エコノミー」概念に収斂するものである。モンザンは、この概念の観点から、特に聖像破壊論者の議論との差異を検証することで、聖像愛好者のイメージ哲学の独自性を明らかにしている。破壊論者の議論は、次のようにまとめられるものである。[*19]

① もし、聖像が、原型となるものに似ているとすれば、それと同じ本質、同じ性質でなければならない。しかし、聖像は物質的であるが、原型は霊的存在である。それゆえ、聖像は存在しえない。

② もし、聖像が、原型となるものの物理的で可感的な形式にのみ類似していると主張するなら、それは可感的な形式と不可視の可知的な本質とを区別し分割することになる。それゆえ聖像とは、原型となるものの可感的な側面と可知的側面とを区別する不敬なものということになる。

③ もし、聖像が神的なものを形象化するとすれば、それは無限なものを有限なものに収めることになり、それは不可能である。その場合、聖像は、何ものも収めていないか、偽のものを収めているにすぎない。

④ もし、聖像が、それが表している原型によってのみ崇拝されているとしても、それは物質において崇拝されているにすぎない。それゆえ、聖像は偶像にすぎず、聖像愛好者も実のところ偶像を崇拝しているにすぎない。

以上のようにまとめられる聖像破壊の議論は、神的と物質的、可知的と可感的、不可視と可視、無限と有限を対置し、これらの対立する二項の前者を後者に還元してしまうことを禁止しているわけである。つまり、この論証では、神と聖像は直接、関係づけられ、その上で、神的なものか、物質的なものか、あるいは、聖像の破壊か、崇拝かという二者択一が迫られているわけである。こうして、聖像破壊は、神のあらゆる表象の放棄を命じ、十字架のような、いかなる類似性にも訴えることのない対象しか認めないことになる。実際、聖像を認める聖職者たちを激しく弾圧したコンスタンティノス五世は、聖体秘蹟や敬虔な生、良き統治といった、かたちなき実践しか認めなかった。

しかし、モンザンによれば、聖像を理解するにはまずもって、キリスト自身の位格を考えねばならない。この点が、聖像破壊者の二項対立に基づいた議論では見逃されているのである。そして、それは、「エコノミー」概念が理解されていなかったということにほかならない。

キリストは、言葉のあらゆる意味においてエコノミー的である。キリストは三位一体に本質において与り、御言葉と肉体の結合を具現化し、さらに我が身を滅ぼすのに同意することで、父なるものの救済の道具となったのである。[*20]

キリストは、神の言葉が人間の言葉として実現すること、この出来事、あるいは、関係性を表すものとして、エコノミー的なもの、すなわち、媒介のモデルなのである。言い換えれば、エコノミーとは、何らかの実体ではなく、あくまで関係性を指すのであり、関係論的に理解せねばならないのだ。

イメージとは、このようなエコノミー的関係性によって理解せねばならないものなのである。つまり、キリストは、神の人間への受肉を表す「自然イメージ」であり、それ自身がイメージであるこのキリストを象って作られた聖像は、「人工イメージ」として、イメージのイメージ、二重にイメージ的なのだ。このように、「自然イメージ」と「人工イメージ」の両者に共通する「イメージ」概念、すなわち、「エコノミー」

概念こそが、聖像愛好者による独自のイメージ論の基礎をなしているわけである。聖像破壊と聖像崇拝に対して、このイメージ論は、どのように位置づけられるか。

自然イメージあるいは受肉

聖像を擁護する第一の議論は、聖像破壊論、特に、キリストには神性しかないとする単性論に対して、「同一実体性」を主張することにある。それによれば、子たるキリストは、父たる神のイメージであり、両者のあいだの同一実体性とは、一方が他方に先行、優越するというものではなく、対称的、相互的で、同時的な関係性のことである。つまり、父と子は、両者のあいだで取り結ばれる関係によってしか存在しえず、この関係論の観点からは、父なしに子がありえないのと同様、子なしには父もまたありえない。同一実体的関係とは、実体的と言いながらも、あくまで関係論的なものなのであり、すでに独立に存在している個体と個体のあいだに結ばれる関係ではなく、関係によって始めて、その関係の項として個体が存在するようになる関係性のことなのだ。このような関係論的イメージ論は、もはや視覚によって規定されるものではない。

自然イメージは、見られることにまったく関わらないイメージの規定を可能にするものである。イメージは見られることを求めるのではなく、見られることはその本質的な定義に関わるものではないのだ。[*21]

このような視覚によって規定されない関係性の観点からは、イメージを定義するのは、原型との類似性ではなく、ある種の「志向性」である。モンザンはトマス・アクィナスを参照しながら、イメージを次のように定義している。

イメージであるとは、原型を志向すること、それに向かって存在することである。[*22]

イメージにとって本質的なのは、このように原型を志向すること、原型に差し向けられていることなのだ。イメージは、原型それ自身、あるいはそれとの類似ではなく、原型との関係性、原型へと向かう志向性を示すものなのである。

そして、原型は、志向対象であるかぎり、つねにイメージから離れてしか存在しえない。この観点からすれば、受肉とは、「逆説的な運動」ということになる。それは、受肉が、聖像破壊論者が考えたように、無限なものを有限なものへと物質化するからではなく、むしろ、その無限なものをつねに遠ざけるものだからである。言い換えれば、受肉は「形象（trait）」によってと同時に「退去（retrait）」によって特徴づけられるのだ。形象として「にじみ出す（secrète）」と同時に退去し、隠されている。それゆえ、受肉は、隠され閉ざされた「神秘（mystère）」ではなく、隠されつつ明かされ、閉ざされつつ開かれる「秘密（secret）」あるいは「謎（énigme）」——「謎」もまた暗号化された表出にほかならない——なのだ。

人工イメージあるいは聖像

このように、キリスト自身が父たる神のイメージなのである。その意味で、キリストを描いた聖像は、二重のイメージ、すなわち、神のイメージたるキリストのイメージである。そして、父としての神の、子であるキリストへの受肉が関係論的に定義されたのと同様、キリストとその聖像の関係もまた関係論的に定義される。この関係を規定するにあたり重要になるのが、「書き込み（inscription）」と「囲い込み（circonscription）」の区別である。それによれば、聖像はキリストを「囲い込む」のではなく、それを「書き込む」のである。

書き込みは、自然イメージの人工イメージを生み出すことに存している。[*23]

先に見たように、破壊論者の議論で聖像は、無限の神性を有限な物質に閉じこめるものとして批判されていた。しかし、この「書き込み」と「囲い込み」の区別によれば、聖像批判は、実のところ、「書き込み」を「囲い込み」と取り違えているにすぎない。人工イメージとしての聖像は、自然イメージとしてのキリストを「囲い込む」のではなく、あくまで「書き込む」のであり、キリストは物質のなかに「囲い込まれる」ことなく、絶えず退き行き、聖像に対して外在し、その志向対象として存在しているのだ。二重にイメージたる聖像は、父たる神を志向するキリストを志向しているわけである。

キリストという自然イメージは、「秘密」あるいは「謎」として、形象化と同時に退去という「逆説的な運動」によって特徴づけられていた。それと同様、キリストを「囲い込む」ことなく「書き込む」聖像にも不在、退去が刻みこまれており、それによって、聖像には「求心力と同時に遠心力」が備わることになる。

求心的であるのは、その形象によって原型の聖性を捉えるからであり、遠心的なのは、それが具現化する聖性を接触あるいは感染によって提供し、拡散させるからである。[*24]

二重の関係性、関係の関係を表す聖像は、神的なものを、外在したもの、離れたものとして現前させ、それへの志向を喚起する。つまり、現前させつつも遠ざけたままに保つ、逆に言えば、距離を保ちながら現前させる。そこにこそ、聖像の力があるのだ。このような、摑もうとすると逃れていく性質、それとは摑みえない性質、決して実体的ではない、あくまで関係的な性質こそが、「エコノミー」概念の意味するところなのであり、聖像の本質なのだ。そして、ここから聖像愛好者の、聖像破壊論者に対する決定的な批判が導き出されることになる。

> 人間的形象と神の御言葉を関係づける働きをもつ聖像は、受肉そのものと同型的なものである。この意味で、イメージを否定するものはエコノミーを否定する、言い換えれば、イメージを否定するものは受肉を否定するものにほかならない。[*25]

聖像の否定は、ひとり聖像だけの問題にとどまらず、そのままで、キリストそのものの否定となるわけである。

以上のように、聖像は二重のイメージ、イメージのイメージ、あるいは受肉の受肉なのだ。その意味で、聖像はまた、キリストを表すことで、みずからの生成の原理を示す自己言及的なイメージである。この自己言及性によって、聖像はその力を世界に波及させることになる。

> ビザンツのイコノグラフィーは反復的で豊かな造形的世界を創出し、そこでは鏡が、表象不可能であるがゆえに表象されない存在の不可視の本質をなしており、それは、帝国の安定を保証するものを可視化しているのだ。[*26]

関係的なイメージとしての聖像が表象するのは、対象としてある何ものかというよりむしろ、表象そのもの、その原理そのものなのである。それによって聖像は独自の効率を備え――自己言及的な詩的メッセージが、みずからを複製するコピー機のようなものであったのと同様だ――、神的力の「可動式の宿り場」[*27]として、世俗的世界を席巻することになる。聖像愛好者のイメージ論を基礎づける「エコノミー」概念は、この「イメージ支配（iconocratie）」を理論化するものでもあるのだ。

聖像、パロール、エクリチュール

ここまで、モンザンの分析に沿って、「エコノミー」概念に基づいた、聖像愛好者たちの独自のイメージ論について見てきた。人工イメージとしての聖像は、神の自然イメージたるキリストのイメージなのであった。このようなイメージの二重構造の解明は、実のところ、イメージのグラマトロジーと言えるものである。先に、聖像愛好者が、「囲い込み」に「書き込み」を対置することで、聖像を定義しているのを見たが、「書き込み」を意味するギリシア語の「graphein」は、「書く」と同時に「描く」ことを意味するものでもあった。つまり、「書き込み」はまた、「描き込み」でもあったわけだ。この観点からすれば、聖像を否定する者、すなわち、神のイメージたるキリストを「描き込む」聖像を否定する者は、聖なる言葉の「書き込み」、すなわ、聖書を否定する者ということになる。エイレーネーを退位に追い込み、皇帝に即位したニケフォロス一世は次のように言っている。

聖像と聖なるエクリチュール＝聖書において、対象となるのは同一であり、両者は同じものを書＝描き込むのである。[*28]

聖像も聖書も同様に、聖なるものを「書＝描き込む」。聖像愛好者の聖像擁護は、「エクリチュール」を擁護するものにほかならず、イメージのグラマトロジーというべきものなのだ。聖像をめぐる戦争は、二十世紀になって理論化されたエクリチュールの哲学をそう記される以前に――avant la lettre――実践していたのである。

それに対して、聖像破壊を押し進めたレオン三世やコンスタンティノス五世は、聖像を「息もせず、声も奪われている」[*29]という理由で斥けている。つまり、聖像破壊論者の議論は、音声中心主義的なものだったのだ。また、父、子、精霊という三位一体の関係自身も、パロールを中心として構成された関係によって定義されることがある。たとえば、三位一体におけるそれぞれの「位格」を表す「persona」という語の意味を論じたピエール・アルドによれば、この語には主に三つの意味が併存していた。それはまず、「話し、話しかけられ、話されるもの」、二つ目には「顔」、そして三つ目は「個人や文法的な人称、劇中の人物」である。[*30]これらの多義性は、実のところ、音声、声に収斂するものであり、そこでは、「persona」という語の偽の語源が大きな役割を果たしていた。「persona」は、「personare」、すなわち「そこから音が響いてくる」ことを意味する動詞から派生してきたと考えられていたのだ。「persona」とは何よりもまず、「そこからパロールが発せられるところのもの」だったわけである。このような連想によって、三位一体におけるそれぞれの位格も対話的関係性から考えられ、対話においてそれぞれが占める役割に応じて定義された。たとえば、ある関係性で、聖霊は語るものであり、父はその語りが向けられる相手、そして子なるキリストはその語りの対象となり、また別の関係性では、語るのが父であり、語りの相手が子、そして、精霊が語られるものと考えられたのであった。

このように、関係論的なイメージ論によって聖像を擁護した聖像愛好者の議論は、音声中心主義的な理解に対して、イメージのグラマトロジーを突きつけるものだったわけである。それはまた、〈顔〉をめぐる議論が、「現れの空間」を範例としてきたことに対して、根本的な異議を申し立てるものでもある。書かれた=描かれた〈顔〉は、これまで、現れ、声との親和性によって規定されてきた〈顔〉を、それ以外のかたちで、エクリチュールとともに考える可能性を示しているのである。

注

＊1――『アルキビアデス1』田中美知太郎訳、『プラトン全集6』、岩波書店、一九七五年、130e.

＊2――同上、131e–132a.

＊3――同上、133a.

＊4――同上、133c.

＊5――Françoise Frontisi-Ducroux, *Du masque au visage : Aspects de l'identité em Grèce ancienne*, Flammarion, 1993, p. 30.

＊6――モンテーニュ『エセー〈6〉』原二郎訳、岩波文庫、一九六七年、一〇四頁。

＊7――プラトン『饗宴』山本光雄訳、『プラトン全集〈5〉』岩波書店、一九七四年、一〇六頁。

＊8――ジャン＝ルイ・ベドゥアン『仮面の民俗学』斎藤正二訳、白水社、一九六三年、一三六頁［Jean Louis Bédouin, *Les masques*, Que Sais-Je?, 1961］。

＊9――『出エジプト記』二〇章四・五節。

＊10――ボリス・ウスペンスキー『イコンの記号学――中世の絵を読むために』（北岡誠司訳、新時代社、一九八三年、二〇―二一頁）からの引用。

＊11――同上、二八―二九および五六―五七頁。

＊12――トリノの聖骸布が、キリストの顔だけでなく全身の痕跡を保存していると主張する説もある。

＊13――ギボン『ローマ帝国衰亡史』村山勇三訳、岩波文庫、一九五一年、二二頁。

＊14――鐸木道剛、定村忠士『イコン――ビザンティン世界からロシア、日本へ』毎日新聞社、一九九三年、三六頁。

＊15――ビザンツ帝国で聖像がたどった歴史については、以下を参照。井上浩一『生き残った帝国ビザンティン』講談社学術文庫、二〇〇八年。同上、『ビザンツ皇妃列伝――憧れの都に咲いた花』白水社、二〇〇九年。

＊16――髭に油や蠟を塗った上で、火を付けられ、顔や頭を焼かれたり、眼をくりぬかれたりした修道士もおり、なかでも、後に崇拝の対象となる修道士ステファノスは、修道院から引きずり出され、見せしめのために、手足を一本ずつ切りとられ、最後に胴体が道ばたの穴に投げ捨てられたという。井上浩一『生き残った帝国ビザンティン』一四三頁。

＊17――ジャン＝ピエール・ヴェルナン『ギリシア人の神話と思想――歴史心理学研究』上村くにこほか訳、国文社、二〇一二年、四六〇頁［Jean Pierre Vernant, *Mythe et Pensée chez les Grecs : étude de psychologie historique*, Maspero, 1965, rééd., La Découverte, 2007, p. 330］。

＊18――Marie José Mondzain, *Image, icône, économie : les sources byzantines de l'imaginaire contemporain*, Le Seuil, Paris, 1998, p. 26.

＊19――*Ibid.*, p. 98. コンスタンティノス五世の議論は失われており、直接参照することはできず、ニケフォロス一世のテクストを通して残されたものである。

＊20――*Ibid.*, p. 51.

＊21――*Ibid.*, p. 108.

＊22――*Ibid.*, p. 116.

＊23――M. -J. Mondzain, *Image naturelle*, Le Nouveau Commerce , 1995, p. 23.

＊24――M. -J. Mondzain, *Image, icône, économie…*, p. 183.

＊25――*Ibid.*, p. 117.

＊26――*Ibid.*

＊27――*Ibid.*, p. 181.

＊28――Nicéphore, *Discours contre l'iconoclaste*, tr. par M.-J. Mondzain, Klincksieck, 1989, 256c.

＊29――André Grabar, *L'iconoclasme byzantin : le dossier archéologique*, Flammarion, 1998, p. 196 からの引用。

＊30——Pierre Hadot, « De Tertullien à Boèce. Le développement de la notion de personne dans les controverses théologiques », Ignace Myerson (sous la dir.) *Problèmes de la personne. Colloque du Centre de recherches de Psychologie comparative*, Mouton, 1973, p. 126.

第2部　〈顔〉の行方

第5章　弁論術から礼儀作法へ

観相学と弁論術という〈顔〉をめぐるふたつのアプローチを要請したのは、「現れの空間」であった。それは、別言すれば、この空間の位置づけの変容にともなって、それらふたつの位置づけも変わるということである。この変容をよく表しているのは、なかでも弁論術の位置づけである。たしかに、中世を通じて、古典時代のテクストはあいかわらず規範であり続けた。[*1] しかし、このような連続性にも関わらず、弁論術は次第に後退していくことになる。

ロラン・バルトは、先にも引用した弁論術の歴史をたどる論考で、中世の弁論術はいわゆる「ラテン三科（Trivium）」のひとつとして、その他の二科――文法と弁証法――との緊張関係において取り扱われるべきであり、それらから切り離しえないことを強調している。重要なのは、あくまで、これら三科のあいだの関係なのであり、そのなかで優位を占める学が時代ごとに推移していくわけである。五世紀から十五世紀におよぶ中世において、まず七世紀にかけては弁論術、次いで八世紀から十世紀には文法、そして最後に弁証法へと三科の中心は移行していったのだった。こうして、中世を経ることで、古典世界で中心を占めていた弁論術は、一方で、既に身につけた文法規則を応用するだけの術とみなされ、他方で、三段論法による推論の入門でしかなくなることで、文法や弁証法に仕えるだけのものとなる。弁論術はまた、議論や論争の技法として発展することで、古典時代に有していた政治的、倫理的側面を失うことにもなった。[*2] 中世の弁論術は、「現れの空間」で占めていた中心的な地位を剝奪され、単なる「装飾」にすぎないものと見なされることになるわけである。

この弁論術の後退で大きな役割を果たしたのはキリスト教である。先に見たように、キリスト教は、「現れの空間」では区別されていなかった〈顔〉と仮面を峻別し、仮面を偽りの現れにすぎないと断じたのであった。それと同様に、弁論術も、言葉を飾るだけのものと考えられることになるのだ。

このような後退の端緒は、アウグスティヌスに見てとられるものである。アウグスティヌスはキリスト教に改宗する以前は弁論術の教師であったが（「私が世俗の学校で学び、教えもした弁論術」[*3]）、かれの弁論術に対する態度は両義的なものであった。つまり、改宗とともに、弁論術を単に切り捨ててしまったわけでなく、ある種の効用を認めていたのだ。ちょうど世紀の変わり目に書かれた『キリスト教の教え』は次のように始まっている。

すべての聖書解釈は二つの方法にもとづいている。それは理解されなければならないことを見出す方法と、理解されたことを表現する方法である。[*4]

弁論術は、後者の方法として、この著の後半で論じられることになる。そこでは、過剰に言葉を飾るためだけに用いられるなら、斥けられるべきものだが、暴力に訴えることなく、聖書の教えの真実を確信させ、神の意に沿った行動に向かわせるために用いられるなら、有用なものとされる。実際、この弁論術の擁護自体が極めて弁論術的《レトリカル》になされている。

望むものを開けられないなら、黄金の鍵があっても何の役に立とうか。しかし開けられるなら、木の鍵でも何の妨げがあろう。〔…〕食事をする人と学習する人の間にはたがいにある種の類似点がある。すなわち食物なしには生きられないとしてもそれだけでは足りず、食欲不振を招かないように美味しく味付けしなくてはならない。[*5]

言葉そのものではなく、言葉の中の真実を取り出し、その真実を確信させるのに資するかぎりで、弁論術は擁護すべきものなのだ。さらに、単なる擁護にとどまらず、積極的な活用が勧められてもいる。

弁論術によって、真実と虚偽と、いずれも説得することができるとしたら、真実を擁護しようとする者たちの側では、真実は虚偽に対して何の備えもなしに座して待つべきであるなどと、誰が主張できようか。つまり、虚偽の事柄を説得しようとつとめる人々の側では、はじめから聴衆に好意を抱かせ、注意深く、従順にさせるすべを知っているというのに、真実を擁護しようとする人々の方は、そういうすべを知らずにいてよいものだろうか。虚偽を擁護する人々が虚偽を手みじかに、わかり易く、まことしやかに話すというのに、真実を擁護する人々の方は、聴衆が聞き飽き、分かりにくく、ついには信ずる気を起こさなくなるような仕方で語ってもよいのだろうか。〔…〕弁論の能力というものは中間に位置していて、曲がったことを説くのにも、正しいことを説くのにも大いに役立つとしたら、またもし悪い人々が曲がった空虚な論拠を手に入れるためや、不義と誤謬に役立てるために弁論術を濫用するとしたら、なぜ真実のために戦おうとして、よきものへの熱心から、この弁論術を手にしないのだろうか。[*6]

弁論術は、虚偽を広めることで、正しい行いから人々を逸らせることにもなる一方で、「中間」のものであるかぎり、キリスト教の真実を説得するのにも役立ちうるのだから、この有用な道具を使わないでおくべきではないというわけである。しかし、弁論術にこのような有用性を認めるとしても、それは、もはや市民のあいだの交わりに関わるものではなく、あくまで、神に奉仕するものとしてのことである。

教会の弁論家は正しく、善く、聖なることだけを語らねばならないが、それを話すとき、よく分かって、悦んで、従順に聞かれるようにできるかぎりつとめる。こういうことができるのは弁論家としての才能によってであるよりも、むしろ祈りの真実さによるということは疑いをいれない。[…]だから自分のために、またこれから話しかける人々のために祈ることによって、語る人であるよりも前に祈る人であるべきである。[*7]

「語る人」であるよりも「祈る人」であるよう説く弁論術は、古典古代世界の中心であった「現れの空間」から離脱し、聖なるメッセージを広めるための手段となるわけである。[*8]

このような後退は弁論術が教育で占める位置によく表れている。自由な市民に開かれ、議論が繰り広げられる「現れの空間」を中心として組織された社会で、市民の教育は、口頭のコミュニケーションに価値を置き、弁論術はその最終段階なのであった。[*9] それが、書かれたものに価値が認められるようになるにつれ、弁論術という話し言葉の技術の特権的地位は揺らぎ始め、弁論術は文字的教養に属した単なる飾りだけのものとなる。たとえば、ローマ時代の弁論家のクインティリアヌスも、演説における即興の重要性を指摘し、それなしには聴衆の歓心を得ることはできないと言いながらも、そのためにこそまず、言葉の彩に気を配った、書かれたテクストを用意する重要性を次のように強調していた。

もし、書かれたものの必要性について意識していなかったならば、われわれの即興の才も、虚しい饒舌としかならず、唇から漏れ出るだけの言葉でしかないだろう。[*10]

このような書かれたものに認められる価値は中世を通じて高まっていき、それが文法の優越として表れることになるわけである。さらに、留意しておかねばならないのは、中世の文法が、書かれたものであれ、話されたものであれ、言葉を使用する技術のみに関わるのではなく、文献学にあたるものでもあり、書かれた作品の分析と解釈にも関わっていたことである。弁論術の前段階をなしていた文法とは、書かれたテクスト、特に聖書の解釈を準備するものでもあったのだ。ここにも、弁論術あるいは弁証法に対して文法の前景化を促したのが、キリスト教であったことがよく表れている。

このような書かれたものの優位をより直截に示しているのが、書簡術の誕生である。書簡術は、中世の発明として、古典古代における口語的コミュニケーションの術である弁論術に対して、書かれたものの重要性の高まりを証すものである。[*11]

そして、文法に続いて前景を占めることになる弁証法とは、「ふたりの対話者が演じるアリストテレスの三段論法の闘争劇」[*12]であり、「論争術（disputatio）」として具体化するものである。「論争術」はたしかに、口頭のコミュニケーションの実践である。しかし、相対立するふたりの対話者間で行われるものであるかぎりで、古典古代の弁論のような、「現れの空間」において、聴衆を前にして繰り広げられた演説が切りつめられたものにほかならず、口語的なコミュニケーションの価値低下を証し立てている。

以上のように、中世を通じて弁論術は、文法、そして、弁証法に対して後退していく。この後退を別のかたちで証しているのが、弁論術を受け継ぐ「礼儀作法（civilité）」の教育である。それは「現れ」が、公領域ではなく、私領域の領分となったことを表すものである。別言すれば、弁論術という〈顔〉の学を要請した

「現れの空間」が、公領域ではなく、私領域と重なるようになるのだ。
この点について、エラスムスの教本を見ることで確認していくことにしよう。

エラスムスの礼儀作法における〈顔〉

エラスムスの『子供の礼儀作法について』は、もとはラテン語で著されていたが、章立てや註が加えられたり、問答形式のものや、簡略版も出版されるなどしながら、広く読まれたテクストである。一五三一年にはドイツ語、翌年に英語、一五三七年にはフランス語、チェコ語、一五四六年にはオランダ語に訳されるなど、ヨーロッパ全域に普及していった。「「礼儀作法」概念の歴史の上で最初のきっかけを作った」このテクストは、西洋社会の「文明化の過程」におけるひとつの決定的な段階を記すものであり、後の同種の作法書に大きな影響を与えるものであった。歴史家のロジェ・シャルチエは、この概念を次のように位置づけている。

「礼儀作法」の概念は、西洋国家を最初の文明開化国である古代ギリシアの歴史に結びつけているひとつの文化遺産と、また国家権力に対する臣民の自由を想定しているひとつの社会形態と、深く関連しているように思われる。野蛮さの対概念である「礼儀作法」は、また専制主義の対概念でもあるのだ。*13

エラスムスは、この小冊子を「アンリ・ド・ブルゴーニュ、アドルフの子息、フェーレ皇太子」に献上すべく著したのだった。子供に向けた教えとして、「あなた」ではなく「きみ」と呼びかけている。エラスムスの目的は、子供たちを「文藝（belles-lettres）」へと準備させることにあるが、それは、「文藝」こそが高貴さの徴だからである。

文藝の習慣によって精神を養ったすべての者を高貴と呼ばなければいけません。より多くの高貴さを身につけた者とは、自由技芸で養った特徴を精神に備えた者のことなのです。[*14]

この礼儀作法の教えは、「文藝」を規範とする宮廷生活に向けて子供たちを準備させるものなわけだが、ここでは、「文藝」が、話されたものと書かれたものを区別せず、あくまで話し言葉の修練であった弁論術とは、目標とするところが異なっていることを確認しておこう。

この小冊子の大部分は、高貴な者は、たとえ子供であっても、外見、すなわち「現れ」を保つことが不可欠なのを強調することに割かれている。七つの章――それぞれ「顔と身体の作法」「衣服」「教会での振る舞い」「テーブルマナー」「面会」「遊び」「睡眠の取り方」を扱っている――から構成されているが、その第一章からすでに〈顔〉が扱われており、特に眼の重要さを確認することから始まっている。

子供の良き性質――それは特に顔から輝き出すものです――が体のあらゆるところからにじみ出て来るには、目つきが優しく、敬意に満ちあふれ、心からのものでなければなりません。[*15]

エラスムスは〈顔〉、なかでも眼から議論を始め、他の身体の部分へと進めていくが、このような展開は、ギリシア以来の弁論術の伝統を踏襲したものであることをよく表している。先に見たように、古典世界の弁論術では、眼を中心とした〈顔〉の重要性が強調されていたが、エラスムスもまた「魂の座は視線にある」[*16]

とし、眼とそれが明らかにしている性格の関係を詳らかにしていく。上の引用に続く箇所でも、次のように断じられている。

> 人慣れない目つきは獰猛さを、一点を見つめる眼は図々しさを、そして、焦点の定まらない眼は狂気を表すものです。

これに続いては、眉、額、鼻、頬など、眼の周囲について、あるべき様子を教示していくわけだが、眼の次に議論の中心となるのは、口である。そこでは、あくびの仕方、笑い方について注意すべきことが挙げられる。たとえば、「ほかの人の振る舞いや言葉について笑うのは愚かですが、何ものについても笑わないでいるのは馬鹿な人です」という注意が与えられる。笑うときも、〈顔〉は「崩れることも、下品になることもなく、可笑しさを表せるようでないといけません」とされる。口をめぐってはそのほかにも、嚙むこと(「上唇を下の歯で嚙むことや、下唇を上の歯で嚙むことは相手を脅すことになります」)、唾を吐くこと(「唾を吐くときはハンカチを使わないといけません」)、咳(「必要もないのに咳をしていては、嘘つきだと思われます」)、吐くこと(「吐いてしまっても、罪となるわけではありません」)などについて、事細かな注意が与えられている。

眼や口を中心とした〈顔〉の作法に続いて、議論は〈顔〉の周囲へと及んでいく。髪の毛、首や背中(「曲げずに伸ばしていないといけません」)、肩(「左右のバランスがよくなるようにしておく必要があります」)、腕(「立っているときに腕を組んだり、座っているときに両手を重ねていてはいけません」)、膝や脚(「座っているときは膝の間を開けていてはいけませんし、立っているときも脚と脚を離してはいけません」)について、〈顔〉と同様の、細かな作法が教示される。

このように、エラスムスの礼儀作法のマニュアルの冒頭は、「魂の座」たる〈顔〉、特に眼から始まり、その他の〈顔〉の部分、さらに、その他の体の部分へと進んでいくというかたちで構成されている。これに続いては、服装や教会での振る舞い方が論じられるが、もっとも多くの頁が割かれているのはテーブルマナーを扱う第四章である。[*17]眼を中心として組織された第一章に対して、食事に関する諸注意が与えられるこの章で中心を占めるのは口、すなわち、食事を取ると同時に言葉を発する器官である。食前や食後のお祈りの仕方、爪を清潔に保つこと、適切な席の選び方、さらにきちんとした姿勢を保つことに続いて、テーブルでの食べ方、飲み方、話し方が詳細に論じられる。特に、話し方については、さまざまな話題について話すことで、食事に区切りを与えるのが好ましいとされる一方で、子供には沈黙が勧められる（「沈黙は女性、さらには子供こそが身につけておかなければならないものです」）。というのも、不在の人の陰口を言ったり、列席者に嫌な出来事を思い出させたりするなど、食卓の明るさを損なうようなことは、もっとも避けねばならないことだからである。

面会の際の心構えが論じられる次章でもやはり、視線や言葉、すなわち、眼と口のあり様についての注意が中心を占めている。たとえば、話し相手に対しては落ち着いた率直な眼差しを向けねばならず、他の人の手紙を横目で見るようなことをしてはならない。話し方についても、相手を罵ったり、年長者に対して反論するようなことをしてはならないのはもちろんのこと、つねに柔和で落ち着いて話さねばならず、声が大きすぎたり小さすぎたり、あるいは、早口すぎたりしてはいけないとされる。

最後からふたつ目の「遊び」についての章では、遊ぶ場合にも、テーブルでと同様の振る舞いが勧められ（「子供は遊ぶ際にも、テーブルにおいてと同じく、控えめであらねばならない」）、「睡眠の取り方」が論じられる最終章でも「就寝の際には沈黙と品位を保たねばならない。騒いだりおしゃべりすることは、ほかでよりも寝台でこそしてはならないことである」とされる。遊びにしろ、就寝にしろ、テーブルマナーが規範となっており、それに基づいた注意が与えられるわけである。

この礼儀作法を教示する小冊子を、エラスムスはその基本となる考えを提示することで閉じている。

礼儀作法のもっとも重要な規則は、たとえ、自分にまったく責められるところがなくとも、他の人の間違いを容易に許してあげることであり、気遣いや品位に欠ける友人でも大切にしてあげることなのです。[*18]

このように、エラスムスの小冊子は、他者を前にしたあるべき外見、振る舞いに大きな重要性を認め、個々の教えに関しても、ギリシア、ローマ時代に端を発する弁論術の伝統を踏まえたものとなっている。礼儀作法は、弁論術と同じく、言葉と〈顔〉によって定義される「現れ」に関わっているわけである。しかし、これらの教えが教育において占める位置は大きく変化している。弁論術が教育の最終段階に位置し、その総仕上げであったのに対して、礼儀作法はあくまで子供に向けられたものであり、公領域における技芸、すなわち文藝を学ぶための、私領域における準備段階をなすものとなったのだ。これはまた、アーレントの言う「現れの空間」の空間が、公領域ではなく私領域と重なり合うようになったということでもある。この変容は、次の時代の礼儀作法のマニュアルを検討することで、より明瞭になるだろう。

十七世紀の礼儀作法――『キリスト教者の礼節と作法の諸規則』

「礼儀作法」の概念は、先のシャルチエによれば、十七世紀半ばにおいてすでに、知識人の言語としては長い歴史を持つものとなっていた。[*19] シャルチエは、この時代のいくつかの辞書が「礼儀作法」という語に与えた定義を分析することから、次のような三つの特質を抜き出している。まずひとつめの特質は、礼儀作法が「礼節（bienséance）」や「名誉（honneur）」、「丁寧さ（honnêteté）」といった言葉の同義語、あるいは近いものと考えられていたことである。このような意味的な近さにもかかわらず、「名誉」や「丁寧さ」が宮廷という特定の環境のみに関わるものであったのに対して、「礼儀作法」は、普遍的な道徳的性質とされていた点で、異なっているのであった。別言すれば、「礼儀作法」という概念は、「普遍的な使命を持った道徳的性質と、ある境遇のみにあてはまる社会的に区別された振る舞いとのあいだの緊張関係」[*20]に置かれていたわけである。この緊張関係は、この語を特徴づける、あとふたつの性質によるものである。つまり、一方で、礼儀作法は、「宮廷という特定の社会的場と、貴族という特定の身分の行動様式」[*21]を規定するものでありながら、他方で、あらゆる子供が、それもかなり幼いうちから学びうるという点で、普遍的なものと考えられていたのだ。このような特質は、エラスムスの説く礼儀作法にもすでに見られるものであり、そのかぎりで、この時代の礼儀作法は先行する教えを踏襲するものであった。

この概念が改めて浮上してくる十七世紀後半においても、宮廷人の作法という意味合いを帯びていた。しかし、それとともに、新たな特徴も備えることになる。それは、キリスト教の影響である。一六七一年から一七三〇年の間で十五版を重ねた、アントワーヌ・ド・グルタンの『フランスにおける紳士たちの間で行われている礼儀作法に関する新論』は、エラスムスの伝統に則りながらも、キリスト教道徳の影響を色濃く映し出している。

このような礼儀作法を代表するのが、ジャン゠バティスト・ド・ラ・サールのテクストである。ここでは、このテクストを取り上げることで、この時代の礼儀作法の教えの特質、先行するものとの連続性と差異を検討していくことにする。

ラ・サールが実践した教育は、それまでラテン語で行われ、上流階級の子弟のみを対象としていたのを、フランス語という俗語を用いることで、庶民であっても享受できるようにした点で画期的なものであった。

このような教育のなかに位置づけられる礼儀作法の教えも、神の意志に沿った振る舞いを、キリスト教者、特にその子供たちに教示するものであり、世俗的、世間的な礼儀作法に対して、キリスト教者固有の礼儀作法がいかなるものかを強調している。その教えが範とするのは、ペトロである。

ペトロは最初の信者たちに向けて、みずからの兄弟を愛し、そのそれぞれに然るべき栄誉を与え、隣人の人格において敬意を払うのが神であることを証明することで、神の真の僕であることを表すように説いたのであった。[*22]

キリスト教者にとっての礼儀作法とはまず、隣人に対する責務であり、それを通して、神に対して負った責務を果たすものなのだ。礼儀作法の意義をこのように確認した後、それを次のように定義している。

キリスト教者の礼節は、隣人に対する節度、敬意、連帯、慈悲の感情によって、みずからの言葉と行動において表す賢明で統制された振る舞いのことであり、時と場所、語らう相手を配慮するものである。隣人を敬い、本来的に礼儀作法と呼ばれるのはこの礼節のことである。[*23]

ラ・サールの説く礼節、礼儀作法は、特に言葉、語らいの相手たる隣人に向けられたものである。言い換えれば、みずからの声が届く相手に向けられ、口語的コミュニケーションに関わっている。ここでもまた、礼儀作法が、「現れの空間」に要請されたものであることが確かめられるだろう。

この教本は、大きく別けてふたつのセクションからなっており、「身体の各部位の姿勢や作法で表すべき節度について」と名付けられた第一部は、十四章――「身体的姿勢と作法」「頭と耳について」「髪の毛について」「顔について」「額、眉、頬について」「眼と眼差しについて」「鼻について」「口、唇、歯、舌について」「話し方と発音の仕方について」「あくび、咳、唾の吐き方について」「背中、肩、腕、肘について」「手、指、爪について」「隠されるべき体の部分と生理的必要について」「膝、脚、足について」――で構成されている。各章のタイトルからわかる通り、「現れ」に関する注意が与えられており、エラスムスの小冊子の第一章「顔と身体の作法」で扱われていたのと同様の事項が取り上げられている。もっとも、議論の配列に関しては、身体の全体に関する議論から始まり、〈顔〉の周縁部（頭、耳、髪）から中心部へと移って行くが、大きな比重を占めているのは、あくまで〈顔〉への関心である。

このような第一部に対して、「公共と日常の行動における礼節」と題された第二部は、十二章――「起床と就寝について」「衣服の着方と脱ぎ方について」「服装について」「食べ物について」「食前に守るべきことについて」「食中に守るべきことについて」「食後に守るべきことについて」「娯楽について」「訪問について」「会話について」「礼節のいくつかの規則について」「手紙について」――からなっている。これらの各章は、エラスムスの小冊子の第二章以降の章――「衣服」「教会での振る舞い」「テーブルマナー」「面会」「遊び」「睡眠の取り方」――に対応したものである。また、内容面では、第一部が主に、身体のあり様、静止した状態におけるあり様について注意を与えるものであるのに対して、第二部では、日常生活における行動、振る舞いが扱われている。この第二部で中心を占めるのが、話し方である。話し方は、「会話について」と題された第十章だけでなく、娯楽に関する章でも、まず扱われるものである（「気晴らしは普通、気楽に会話をしたり、笑わせ、相手を喜ばせる面白く楽しい話をすることで行われる」）。会話についての教えはまた、ラ・サールが「まったく適切な」娯楽とする歌にも適用される。さらに、「訪問について」と題された章でも、挨拶というひとつの話し方、会話の開き方についての指示が与えられる。

ラ・サールの礼儀作法の教えはこのように、エラスムスの場合と同様、〈顔〉を中心とした外見や、話し方、すなわち「現れ」に重きを置くものとなっている。しかし、最終章で論じられている手紙の書き方は、エラスムスの小冊子には見られなかったものであり、明瞭な差異をなしている。この章は次のように始まっている。

キリスト教者が無用な訪問をしないようにしなければならないのと同様に、必要でないと思われる手紙を書かないようにすることは、礼節の求めるところである。[*24]

ラ・サールにとって、手紙は、対面的な状況を延長するものであり、この基本的な考え方に従って、話し方の場合と同様に、状況に応じた手紙の書き方が教示される。たとえば、手紙の目的が仕事に関わるものであるのか、礼状なのか、あるいは、身内に向けてのものなのか、また、相手が目上、同等、目下のどれにあたるのかといった基準に応じた書き方をするように説かれる。そして、訪問する場合に、礼節に従ってその機会が決められたのと同様に、手紙を書くべき機会も礼節に適っておらねばならず、その内容も、会話の場合と同様の規則に従うものでなければならない。

手紙を書く際にも、礼儀にかなった表現を用いなければならないが、それは会話の際に礼節の規則を守るために従わなければならないのと同じものである。[*25]

手紙はこのように、特別の規則を必要とせず、あくまで対面的なコミュニケーションの延長として考えられているわけである。そして、この「手紙について」の教えがラ・サールの冊子の最終章を構成していることは、この時代の公領域である宮廷社会が、もはや弁論術が担っていた口語的なコミュニケーションではなく、書記的なコミュニケーションも含んだ「文藝」を規範とするようになったことをよく表している。別言すれば、この章は、その内容においても、口語的コミュニケーションと書記的（なものも含んだ）コミュニケーションのあいだ、私的領域と公的領域のあいだのまさに境界にあり、弁論術が礼儀作法へと変容し、「現れ」が私的領域の問題になったことを証している。

以上のように、ラ・サールの教本は、一方では、与えられている注意の内容や議論の進め方に関して、先行するエラスムスの教本との連続性を確かめることができる。他方で、教えはより詳細、より体系的になり、最終章で手紙の書き方が論じられるようになっている。しかし、重要なのは、いずれの教本でも、礼儀作法がまずもって〈顔〉と言葉に関する問題に関心を払い、「現れ」についての教育を担っているということである。そして、「現れの空間」は、もはや公領域ではなく、私領域と重なるようになり、そこで行われる「現れ」に関する教育も、自由な市民が目指すべき最終段階ではなく、宮廷社会への準備段階となっている。別言すれば、「現れ」への配慮が私領域で実践されるようになったのだ。つまり、礼儀作法は、「大衆に衝動の時勢と情緒の検閲とを課すること」を目的とし、「社会的外見の規範の表象に局限してきた貴族的な用法から遠ざかって、人目に触れない行動を含めて、あらゆる行動の一般的・恒久的なコントロール手段となった[*26]」わけである。

このような礼儀作法は、十八世紀になると、学校教育や、行商人によって普及していった、いわゆる「青本叢書」を通して、より広汎な層の人々にまで影響を及ぼすようになる。[*27]しかし、それにともなって知識層からは、激しく批判されることになる。このような変化をよく表しているのが百科全書派の態度である。そこでは、礼儀作法は、もうひとつの〈顔〉へのアプローチである観相学とともに批判されている。この点については、観相学の展開について見た後に検討することにしよう。

注

＊1――James J. Murphy, *Rhetoric in the middle ages : a history of rhetorical theory from St. Augustine to the Renaissance*, University of California Press, 1974, p. 89.

＊2――Benoît Timmermans, « Renaissance et modernité de la rhétorique », Michel Meyer (sous la dir. de), *Histoire de la rhétorique des grecs à nos jours*, Le Livre de Poche, 1999, p. 88.

＊3――アウグスティヌス『キリスト教の教え』(『アウグスティヌス著作集〈6〉』)加藤武訳、教文館、一九八八年、二一二頁。

＊4――同上、二七頁。

＊5――同上、二三八頁。

＊6――同上、二一二―二一三頁。

＊7――同上、二四五頁。

＊8――Manuel Maria Carrilho, « Les racines de la rhétorique : l'antiquité grecque et romaine », M. Meyer, *op. cit.*, p. 79.

＊9――Cf. Heri Irénée Marrou, *op. cit.*

＊10――Quintilien,*op. cit.*, X. 3. 2.

＊11――J. J. Murphy, *op. cit.*, p.194.

＊12――ロラン・バルト、前掲書、五七頁［Roland Barthes, *op. cit.*, p. 113］。

＊13――ロジェ・シャルチエ『読書と読者』長谷川輝男ほか訳、みすず書房、一九九四訳、四二頁［Roger Chartier, *Lectures et lecteurs dans la France d'Ancien Régime*, Le Seuil, 1987］。

＊14――Desiderius Erasmus, *De civilitate morum puerilium*, 1530, tr. par Alcide Bonneau, *La civilité puérile*, Isidore Liseux, 1877, rééd. Hachette Livre BNF, 2012, p. 9.

＊15――*Ibid.*, p. 11.

＊16——*Ibid.*, p. 13.

＊17——個人レベルにおける「文明化の過程」を「自己抑制」に見てとるノルベルト・エリアスも、テーブルマナーに大きく頁を割いている。Cf. ノルベルト・エリアス『文明化の過程〈上〉——ヨーロッパ上流階級の風俗の変遷』赤井慧爾ほか訳、法政大学出版局、1977［Norbert Elias, *Über den Prozeß der Zivilisation. Soziogenetische und psychogenetische Untersuchungen. Band 1: Wandlungen des Verhaltens in den weltlichen Oberschichten des Abendlandes*, Verlag Haus zum Falken, 1939］。第二部、特に第四章「食事における振る舞いについて」.

＊18——D. Erasmus, *op. cit.*, p. 121.

＊19——R・シャルチエ、前掲書、四九頁［R. Chartier, *op. cit.*］

＊20——同上、五〇頁［*Ibid.*］。

＊21——同上、五四頁［*Ibid.*］。

＊22——Saint Jean-Baptiste de La Salle, *Les règles de la bienséance et de la civilité chrétienne*, 1703, rééd., Maison de Saint Jean-Baptiste La Salle, 1964, p. III.

＊23——*Ibid.*, p. IV.

＊24——*Ibid.*, p. 242.

＊25——*Ibid.*, p. 246.

＊26——R・シャルチエ、前掲書、六八—六九頁［R. Chartier, *op. cit.*］。

＊27——この点については、以下を参照。Geneviève Bollème, *La bibliothèque bleue : littérature populaire en France du XVII*^{e} *au XIX*^{e} *siècle, Gallimard, 1971 ; Robert Mandrou, De la culture populaire aux 17*^{e} *et 18*^{e} *siècles*, Imago, 1985.

第6章　観相学の再生

ルネサンス時代の観相学

前章では、弁論術の歴史に連なる礼儀作法の教えが、〈顔〉をどのように扱っているかを見た。そこでは〈顔〉と言葉の親密な関係性が確認された。そして、〈顔〉が弁論術ではなく礼儀作法によって扱われるようになったことはまた、「現れの空間」が公領域から私領域へと移行したこと、別言すれば、〈顔〉をめぐる教えが教育の最終段階、完成段階ではなく、その準備段階となったことを表していた。

この章では、もうひとつの〈顔〉へのアプローチである観相学の行方をたどっていく。この時代の観相学は、他の諸学と同様、ギリシア時代のテクストの発見による再生と同時に、アラブ文化の経由による変容を経験することになる。[*1]

古典時代のテクストは、美術史家のユルギス・バルトルシャイティスによれば、アリストテレスに誤って帰せられてきたものが、一五二七年にフィレンツェで、一五三一年にバールとフランクフルト、一五三八年にウィットベルクで再版され、また、アダマンティオスのテクストも一五四〇年にパリ、一五四四年バール、一五四五年ローマで、さらに、ポレモスのものも一五三四年と一五四五年に再版されたのだった。[*2]

このようなルネサンスを迎えた観相学は、単に古典古代のテクストを再版するだけでなく、伝統的なアプローチを受け入れつつ、発展させたのであった。それを代表するのが、ギリシアに連なる動物学的アプローチと、アラブを経由した占星術的アプローチであり、それぞれについて、ジャンバッティスタ・デッラ・ポルタとジェロラモ・カルダーノのテクストが残されている。

ジャンバッティスタ・デッラ・ポルタ（一五三五〜一六一五）は、ナポリで生まれ、弱冠二十三歳にして四巻からなる『自然魔術』を出版し、一五六〇年には、同地に「自然枢密学院」を設立した。その後、各地を旅しながら、見聞を広め、一五八九年には、二〇巻にまで増補改訂した『自然魔術』を出版することになる。その内容は極めて多岐にわたり、生物、発酵、金属、物理、医学、化学、工学、家事などに及んでいる。このように、デッラ・ポルタは時代を代表する博学の人だったわけだが、観相学に関しては、『人間の人相について』をものしている。全六巻からなるこの書物では、第一巻で、その観相学の原理となるギリシア以来の四体液説が論じられた後、第二巻から第四巻で顔だけでなく、身体の各部の特徴から読み取るべき性質、第五巻では、それぞれの性質がどのような外見として表れてくるのか、そして、最終巻では、各人の悪徳にどのように対処すべきかが論じられている。このなかで、観相学は次のように定義されている。

観相学とはつまり、身体に宿る特徴や偶発的な出来事によって知りうる知識のことで、霊魂の生来の特徴もこの偶然の仕儀で顔面に徴が顕われて判明するのである。[*3]

たとえば、恐怖や羞恥を感じると、血液の流れが変わることで、それが顔つきに表れる。このような一時的な対応関係と同様に、生まれつきの性質も外見に表れるのであり、それを読み解くのが観相学というわけである。この解読は、それぞれの性質をよく表した動物との類似を介して行われ、たとえば、大きい額は、牛の額であり、それゆえ、その人物は、意気地がなく臆病者だとされる。それに対して、四角い額は、獅子の額であり、度量の広い人柄ということになる。あるいは、プラトンは臭いをかぎ分けているような高い鼻のために犬に喩えられ、自然さと良識を表すものとされる。それに対して、鼻の低いソクラテスは鹿に喩えられ、活力を有すると評される。

もうひとりのジェロラモ・カルダーノ（一五〇一～一五七六）もまた、デッラ・ポルタと同様の博学であった。北イタリアのパヴィアに生まれ、内科医となったが、当時のパヴィアは、人文主義的なルネサンスの中心であったフィレンツェとは異なり、アリストテレス主義の影響によって、医学や法学といった実学が盛んな土地であった。カルダーノは、『アルス・マグナ』で三次方程式の解法を初めて公表したことで知られているが、それだけでなく占星術、弁論術、自然学、機械学などにも精通していた。実際、かれの自伝に掲げられた一覧によれば、その著書は数学、天文学、医学、道徳哲学、占星術など多岐にわたっている。[*4] なかでも、カルダーノにとって、占星術は特権的なものであった（「将来を予言する手がかりをあたえてくれる占星術に、わたしは凝りに凝って一時は信じ込みすぎて損失をまねいたほどだ」）。[*5]

このようなカルダーノの天文学的観相学、あるいはメトポスコピーは、宇宙のマクロな秩序と人のミクロな秩序が照応しており、それが〈顔〉に表れるという前提に基づいている。この方法は、額には上から下にそれぞれ土星、木星、火星、太陽、金星、水星、月を表す線が刻まれているとし、この徴を読み解くことで、その人物の運命を見定めようとするものである。

これらのふたつのアプローチは、それぞれ異なった伝統に属し、異なった方法を用いるとはいえ、「類似性」――動物や星の配置との類似性――が決定的な役割を演じており、その意味で、同じパラダイムに属している。このパラダイムは、ミシェル・フーコーが次のように要約するものである。

意味を求めることとは、たがいに類似したものを明るみに出すことである。記号の法則を求めることとは、類似したものを発見することである。[*6]

この類似性を、動物学的方法は、人間の身体的特徴と内的性向を結びつけるにあたり、動物との関係を媒介として見出すのであり、もうひとつの占星術的アプローチでは、天体の配置がその媒介の役割を担っているわけである。[*7]

いずれにしろ、これらふたつのアプローチを理解するには、それぞれのテクストに添えられた図版を一瞥するに如くはないだろう（図9・図10・図11）。

ふたつのアプローチはともに、類似性によって規定される同一のパラダイムに属し、図版を多用しながら解説している。しかし、注目すべきは、これらのアプローチ、ふたつの著作のあいだの明らかな差異のほうである。それは、それぞれの内容はもとより、その提示の仕方、両者で用いられた図版の果たす役割の差異である。

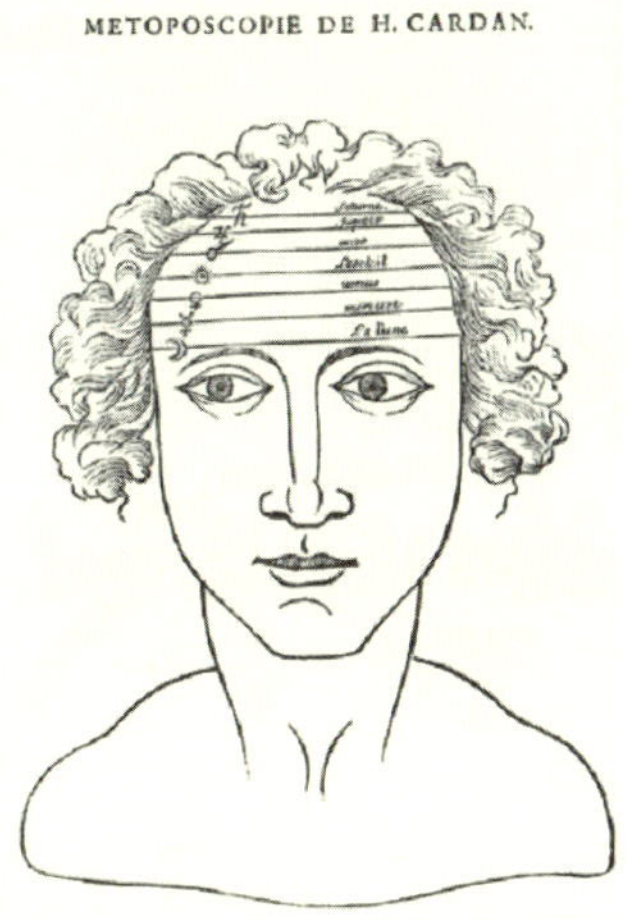

図9：G・カルダーノのメトポスコピーのイラスト

Jérôme Cardan, *La métoposcopie,* 1658, réédit., Alain Baudry & Cie, 2010, p.2. より。

カルダーノは、序文で、みずからの著作が八百以上のイラストに彩られていることを誇らしげに告げている。しかしながら、これらのイラストは極めて簡素、単純で、メトポスコピーによって解釈されるべき徴の配置を示すだけのものでしかない。カル

図10・図11：G. デッラ・ポルタの観相学のイラスト。
ジャンバッティスタ・デッラ・ポルタ『自然魔術』澤井繁男訳、青土社、1996, p.93, p.106 より。

ダーノの図版において〈顔〉は、徴の置かれるキャンバスにすぎないのだ。

　これに対して、デッラ・ポルタの著作における図版は、そのアプローチにとって欠かせないものとなっており、それなしには、この学そのものが成り立たなくなるほどのものである。内容的に言えば、デッラ・ポルタの観相学は動物学的なものであり、先に見た偽アリストテレス、ポレモス、アダマンティオスなどの古典古代の理論の系譜に直に連なるものである。[*8]しかし、その教えは、極めて印象的なライオン－人間、牛－人間、山羊－人間、犬－人間といった図版とともに説かれており、説得力や訴求力はより強く、より直接的なものとなっている。実のところ、このイラストは、動物に似た人間というよりむしろ、人間化された動物、キマイラというべきものだが、観相学の教えを直観的に把握させることに大きく寄与している。このような直観的な力を持ち、観相学の理論を視覚的に表現する図版は、観相学の言説に対して自立し、それ自体で価値を持つまでになっている。

　このようなデッラ・ポルタによるイラストの重要性は、バルトルシャイティスも指摘するところである。この図版は、この分野におけるさまざまな教えを例証するものであり、その原理や要素は、その後何世紀にもわたって変化することのないイコノグラフィーを確立することになる。[*9]

　先に〈顔〉の記号論の観点から確認したように、動物学的観相学は、対象が現れた際に、それを〈顔〉としてカテゴリー化する、その閾上にある直観的認知に関わるものであった。このような観相学を図版によって表現することは、見る者の直観に訴えるものである。図版は、二重に直観的、すなわち直観的に与えられた印象を、直観的に印象づけるものなのだ。観相学特有の明証性が、印刷術という複製技術によって再現（re-present）されているわけであるのである。

このように、再生を迎えた観相学は、一方では先立つギリシアやアラブの伝統を踏襲しながらも、他方では、その図版が教説を例示するのみならず、それ自体としての価値を帯びるほどになっている点で、決定的な断絶を記してもいる。

十七世紀の観相学――情念の記号学

ここまで見てきた十六世紀の観相学は、占星術的なものであろうと、動物学的なものであろうと、ひとつの解釈学–記号学として、類似性に基づいて推論を行うものであった。それが、十七世紀になると、もはや類似による第三項を介することなく、表すものと表されるものという二項関係に基づいたものとなる。[*10] 王の侍従医であったマラン・キュロー・ド・ラ・シャンブルの『人間を知るための技法（*L'art de connaître les hommes*）』は、このような観相学である。この著作は、占星術、民俗学、動物学といった、伝統的なさまざまなアプローチを記号学的に分類しながら総合を試みるものである。かれは、魂の動きを見るために、非難と嘲りの神、モーモスが望んだように、その人の胸にわざわざ窓を開ける必要などないと言うが、それというのも、人間には、口から発せられる言葉以上に確かな身体言語が、自然によって与えられているからである。

自然が人間に声と言葉を与えたのは、その考えを表すためではなかった。しかし、自然は人間がそれらを濫用するのではないかという疑いから、声や言葉が不誠実なものである時にそれを否定するために、その額や眼に語らせることにした。つまり、自然は魂を外に押し広げたのであり、その動きや性向、習慣を知るために窓など必要ないのだ。というのも、それらは顔に表れ、目に見え、明白な文字としてそこに書き記されているからである。[*11]

ド・ラ・シャンブルの観相学は、このように〈顔〉に記された文字を読み取る記号学である。かれの考える記号学は、なによりまず「未知のものを記し、指し示す」[*12]記号から、それを現象させた未知の原因や、それが現象させることになる未知の結果を探るものである。それが関わるのは、次のような三つの因果関係である。すなわち、既知の原因から未知の結果を推し量るもの、既知の結果から未知の原因を探るもの、そして、既知の結果から未知の結果を求めるものである。[*13]さらに、原因に関しては、「魂の諸側面、気質、身体各部の構造、年齢、高貴あるいは低俗な生まれ、知的と同時に精神的習慣、情念」といった「内的」なものと、「両親、星、気候、季節、食事、幸運あるいは不運、模範、忠告、苦労、報償」といった「外的」なものが区別される。[*14]そして、結果については、「精神的」なものと「身体的」なものが区別され、「精神の性質、性向、習慣、あらゆる精神の振る舞いと動き」と、「身体各部の大きさや形、第一次および第二次的性質、顔つき、身体作法と運動」[*15]が探求の対象とされる。このような原因から結果、あるいは結果から原因、さらに結果と結果の関係を探っていくのが、この記号学的観相学である。

これにつづいて提示されるのが、「自然的記号」と「占星術的記号」というふたつの大きな分類である。このうち、後者の記号は手相占いやメトポスコピーで扱われるのに対して、かれの観相学が関わるのは、前者である。自然的記号を扱う観相学にとって特に重要なのは、情念である。ド・ラ・シャンブルの観相学は、精神的・身体的に現れた記号から、それを現象させた情念を突き止めるものなのだ。そして、情念は心臓を座とするものだとされる。このような考え方は、デカルトのように脳内の松果腺が情念を決定するという考えからは時代遅れとしか見なされないものだが、先にアリストテレスについて見たように、古代ギリシア以来の伝統を踏襲したものである。

このように、ド・ラ・シャンブルが試みるのは、観相学を、外的な現れと内的な情念の関係に関わる記号学として体系化することなわけだが、それはまた、情念が描くひとつの「絵画」を読み解くものでもあった。

この技法は、それぞれの情念を絵画として描き出し、情念が身体のあらゆる部分に与える様子や姿、そして、魂に引き起こすあらゆる運動を記すと主張するものである。[*16]

文字にしろ、絵画にしろ、外的な現れから、内的な情念を探求するド・ラ・シャンブルの観相学に対して、情念を表現した外的な現れそのものに注目し、絵画のための技法として発展させる、もうひとつのアプローチも存在していた。

情念の表現術――〈顔〉と絵画

ルネサンス期に再興された観相学は、図版とともに視覚的に説かれることで、直観的な訴求力を手に入れたのであった。それを実践したのがデッラ・ポルタによる観相学であり、その教えを具現するキマイラというべき存在たちを描いた図版であった。このように、観相学は、視覚表現によって力を与えられたわけだが、それと同時に、表現技術を洗練させるものでもあった。後のラファーターやカンペールのような観相学者たちにとって、この学の効用は、絵画表現の発展に寄与することにこそあるのであった。たとえば、ラファーターは絵画が「観相学の母であり娘である」と宣言し、また、カンペールがその観相学の講義を行ったのも絵画アカデミーにおいてであった。このように、近代以降の観相学は、絵画のような視覚的な表現技術と切り離せないものとなるのだ。

このような絵画と観相学の密接な関係をよく表しているのが、ルイ十四世の第一画家だったシャルル・ルブランである。ルーブル宮殿やヴェルサイユ宮殿の装飾、なかでも鏡の間を担当したことで知られているが、王立絵画・彫刻アカデミーやゴブラン王立工場の設立においても中心的な役割を果たした。かれが「一般的および特殊的表情についての講演」を行ったのも、自身が設立したこのアカデミーにおいてであった。この講演の目的は、情念の反映と考えられた表情を絵画で表現する方法を体系化、形式化し教示することである。ルブランは、表情の意味を定義することから始める。

わたしの見解では、表情とは、表象すべきものの素朴で自然な類似のことである。それは必然的なものであり、絵画のあらゆる部分に関わっている。絵画は表情なしには完全なものとはなりえないであろう。それぞれのものの真の性格を表すのは表情なのである。自然と身体が区別され、形象が動きを持ち、装われたものが真正のもののように思われるようになるのも、表情によってなのだ。それは色彩と同時にデッサンにも関わっている。それはまた風景の表象や形象の組み合わせにも欠かすことができないものである。[*17]

この表情は、人間の〈顔〉だけではなく、風景にも関わっている。ルブランは、この表情を「一般的表情」[*18]と呼んでいる。この表情が絵画に生命を与え完成するのであり、そうすることで描き出された対象の真実が見るものに伝わるのだ。

しかし、ルブランが重視するのは、「一般的表情」よりも「特殊的表情」のほうであり、講演の続く個所で詳細に論じられるのも、〈顔〉に関わるこの表情である。ルブランによれば、「特殊的表情」とは、「魂の動きを記し、情念の効果を可視化するもの」である。

先に見たデッラ・ポルタの著作がフランス語に訳されたのも、この時代であったが、ルブランの講演も、ギリシア以来の動物学的観相学の伝統に忠実に、人間と動物のあいだの類似関係を取りあげている。しかし、ルブランの観相学は、もはや直観的なものではなく、より分析的なものである。

眉や口の動きや歪み、そしてそれに伴う鼻や眼、顎、額の動きは、組み合わされ、組み立てられることで弁別特徴として機能し、さまざまの情念を表すのに十分なものとなるであろう。[*19]

この分析的なアプローチは、幾何学的方法として結実することになる。[*20] そして、この方法こそが、ルブランの観相学を、先行するアプローチから明瞭に分つものである。

この幾何学的方法において、一連の〈顔〉は、ひとつの体系をなしている（図12・図13）。この方法の原理となるのは、〈顔〉の上に描かれる三角形である。たとえば、それぞれの眼の両端を結ぶ線が、両目の外端同士を結んだ線より上で交わるかたちで三角形ができれば——すなわち、垂れ目の場合——高貴な情念の徴だとされ、その逆に、下で交わるならば——すなわち、吊り目の場合——獣的な情念に支配された性格だとされる。また、そのどちらでもない場合、つまり三角形が描き出されない場合は、情念のバランスがとれているとされる。この法則は、人間だけでなく、動物にも適用され、動物においても、同様の三角形を描くことで、その性格を判断できるとされる。[*21] 人間と動物では、解剖学的な差異のため、同様の方法で三角形を描

図 12・図 13：Ch. ルブランの観相学のイラスト
Dissertation sur un traité de Charles Le Brun concernant le rapport de la physiognomonie humaine avec celle des animaux, La calcographie du Musée Napoléon, 1806, planche1, 2. より。

くのは難しいとはいえ、両者に共通した、外的特徴と内的性向を関係づけることのできる幾何学的な計測法と単位が定式化される。

このようなルブランの観相学における動物の位置づけもまた、先行するアプローチとの断絶を記している。先に見たように、デッラ・ポルタや、それ以前の動物学的観相学で、動物は、人間における外見と内面の対応関係を知るための媒介項なのであった。それが、ルブランにおいて、動物は、もはやこのような媒介項ではなくなり、人間と同一の平面に置かれるようになっている。人間も動物もともに、幾何学的な規則に従って、内面が外見に表出されるわけである。別言すれば、ルブランの観相学が基づいているのは、類似性ではなく、人間であろうと動物であろうと、あくまで幾何学的な法則なのだ。この法則を明らかにし、それを絵画の技術として体系化することこそが、その観相学の目指すところなのである。

ルブランの観相学はこのように、精神と身体の関係を幾何学的に形式化しようとするものである。しかし、この試みにおいて問題にされるのはあくまで、恒常的な性向よりむしろ、移ろいやすい表情であり感情である。この点は、ルブランの図版の〈顔〉が、特定の人物を描き出したものではなく、誰のものでもない〈顔〉となっていることに明瞭に表れている。その〈顔〉は、あくまで表情が描き出されるだけの中立的なキャンバスにすぎないのだ。その意味で、ルブランの図版は、キマイラ的な奇っ怪な動物―人間が印象的なデッラ・ポルタではなく、マクロコスモスの秩序と照応した徴が配置されたカルダーノに連なるものである。

移ろいやすい表情への注目はまた、情念を表現するものとしての〈顔〉への注目にほかならず、それはド・ラ・シャンブルの記号学的観相学と同様、十七世紀の観相学の特質をなすものである。このような特質によってもまた、この時代の観相学は、移ろいやすい特徴ではなく、恒常的な特徴にこそ依拠させるべきだとしたギリシア時代の観相学と明瞭な対照をなしている。

そして、このような情念の表現の分析こそが、後の時代の観相学に影響を与えることになるものである。十八世紀のフランス絵画における表情を中心とした表現術を研究したメリッサ・パーシヴァルは、この影響関係を「ルブラン・パラダイム」と名づけている。このパラダイムは、十八世紀末の観相学の大家、ラファーターの批判者であったゲオルク・クリストフ・リヒテンベルクの用語によれば、恒常的な性質を探る「観相学（Physiognomik）」に対置される「情念学（Pathognomik）」にあたるものである。十七世紀の〈顔〉をめぐるアプローチは、ギリシア時代の観相学に対して、情念学なのである。

いずれにしろ、ルブランの方法は、個人の特徴を捨象することで、あらゆる人物に適用され、その情念の表現を描き出すためのものである。[*22] 恒常的な特徴や性質を求める観相学に対して、移ろいやすい表情や感情に関わる情念学が前景化してくるわけだが、ルブランは、この情念学を実践した絵画や教説によって、移ろいやすい感情を永続的なものとして定着させ、後の時代に残すことになったのだ。

このように、〈顔〉をめぐる学は、礼儀作法として、あるいはまた、図版にしろ絵画にしろ、表象技術と不可分な観相学として再生を迎えるわけだが、それによって、批判を招きよせることにもなる。興味深いことに、これらの再生した〈顔〉の学はふたつながらに、断罪されることになるのだ。

批判される〈顔〉

十七世紀末に出版された、アントワーヌ・フュルチエールの『万有辞典』において、観相学は、まったく無用な学にすぎず、手相占いより幾ばくか当てになる程度のものだと断ぜられている。

観相学。顔の特徴や四肢の様子の観察から人の気性や気質を見抜くことを教える技法。ジャンバッティスタ・デッラ・ポルタやロバート・フラッドが観相学について書き記した。観相学はまったく虚しい学であるが、手相占いよりも確かなものである。[*23]

手相占いとの比較が示す通り、ここで批判されているのは、占星術のように、人の運命を見定めようとする観相学である。このような批判はまた、類似に基づいたパラダイムの後退を証してもいる。十七世紀のモラリスト、ラブリュイエールにとっても、観相学は、礼儀作法とともに批判すべきものでしかない。その批判によれば、観相学は、人の心に接近するための確かな方法とは到底、見なしえないものである。

人を絵画や彫像のようにただの一目で判断してはならない。深く探求せねばならない内面や心があるのだ。[*24]

表面的な印象と深い内面は、まったくの別物として、切り離さねばならないというわけだが、それは、外的な現れと内的な性向が対応するという、観相学の原理を否定するものである。こうして、観相学はもはや学と呼ぶに値するものではなく、単に「推量」を行うだけのものと断ぜられる。

観相学は人を判断すべく与えられる規則なのではない。それは推量として使われるものにすぎないのだ。[*25]

このような観相学批判を、〈顔〉の記号論の観点から捉え返すとどうなるか。先にわれわれは観相学を、人物の特定と表情の解釈というふたつの軸を短絡させるものとして定義した。この定義からすれば、ラブリュイエールの批判は、まさにこの短絡を批判するものである。別言すれば、人物の特定と表情の解釈は明瞭に区別されねばならないことが主張されているのだ。そして、このような批判を準備したのは、先に見た十七世紀の観相学、あるいは情念学である。この時代の観相学は、ギリシア時代以来の伝統を転倒させるものとして、人の恒常的な性質ではなく、表情、そして情念に注目するものであった。このような観相学が、直接的に与えられる印象にしか関わらないものとして、モラリストの批判の対象となっているのだ。逆に言えば、観相学者にとっても、その批判者にとっても、観相学は情念学として、移ろいやすい印象に関わる、無根拠なものであることが前提となっているわけである。

さらに重要なのは、このような観相学に向けられた短絡の禁止、あるいはふたつの軸の峻別がまた、礼儀作法にも適用されていることである。礼儀作法を身につけた宮廷人は、たとえば、次のように批判される。

宮廷を知る者とは、みずからの身ぶりや目つき、顔を自由にできる者である。そのような者は、深く、底を窺い知ることができない。ひどい言葉を隠し、敵にも微笑みかけ、気分を押さえ、情念を偽装し、心を明かすことなく、感情に抗して話し、振る舞う。このような洗練はすべて悪徳でしかなく、欺瞞と呼ばれる。それは、宮廷人にとって、栄達だけでなく、実直さや誠実さ、美徳のためにならないこともあるものである。[*26]

礼儀作法は、本当の性格を隠し偽るものにほかならず、そのような礼儀作法を身につけた宮廷人と向かい合ったとしても、観相学的知識に基づいて、外見の特徴からその内面の性質へと到達することなどできない。「現れ」はもはや、ただの「現れ」でしかないのだ。別言すれば、〈顔〉は、精神の性向が映し出される投射幕＝スクリーンではなく、それを隠す衝立＝スクリーンでしかないわけである。[*27] つまり、表情理解と人物特定のふたつの軸の峻別とは、現れと本質、外見と内面、表層と深層の峻別なのだ。このような峻別に基づいた外見に対する警戒や批判を明瞭に表しているのは、〈顔〉と仮面の対置である。

みずからのものではない性格を身に纏う人と、みずからの家に帰った時のその人自身との差異とは、仮面と顔の差異である。[*28]

このような人物特定と表情理解のふたつの軸の峻別、〈顔〉と仮面の対置は、モラリストによる〈顔〉の理解が、「現れの空間」という公領域で〈顔〉が占めていた地位——「prosopon」というギリシア語は、他者の視線に晒されるかぎりで〈顔〉と仮面をふたつながらに何の矛盾もなく意味していた——からどれほど隔たっているかをよく表している。「現れの空間」において、観相学は、目の前の未知の人物をそれと特定するために、その〈顔〉に、たとえ仮初めにであれ、仮面を与える試みだったのであり、弁論術は、見知らぬ聴衆を前にしていかなる仮面＝〈顔〉を纏うべきかを教示するものであった。それが、十七世紀に至って、観相学も、弁論術に連なる礼儀作法もともに批判され、〈顔〉に対置された仮面は、本物の〈顔〉に対する単なる見かけでしかないものと断ぜられることになったわけである。このようなモラリストによる批判は、その依って立つところは変更されるとはいえ、続く啓蒙の世紀を通じても繰り返されることになる。

啓蒙の世紀における批判

ディドロとダランベールの『百科全書』において、メトポスコピーを始めとした観相学一般は「完全に無用なものというわけではないが、まったく不確かなもの」と断ぜられている。この項の筆者、シュヴァリエ・ド・ジョクールは礼儀作法についても執筆しており、両者をともに批判している。「礼儀作法、礼儀正しさ、愛想のよさ（Civilité, politesse, affabilité）」の項目で、礼儀作法は、もはや礼儀正しさの一部でしかなく、目下の者が目上の者に対して行うものであり、宮廷や高貴な人にのみ認められる礼儀正しさに対して、庶民が行う劣ったものにすぎないとされる。また、「観相学」の項目では、この時代を代表する自然学者であるビュフォンに言及し、「この馬鹿げた学について考えられうる限りのことを言った」批判者として賞賛されている。

しかし、この自然学者の観相学に対する態度は、決して一義的なものではなく、ある曖昧さを孕んでいる。そして、それはこの時代の観相学の位置づけを考えるうえで重要なものである。

ビュフォンの大著『自然史』の「人間の自然史について」と題された第二巻の五つの章では、人間の五つの段階——幼年期、少年少女期、青年期、壮年期、老年期——がそれぞれ論じられている。そのなかで、観相学が扱われるのは、第四章「壮年期について」においてである。そこでは観相学は批判されると同時に擁護されており、両義的なものとなっている。ビュフォンはまず、外見的特徴と精神的性向が無関係であることを強調することから始める。

魂は決して、何らかの物質的形態と関係するような形態を備えたものではないのだから、それを身体的形象、あるいは顔つきから判断することなど不可能である。奇形の身体が美しき魂を隠し持っているこ とはありうるし、顔の特徴からその人物が良き性質を備えているとか、邪悪な性質を備えているとかを判断すべきではない。というのも、顔つきは、理性的な推測の根拠となりうるような、いかなる類似も備えてはいないからである。[*29]

このように宣言される魂と身体、性質と顔のあいだの関係性の否定は、ビュフォンが観相学を却けているとする根拠となるものである。[*30] しかし、続く箇所は、それとは別の可能性を示唆している。

古代の人々はこの種の偏見に強く引かれ、いつの時代にもいわゆる観相学的知識を占いの学としようとする者がいた。しかし、それらの知識は、眼や顔、身体の動きから、魂の動きを推測するのに適用されるのみで、四肢の大きさや太さが考えを知るのに役立たないのと同様に、鼻や口などのかたちが魂やその人の性質を知るのに役立たないのはまったく明らかである。鼻のかたちが良いからといって精神的だと言えるだろうか？ 眼が小さかったり、口が大きかったりといって、知能に欠けると言えるだろうか？ こういう次第で、観相学者が言うことは、まったく根拠のないことにすぎず、メトポスコピーによる観察から導き出された教え以上に奇怪なものはないと言わざるをえない。[*31]

このようなビュフォンの議論は、先に見たラブリュイエール、そして、カントやヘーゲルによる、観相学が学ではなく単なる推論にすぎないという批判と重なり合っている。しかし、ここで注目せねばならないのは、「かたち」と「動き」が区別され、そのうえで、「かたち」に関して、外見と内面の対応関係を想定するのは馬鹿げていると断じられていることである。逆に言えば、「動き」に関しては、このような対応関係を認め、魂の「動き」は〈顔〉や身体の動きとして表れるのであり、そのかぎりで、魂と精神の相互作用というギリシア以来の観相学の原理は認められているわけである。この「動き」に関する対応関係ついては、たとえば、次のように言われている。

魂が落ち着いているとき、顔のあらゆる部分も休らっている。それらの部分の関係や結びつき、その全体は思考の調和を示すものであり、内面の穏やかさに応じたものである。逆に、魂がかき乱されるとき、顔は、情念が繊細かつ生き生きと表現される生きた絵画となる。そこでは、魂の動きのひとつひとつがひとつの部分によって、活動のひとつひとつがひとつの刻印によって表される。その生き生きとした快活な表れは意思に先立つものであり、情念を表す記号によって、密かな動揺を表出し、明らかにするのである。[*32]

この議論からわかるのは、〈顔〉を読むひとつのアプローチ、すなわち、先に見た「情念学」にビュフォンが一定の価値を認めているということである。〈顔〉は、魂の動きを逐一、映し出す絵画なのだ。かれは、人物の恒常的な性質は容姿からは知り得ないと断ずる一方で、魂の情念を表情から読み取る情念学には一定の価値があるとしているわけである。

外に現れた動きから内面で起きていることについて判断し、表情の変化を探ることで、そのときの魂の状態を知ることは可能である。[*33]

表情からは、その人物の人となりに接近できないとしても、それでも、その人がいま、そこで感じていることを覗い知ることはできる。つまり、ビュフォンは、外見から、魂の動き、その一時的で移ろいやすい状態を把握しようとする情念学を受け入れる一方で、メトポスコピーのような占星術的な観相学や、外見から人となりが分かるとする観相学は否定しているわけである。先に指摘した、ビュフォンの観相学に対する態度における両義性とは、かれが情念学と観相学を区別し、後者を否定する一方で、前者を認めていることによるものなのだ。情念学のみが、現れから隠れた内面を知る術として認められているのであり、これに対して否定されている観相学、つまり、恒常的な性質を明らかにすることは、観相学ではなく、解剖学的な知見によって担われねばならないというわけである。

このようなビュフォンにおける観相学と情念学の峻別は、十九世紀になって隆盛を見るラファーターの観相学に道を開くことになるものである。モラリストや博物学者による批判を経験した観相学は、解剖学や形態学という新たな根拠づけを手に入れることで再浮上し、新たな社会的な文脈において大きな注目を集めることになる。

注

＊1——アラブ社会における観相学の伝統については、次を参照。Youssef Mourad, *La physiognomonie arabe et le kitab al-firasa de Fakhr Al-Din Al-Razi*, Geutner, 1939.

＊2——ユルギス・バルトルシャイティス『アベラシオン——形態の伝説をめぐる四つのエッセー』種村季弘、巖谷國士訳、国書刊行会、一九九一年、八一頁［Jurgis Baltrušaitis, *Aberrations: Essai sur la légende des formes*, Olivier Perrin, 1957, rééd., Flammarion, 1995, p. 22]。

*3——ジャンバッティスタ・デッラ・ポルタ『自然魔術——人体編』澤井繁男訳、青土社、一九九六年、六九頁[Giambattista Della Porta, *De humana Physiognomica*, I. 30]。

*4——ジェロラモ・カルダーノ『カルダーノ自伝——ルネサンス万能人の生涯』清瀬卓、澤井繁男訳ほか訳、平凡社ライブラリー、一九九五年[Gerolamo Cardano, *De propria vita*, 1663]。

*5——同上、一六九頁。

*6——ミシェル・フーコー『言葉と物——人文科学の考古学』渡辺一民、佐々木明訳、新潮社、一九七四年、五四頁[Michel Foucault, *Les mots et les choses : une archéologie des sciences humaines*, Gallimard, 1966, p. 43]。

*7——このような天文学的な類似関係によって、メトポスコピーは手相占いと同列に扱われることになる。

*8——Cf. Patrick Dandrey, « La physiognomonie comparée à l'Âge classique », *Revue de Synthèse*, IIIe série, janvier-mars 1983, n°109, p. 8.

*9——J・バルトルシャイティス、前掲書、二七頁[J. Baltrušaitis, *op. cit.*, p. 30]。

*10——フーコーはこの三項関係から二項関係への移行について次のようにまとめている。「これまでは、記号が、それが意味しているものを指し示していることを認識できるのはいかにしてなのかと問うてきた。しかし、十七世紀からは、記号が、それが意味するものと結びついているのはいかにしてのかと問うようになる」。M・フーコー、前掲書、六八頁[M. Foucault, *op. cit.*, p. 58]。

*11——Marin Cureau de la Chambre, *L'art de connaître les hommes*, Claude Barbin, Paris, 1666. pp. 1-2.

*12——*Ibid.*

*13——*Ibid.*, p. 276.

*14——*Ibid.*

*15——*Ibid.*, p. 279.

*16——*Ibid.*, p. 315.

*17——Charles Le Brun, « Conférence sur l'expression générale et particulière », 1678, repris dans *Nouvelle revue de psychanalyse*, no. 21, 1980.

*18――メリッサ・パーシヴァルによれば、ルブランが「一般的表情」の概念を取り入れたのは、ニコラ・プッサンからである（Melissa Percival, *The Appearance of Character : Physiognomy and facial expression in eighteenth-century France*, Leeds, 1999, p. 48）。「一般的表情」と「特殊的表情」の区別そのものは、古代ギリシアの音楽理論に由来するものである。

*19――Ch. Le Brun, *op. cit.*, p. 95.

*20――Hubert Damisch, « L'alphabet des masques », *Nouvelle revue de psychanalyse*, no.21, 1980, p.124. ルイ・マランもこのシステムをポール・ロワイヤル文法に関連づけている（Louis Marin, « Grammaire royale du visage », *À visage découvert*, Flammarion, 1992）。

*21――ジェニファー・モンターギュは、失われてしまったルブランの動物の観相学について、同時代のテクストを手がかりにして再構築を試みている（Jennifer Montagu, *The expression of the passions : the origin and influence of Charles Le Brun's Conférence sur l'expression générale et particulière*, Yale University Press, 1994）。

*22――ルブランは、講演の最後で、個々人の表情の多様性に取り組み意志があることを告げている。「みなさんの前でまたお話する機会があるなら、情念を受ける人々の多様さに応じた観相学についてお話しするようにしたいと思います」。Ch. Le Brun, *op. cit.*, p.109.

*23――Antoine Furetière, « Physiognomonie », *Dictionnaire universel contenant généralement tous les mots françois, tant vieux que modernes, et les termes de toutes les sciences et des arts*, 1690.

*24――Jean de La Bruyère, *Les caractères ou les moeurs de ce siècle*, 1668, rééd., Flammarion, 1975, p. 281.

*25――*Ibid.*, p. 283.

*26――*Ibid.*, p. 157.

*27――このような変化は、外観が重視される社会に対するルソーの批判を先取りするものである。「もし、外見がつねに精神の傾向の写しであるなら、わたしたちのあいだで生きることは甘美なことだろう」（ジャン＝ジャック・ルソー『学問芸術論』前川貞治郎訳、岩波文庫、一六頁［Jean Jacques Rousseau, Discours sur les sciences et les arts, Œuvres complètes, t. III, Pléiade, p. 7］）というルソーの希望は、観相学が目指すところにほかならない。ジャン・スタロバンスキー『ルソー――透明と障害』みすず書房、一九九三年［Jean Starobinski, *Jean-Jaques Rousseau : la transparence et l'obstacle*, 1971］。

＊28——J. de La Bruyère, *op. cit.*, p. 266.

＊29——Buffon, *De l'homme*, Vialetay, p. 96.

＊30——Jean-Jacques Courtine, et Claudine Haroche, *Histoire du visage : exprimer et taire ses émotions (XVIe-débutXIX^{e} siècle)*, Payot, pp. 114-115.

＊31——Buffon, *op. cit.*, pp. 96-97.

＊32——*Ibid.*, p. 83.

＊33——*Ibid.*

第3部　〈顔〉と複製技術——マクルーハン・パラダイムを超えて

第7章　マクルーハン・パラダイム

先に見たように、ルネサンスを迎えた観相学は、図版とともに出版され広く普及したのであった。観相学の再生には、図版とともに複製されるようになったことが決定的だったのだ。

しかしながら、この時代に、図像の複製が行われるようになったことは、活版印刷という文字の複製に比して、見過ごされがちである。グーテンベルクが活版印刷によって出版した『四十二行聖書』の欄外にも、写本にならって、手描きの装飾や飾り文字が添えられたり、文字組みがなされているだけでなく、木版画によって挿絵が再現されてもいる。印刷革命は、文字だけでなく、図像にも及ぶものだったのだ。

科学史家のジョージ・サートンは、歴史家であれ、文献学者であれ、本文には厳密な注意を向けるにも関わらず、図像の複製を可能にする版画の画期性を取り逃していることを批判している（「実際、かれらは極度の衒学趣味にまで達した言葉に対する正確さを持ちながら、イメージに対しては信じられないほどいいかげんで、無関心である。」）。ルネサンス、なかでもこの時代の科学の発展にとって、図像の複製は、文字テクストの複製に劣らず重要だったのである。

ルネサンスは印刷術という唯一つの発明によってではなく、ほぼ同時に完成し、その最初の発展が同じ時代に生じたふたつの相関連した発明によって導入されたのであった。このふたつの同時代の相補的な発明とは印刷術と版画である。前者はあらゆる歴史書で十分に論じつくされているが、後者は通常、美術史家に任されている。しかしながら、版画は多くの読者にとって印刷術と同じくらい重要なだけでなく、科学者にとって、この上なく重要なものであった。[*1]

サートンと同様に、メトロポリタン美術館の版画部門の責任者であったウィリアム・アイヴィンスも、活版印刷の重要性が広く認められているのに比して、版画の発明があまりに看過されていることを嘆き、この時代の複製技術の画期性は、図像の複製にこそあると主張する。というのも、活版印刷によって書物を複製することは、手写によって行ってきたことを大規模かつ安価に実現する量的な進歩にすぎないのに対し、図版の印刷は、「まったく新しいことの実現」だからである。

図像の印刷とは、活字とちがって、まったく新しいことの実現、すなわち印刷面がまだ消耗しないうちなら、原画どおりに複製できる図版を初めて可能にしたということであった。この図像の正確な複製は、知識や科学、工学技術その他のあらゆるものに計り知れない影響を及ぼした。文字の発明以来、原画どおりに複製可能な図版ほど重要な発明はなかったと言っても過言ではないであろう。[*2]

このようにサートン、アイヴィンスともに図像の複製の意義を強調し、それが近代の科学の発展に欠かせないものであったことを指摘するわけである。このような学問への影響に関して、リュシアン・フェーヴルとアンリ＝ジャン・マルタンは、図版が添えられることで特に影響を受けたのは、「記述的」な科学であったと言う。

じっさい、印刷術が最も大きな貢献をなしたのは、博物学や解剖学など記述的と呼ぶことができるような科学の分野においてであったろう。そして、それは図版の働きに負うていたのである。[*3]

これらの科学においては、「テクストの複製を大量生産することが、画像の複製を大量生産する機械的方法と、いわば必然的に結びついている」[*4]のであった。たとえば、ヴェサリウスの『人体の組成について』には、ティツィアーノの弟子ヤン・ファン・カルカールの手になる美しい図版が添えられている（図14）。この書物は、次々と再版されたのみならず、多くの模造版も出回り、それらによって解剖学は広まっていったのだった。また、最古の植物図鑑であるオットー・ブルンフェルスの『植物写生図譜』や、ギヨーム・ロンドレの『魚類誌』、ピエール・ブロンの『魚類誌』と『鳥類誌』も相次いで出版された。これらの出版物には、実物との照合を助けるべく、学者の指示のもとに彫版師が彫った数千にものぼる数の図版が添えられていた。[*5]そして、啓蒙の世紀における『百科全書』のプロジェクトも、「銅板技術のおかげで、正確かつ綿密な図版を本文に添えることが可能になったからこそ」[*6]推し進められたのであった。

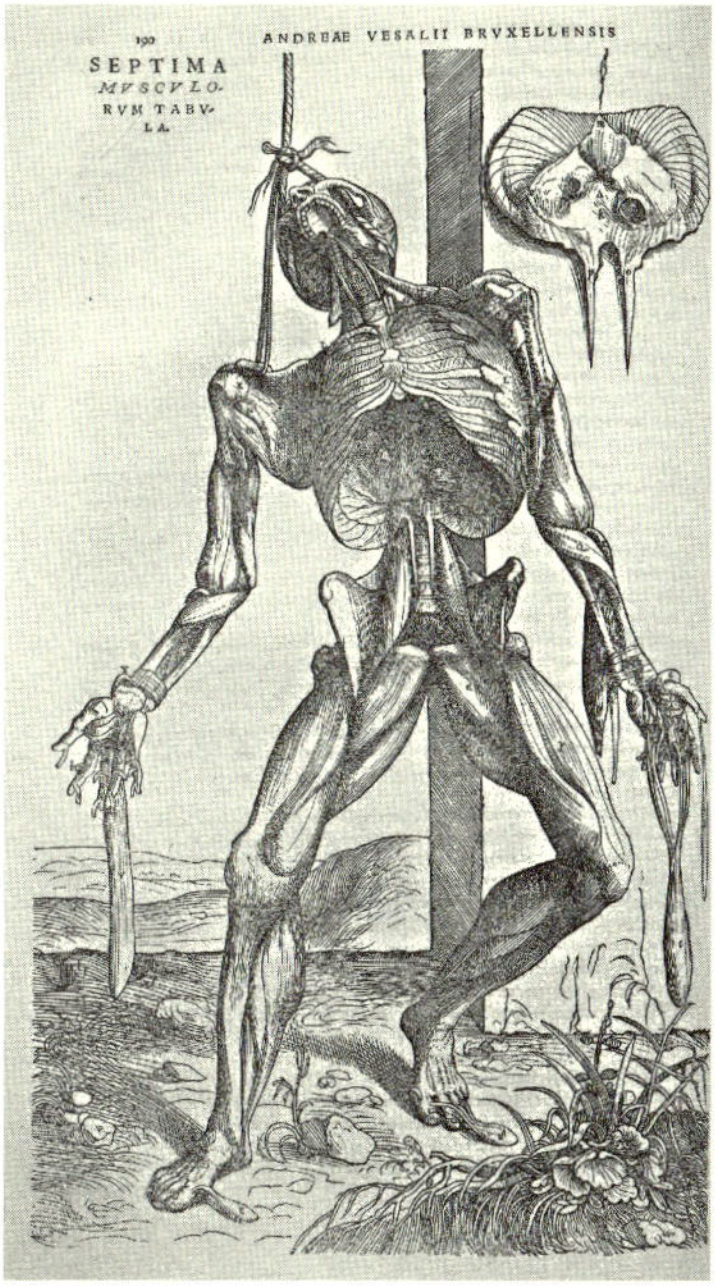

図14：ヴェサリウス『人体の組成について』より。

Andreas Vesalius, *De humani corporis fabrica,* 1543, p.190.

このように、活版印刷というテクストの複製技術と、版画という画像の複製技術は不可分に結びついていたのである。
こうして複製されるようになったイメージは、科学のみならず、聖書の教えを幅広い層にまで浸透させるのにも大きく貢献したのであった。

ほとんど読み書きできぬ一般大衆を教化し、テクストを絵によって説明し、キリスト・預言者・聖人などの生涯の様々なエピソードを具体的に感得させ、罪人の魂を奪い合う悪魔と天使の争いや、当時の人々になじみの神話や伝説上の人物にリアリティを持たせること——これが木版本の目的であり、初期絵入り活字本の目的であった。[*7]

ルネサンス以降の近代文化において、文字が機械的に複製されるようになったことと並んで、イメージの複製は不可欠の役割を果たしたわけである。しかし、このような重要性にも関わらず、イメージの力は見過ごされてきた。アイヴィンスによれば、版画による挿絵の作成が始まったのは、十五世紀初頭であったが、その重要性が社会的、経済的、科学的に認識されたのは、版画が一般的に用いられるようになったはるか後のことでしかなかった。この遅れを例証するものとしてアイヴィンスが挙げるのは、版画の作成に関する技術的解説書が出版されるようになったのが、ようやく十七世紀になってからであったという事実である。

銅板の用具や技術の的確な解説が行われたのは、アブラハム・ボッスが一六五四年に出版した小著であった。そして、活字製造や印刷術に用いた工具や工程などの技術的側面を述べたのは、ジョセフ・モクソンが一六三八年に出版した書物であった。これらのなかで最古で、木版に関する技術書の最初の著述をしたのはJ・M・パピーロンの論文であり、そのタイトル・ページには一七六六年の日付がある。[*8]

これらの書物の登場によって、版画の重要性が広く認識されるようになっていたことが確かめられるわけだが、それだけでなく、そこには、この技術に必ずしもなじんでいない人びとも理解し習得できるように、版画に必要な工具や工程の図解が数多く掲載されており、イメージの力を自己言及的に証明するものでもあった。

このようなイメージの力は、複製技術に注目するメディアの理論においても、その力の大きさにも関わらず、あるいは、その大きさのゆえに忘却されてきた。この忘却に決定的だったのは、その名からも明らかなように『グーテンベルクの銀河系』である。

グーテンベルクの銀河系の余白?

この忘却をよく表しているのは、メディア論の嚆矢と言うべき、この著作におけるアイヴィンスの扱いである。マクルーハンはまず、アイヴィンスの功績を次のように顕彰している。

アイヴィンスの関心が本を考察するときにかならず中心的話題となる本の表現された内容からややはなれた場所におかれていたために、かえって内容にとっぷりと浸りがちな一般文人たちよりも有利な展望を手に入れることができた。[*9]

表音文字の文化に浸った人間が内容を形式から切り離し、形式に注目せず内容にしか関心を持ってこなかったことは批判されるべきであり、この過ちを犯さなかった点において、アイヴィンスの功績が称えられているわけである。ここでマクルーハンが「形式」という言葉で意味しているのは、印刷された文字の「線形性」や「画一性」という特徴のことである。

寸分たがわぬ複写反復の技術は、ギリシャ人たちがすでにはじめていた現実の視覚による分析をローマ人たちがさらに強化することで手に入れたものであった。それは連続的で画一的な線の上に事象が存在するという線形思考の強調であり、話しことば社会の特色であった多元的な要素の組織化がもつ価値を無視することでもあった。[*10]

これらの「線形性」や「画一性」は、「活版印刷に内在する反復可能性という明白この上ない性格」と不可分なものである。この点に関して、マクルーハンはアイヴィンスから次の一節を引用している。

各々の書き文字、あるいは活字による単語は、特定の系列秩序を示し、その通りに十分に筋肉を動かせば連続音が出せる一連の規約的指示である。[…] 印刷された単語は、事実どれも無数の方法で発音される。個人的な特徴を問題にしなくても、ロンドンの下町訛、ニューヨークのマンハッタンやニューイングランド地方、南部ジョージアなどの各々の訛が、典型的な見本の役を果たしてくれる。誰かが話しているのを聞くさいの各々の音には、互いに事実上の差があっても、私が聴きとる音は記号的に同一と受け取られるような、音の大雑把な類型的構成になっている。[*11]

アイヴィンスが指摘する、文字言語のこのような「系列秩序」や「類型的構成」という性質を、マクルーハンは「線形性」「画一性」として取り入れ、口承文化に対する文字文化の特徴を描き出すわけである。しかし、アイヴィンスのテクストにおいて、この一節は、視覚記号の特質を明らかにすべく、書かれたものであれ、話されたものであれ、言語記号と対比しているのであって、口承文化に対する文字文化の特質を問題にしているのではない。また、先に見たように、マクルーハンは、アイヴィンスが「本の表現された内容からややはなれた場所」に関心を持っていたがゆえに、内容ではなく形式に注目できたのだと指摘していたが、この「場所」とは、アイヴィンスにおいては、その著作のタイトルが明瞭に表しているように、「版画」というイメージの複製技術のことである。つまり、アイヴィンスが主張しているのはあくまで、印刷術が活版印刷に還元されるものではなく、イメージの複製も可能にしたのであり、それこそが画期的だということなのだ。そして、版画のこのような画期性は、活版印刷に比して看過されがちだが、それが文字の発明以来の重要な発明にほかならないということである。それゆえ、アイヴィンスがまず指摘するのも、イメージの複製に比して、文字の複製の役割が過大視されていることである。

十五世紀中頃の、活字によって文字を印刷する方法の発明を重視しないヨーロッパの文明はないのに、これらの歴史では、それより少し前の図像や図表の印刷方法はとりあげないのが常である。[*12]

活版印刷がもたらした革新は、あくまで量的なものであり、従来、必要とされたコストを削減するものでしかない。

書物とは、それに文字が書かれている以上、狂いのない順序で原文を反復配列した言語記号の器だと言える。人類はそのような器を少なくとも五千年以上は用いてきたので、書物の印刷とはまさに、大変古くて親しみのある事柄を、より安あがりに製造することにすぎない、と論じられる。こうも言えるであろう、活版印刷は校正の数をぐっと少なくする一方法にすぎない、と。一五〇一年以前には、小プリニウスが二世紀に指摘したように、千部の手写本より多い部数が刷られた書物はほとんどない。[*13]

これに対して、版画が実現するのは、先にも見た通り、量的ではない、「まったく新しいこと」なのである。アイヴィンスにとって、版画は、「現代生活や現代思想の最も重要かつ強力な手段」であり、文字を機械的に複製する活版印刷ではなく、文字そのものの誕生にこそ比肩するものなのだ。このような重要性にも関わらず、イメージの複製技術が看過されてきたのは、美学的な観点からのみ評価され、諸科学の発展に対する寄与が考慮されてこなかったからである。

このことを私たちが認識できなかった原因は、このところ数百年の「印刷（print）」という語の意味の変革や、それがもたらした重要な結果にかなりある。私たちの曽祖父やルネサンス時代の祖先の人々にまで遡ると、原画どおりに複製できる画というと、版画しかなく、ましてや、それ以前はなにもなかった。現在の陰刻版画や、ハーフ・トーン（網版）印刷や製版写真、青写真、多色刷り、さらには政治漫画や絵入り広告なども、つい一世紀前までは旧式の技術を用いる版画の役割であった。版画を、その手法や美学的評価の制約よりは、それが果たす機能的見地から明らかにすれば、版画抜きでは、近代科学や工学、考古学、民俗学などの大方の成果は得られなかったことが明白になる。このいずれの学問も大なり小なり、原画どおりの複製ができる図版、いわば視覚表現によって伝えられる情報に依存しているからである。[*14]

このように、アイヴィンスは、複製技術が活版印刷にとどまるのではなく、視覚もまた文字を追う目だけに還元されるものではないことを指摘しているのである。それにも関わらず、イメージの複製技術の画期性を強調する議論が、マクルーハンにおいては、まったく奇妙にも、文字の複製技術、そして、それがもたらした文化の特徴を明らかにするために引用されているのだ。マクルーハンは、アイヴィンスが警戒している当の態度、つまり、書かれたものにのみ注目する態度を根拠づけるために、アイヴィンスを引用しているわけである。マクルーハンは、印刷術が口語性のもつ「多元的な要素」を無視したと言うが、かれ自身は印刷技術の「多元的要素」、すなわちイメージの複製技術でもあることを取り逃がしているのである。マクルーハンにとって、視覚は文字を追う目のことでしかないのだ。

このようなイメージの忘却は、遠近法に関する指摘にも見て取ることができる。『メディア論』の「印刷されたことば」で、遠近法は、活版印刷と不可分なものだとされている。

> 心理的に見れば、印刷本は視覚機能の拡張したものであるから、遠近法と固定した視点を強化することになった。視点と消失点とを強調すると、そこに遠近法の幻覚が出来上がる。これに結びついて、空間が視覚的、画一的、連続的なものであるという、もう一つの幻覚が生ずる。活字が線状をなして正確に画一的に配列された姿は、ルネサンス期に経験された偉大な文化の形態および革新と切り離せないものである。印刷の最初の一世紀に、視覚と個人の視点とがはじめて強調されたのは、活字印刷という形をとった人間の拡張によって自己表現の手段が可能となったからであった。[*15]

印刷術によって、「非密着性（detachment）」と「非関与性（noninvolvement）」という世界との関わり方、別言すれば、「反応することなしに行動する力」が実現されることになるというわけだ（このような態度は、後に、口承性を再興するテレビによって反転する）が、ここで重要なのは、マクルーハンにとって、遠近法というイメージの技術が、印刷された文字と変わらのないものとして論じられていることであり、その視覚を形づくったのが活版印刷だとされていることである。マクルーハンの目は、あくまで文字を追うだけで、イメージを捉えてはいないのだ。

このように、イメージを忘却し、書かれたものであれ、話されたものであれ、言語中心的な観点から、複製技術あるいはメディアを論じる態度を、マクルーハン・パラダイムと名づけることにしよう。ここでパラダイムと呼ぶのは、この態度が、マクルーハンに続いて、その議論を修正あるいは批判する論者をも拘束するものだからである。

マクルーハン以後

マクルーハンの議論を発展的に継承するウォルター・J・オングは、ホメロス詩が口承文化と文字文化の端境に位置することを明らかにしたミルマン・パリーの研究を参照しながら、これらふたつの文化、そして、それらの相互作用について考察している。そのなかで、ふたつの文化を過度に対照させるマクルーハンの態度を修正し、「口承的」「筆記的」「活字的」「電子的」という四段階を区別することを提案する。そのうえで、「電子的」メディアが単に口承文化を復活させるわけではなく、印刷術によって強化された言葉との分析的な関わりを強化することを指摘する。つまり、声の流れは、書きとめられることで、文字、さらに音素という単位にまで還元されるようになるわけである。それが、活版印刷では、そのような単位が言葉として現実化するのに先立って、モノとして存在いるかのように考えられることになり、さらに、電子的文化はこのような印刷物の流通を増加させる。

その一方で、電子メディアは、「二次的な声の文化」という新しい意識を生み出しもする。この新しい声の文化は、マクルーハンが言ったように、共有的な感覚をはぐくみ、現在の瞬間に重きを置くものである。さらに、決まり文句を用いさえするという点で、かつての声の文化と驚くほど類似してもいる。書かれたものを読むことが、個々人をそれぞれの内面に向かわせるのとは対照的に、ひとつの話に耳を傾ける聴取者たちは、ひとつの集団をなし、強い集団意識を有している。

一次的な声の文化と同様、二次的な声の文化は、強い集団意識を生み出した。というのも、話に耳を傾けるということは、そうして聴いている聴取者を一つの集団、一つの現実の聴衆につくりあげるからである。このことは、書かれたテクストや印刷されたテクストを読むことが、個々人をそれぞれの内面に向かわせるのとまさに対照的である。[*16]

一次的であれ二次的であれ、口承性は、集団意識を醸成する。しかし、両者の規模は比較不可能なほど異なっており、集団への参加を促す背景もまったく違っている。

しかし、マクルーハンの「地球村」ということばが示すように、二次的な声の文化において意識される集団とは比べものにならないほど大きい。そのうえ、書くことが現れる以前に声の文化のなかで生きていた人びとが集団精神をもっていたのは、ほかに代わるべきものがなかったからだが、われわれが生きている二次的な声の文化の時代において、われわれは意識的に集団精神をもち、そうすることを目標にしているのである。一次的な声の文化に属する人びとが外に向かっているのは、内面に向かう機会がほとんどなかったからだが、われわれが外に向かっているのは、逆に、これまでわれわれが内面に向かってきたからである。[*17]

このような「集団意識」に関する差異と同様に、ふたつの口承文化では、自然な話し方をするとしても、そうする理由は同じではない。二次的な声の文化では、意図的・意識的に選択されるのである。一次的な声の文化において人びとが自然なそぶりで語りつづけるのは、書くことによって可能となる分析的な思慮がまた人びとのものではないからだが、二次的な声の文化において人びとが自然なそぶりで語りつづけるのは、分析的な思慮により、自然なそぶりはよいものだということをわれわれが心に決めたからである。ハプニングが完全に自然発生的に起こることをまちがいなくするために、われわれは入念にそのハプニングの計画を練るのである。[*18]

つまり、二次的な声の文化は、みずからを意識し、意図的なものであり、書かれたもの、印刷されたものの使用を前提にしている点で、かつての口承文化とは決定的に異なっている。

この意味で、二次的な声の文化と一次的な声の文化は、「きわめて似ているとともに、きわめて似ていない」ということになる。ともに声の文化として、強い集団意識を醸成するものでありながら、その規模は異なっている。そして、それと同時に、文字の文化を経ているため、言葉との関係は、自覚的なものとなる。

このようにマクルーハンを修正し、精緻化するオングではあるが、かれが描き出すメディアの変遷も、口承的であれ文字的であれ、あくまで言語を中心にしている。そのかぎりで、オングの議論は、マクルーハン・パラダイムを超えるものではない。

オングと同様に、エリザベス・アイゼンステインも、マクルーハンを参照しながら、印刷術がもたらした文化的、社会的影響を論じている。彼女は、印刷術のインパクトを論じるきっかけを与えたのがマクルーハンだと認め、マクルーハンが印刷術の社会的、心理的影響力を明らかにした点を評価する。しかしながら、印刷術をめぐって繰り広げられた重層的な相互作用を捉えられていないと批判し、「比喩的、抽象的にではなく、史実に基づきより具体的に考察してみる必要」があると主張する。[*19] そこで、印刷術の記録文章に対する影響と、当時すでに文字を読めたエリートの考え方に対する影響を論じ、そこから明らかになるのは、口承文化から文字文化ではなく、「一つの文字文化から別の文字文化への推移」なのだと言明する。[*20]

たとえば、黙読に関して、それが印刷術の誕生から直接、生み出されたわけではなく、すでに中世のあいだに広く行われるようになっていたことが挙げられる。逆に、田舎に住む村民などは十九世紀に至るまでもっぱら聞き手だったのであり、かつての語り部にかわって、読み書きができた一部の村民が、行商人が売り歩いていた印刷物を大声で読み聞かせていたのであった。ここからすると、黙読の習慣の普及が口語への依存度を減じたとするような早急な態度は、警戒せねばならないものとなる。また、印刷した説教や演説によって、説教壇の司祭や演壇の演説家が一挙に追い払われてしまったわけではなく、むしろ、聖職者や演説家は、印刷物を通してかえってその存在感を強化しさえしたのであった。印刷術は口語的実践を一掃してしまうのではなく、むしろ、活性化させもしたのだ。こうして、アイゼンステインは、オングと同様に、口承文化から文字の文化、印刷術の文化への移行について、マクルーハンのように劇的な断絶を見て取ることに対して、警戒するよう促す。

その上でアイゼンステインが主張するのは、印刷術が、書物の単なる量的な拡大ではなく、知的活動の質的変化をもたらしたということである。このような質的な変化として挙げられるのは、知識の標準化であり、アルファベット順に整理された蔵書目録や索引カード、資料収集の効率化、秘蔵ではなく公開することによる保存力の増強である。これらの変化が、聖書の文献学的研究による宗教革命、コペルニクスに代表される科学革命、そして、印刷された文字をやり取りする文人たちが住む「文芸共和国」の興隆を用意したわけである。

このように、オングにおいても、アイゼンステインにおいても、マクルーハンが定式化した声の文化／文字の文化、音読／黙読という二項対立は、修正を迫られてきた。しかし、それはあくまでこれらの二項対立の枠内で、二項のあいだの移行をより歴史的・実証的に検討しようとするものであり、逆に言えば、二項対立自身、すなわちマクルーハン・パラダイム自体は自明視され、疑われていない。

ここで忘却されているのは、先にマクルーハンとサートンやアイヴィンスの議論を突き合わせながら検討することで明らかにしたように、イメージの次元である。

この忘却からメディアの理論を救い出すのが、メディオロジーである。このフランスで誕生したメディア学は、マクルーハンと一括りにして批判されることもあるが、その画期性は、この点にこそある。

メディオロジー

先に見たように、メディオロジーの理論的な基礎をよく表しているのは、ダニエル・ブーニューによる「記号のピラミッド」である。「記号のピラミッド」は、パースが提出した記号分類をコミュニケーション論的・メディア論的に捉え返し、意味の媒体としての記号の働きを、ソシュール流の記号学が関わる象徴の次元を超えて、イメージ一般に関わる類像の次元、さらに、「接触」という直接的関係によって規定される指標の次元にまで拡張するものであった。

メディオロジーのもうひとりの創設者であるレジス・ドブレは、『一般メディオロジー講義』において、三つの「メディア圏」を区別している。それは、文字誕生以降の「言語圏」、印刷術誕生以降の「文字圏」、そして、オーディオビジュアルが中心の「映像圏」であり、マクルーハン・パラダイムと重なるものである。しかし、続く大著、『イメージの生と死』では、話されたものであれ、書かれたものであれ、言語中心主義に対して、イメージこそが第一義的であることが主張される。

人類がたどった歴史からは次のことが示唆される。「はじめにイメージがあった」。ところが書かれた歴史にはこう記されている。「はじめに言葉があった」。論理を重んじるロゴス中心主義だ。いわば言語が言語を賞賛するのである。ナルシシズム的なトートロジー、同業組合的な宣伝文句である。[*21]

こうして、イメージ、そして、まなざしが主題に据えられ(「文章が読書によって意味をなすように、イメージはまなざしによって意味をなす」)[*22]、「魔術的」、「美学的」、「経済的」という三つのまなざしが、三つのメディア圏に対応するとされる。これらのまなざしが捉えるのはそれぞれ、洞窟壁画から、イコンなどのキリスト教美術に至る「偶像」、キリスト教の軛を徐々に逃れていくルネサンス期以降の「芸術」、そして、二十世紀以降全面展開する「ヴィジュアル」である。このイメージを捉えるまなざしは、言語の場合のように線形的・時間的にたどっていくのではなく、空間的に把握するものであり、部分が同時に現前していること、すなわち、「すべて同時(totum simul)」によって特徴づけられる。

このようなイメージを中心的な対象とするメディオロジーの地平から、マクルーハンを捉え返すと、どうなるか？　この点で、興味深いのは、そのメディア論にとって中心的な対象のひとつであるテレビをめぐる議論である。

まず、確認しておかねばならないのは、マクルーハンがこのメディアに関してもやはり、イメージの次元を遠ざけていることである。テレビはあくまで触覚的なメディアであって、けっして視覚的なものではないと断じられるのだ。たとえば、テレビというメディアでは、大統領にしろ、教師にしろ、画面に映し出されるだけで、カリスマ性と神秘性を身にまとうようになると指摘した後、次のように言う。

たしかに、この事実ほど、テレビの性格の秘密を暴露しているものはないといえよう。テレビは視覚的メディアというより、むしろ触覚的＝聴覚的メディアであって、われわれのすべての感覚を深層の相互作用に関与させる。さまざまなタイプの印刷活字や写真による純視覚的経験に長いあいだ親しんできた人びとにとっては、テレビ経験の共感覚ないしは触覚的深さが、かれらの常態である受身的、非関与的態度を滅茶滅茶にするように感じられるであろう。[*23]

マクルーハンにとって、テレビというメディアは、文字とは異なり、視覚に加えて、聴覚にも訴えかけるものであり、それらの諸感覚を統合することを要請する。また、映像も断片的で不完全なものであるため、観る者は、それを埋め合わせるべく参加することが強いられる。この統合と参加によって、このメディアで映し出される人物は、まさに映し出されるだけで、ある種の神秘性、カリスマ性を帯びるわけである。マクルーハンが触覚的としているのは、テレビと観客のあいだに打ち立てられる、このような特異な関係性のことである。

各瞬間ごとに、まるで発作のように感覚を参加させて網の目の空間を「閉ざす」ことを要求する。そしてこの参加は、深層に働きかける運動的触覚的なものである。というのは、触覚性は単に皮膚と事物が接触するというのではなくて、むしろ諸感覚が相互作用を起すものだからである。[*24]

ここまで〈顔〉という特異な対象を検討してきたわれわれにとって、このような触覚性は、〈顔〉がもたらす効果を証すものにほかならない。たとえば、授乳時の赤ん坊や夢のスクリーンをめぐる議論は、原初の知覚が、〈顔〉を中心として組織され、触覚的な融合性によって特徴づけられることを教えていた。

実のところ、マクルーハン自身も、テレビというメディアがまず、〈顔〉のメディアあることを指摘している。テレビ画面に向かい合った視聴者の視線が追うのは、「アクション」を行う身体よりむしろ、「リアクション」が表れる〈顔〉なのである。

映像を見ている最中の子供の目の動きを追う実験用の新しいヘッド・カメラをつけさせてみると、彼らはテレビ俳優の顔に目をくぎづけにしている。暴力的なシーンのあいだも、彼らの目は爆発的な「アクション」よりも、むしろ顔の「リアクション」のほうにずっと集中している。拳銃、ナイフ、げんこつなどはすべて無視されて、顔の表情の方が重視される。テレビはアクションのメディアというより、むしろリアクションのメディアなのである。[*25]

アクションではなく、リアクションのメディアだということは、〈顔〉のメディアだということである。触覚的であるにしろ、参加的であるにしろ、あるいは、クールであるにしろ、マクルーハンの挙げるテレビというメディアの特徴はどれも、〈顔〉に関わっているのだ。

テレビでは、映し出されるだけで身にまとうことができるとされていた神秘性やカリスマ性も、このメディアが〈顔〉のメディアだからこそそのものである。

技術的に言えば、テレビはクローズ・アップに向いているメディアである。クローズ・アップは映画の場合はショックを与えるためだが、テレビではごく普通に使われる。そして、テレビ画面と同じ大きさの光沢紙の写真だったら、一〇人以上の人間の顔でもかなりの細部まで写るはずだが、テレビ画面では、一〇人以上の人間の顔は、ただぼやけて見えるにすぎない。[*26]

テレビの画面を前にした視聴者は、個々の人物、なによりまずその〈顔〉に視線を捉えられる。〈顔〉が、凡庸化したクローズ・アップで映し出されることで、その他大勢のなかのひとりでありながらなお、他ならぬその人となる。それが、神秘性やカリスマ性となるのだ。

しかし、同時に、これらの性質は、メディア化されているとはいえ、あるいは、それゆえにこそ、ある種の親密さによって特徴づけられもする。

テレビの演技は、映像を補完し「閉ざす」のに視聴者の特殊な参加が必要であるから、視聴者の一人一人を対象にしているような極度の親密さをもっている必要がある。したがって、俳優はきわめて高度な自然のさりげなさを身につけてなくてはならないが、そうした演技は、映画ではまるで見当ちがいな印象を与えるであろうし、舞台の上では何の意味ももたないであろう。観客は、映画スターの場合はその外面生活に没頭するように、テレビ俳優の場合はその内面生活に全身全霊をもって没入する。[*27]

このような親密さ、近さもまた、触覚的なものであり、マクルーハンが言うように、視聴者の参加を促すものだとしても、それはまずもって、クローズ・アップが凡庸化した〈顔〉のメディアであるがゆえのことである（これは、すでに映画において、演劇的な誇張の余地がなくなり、自然さや「日常性」が求められたことの延長にある）。

テレビを触覚的メディアだとするマクルーハンの議論は、実のところ、テレビ・コミュニケーションで中心的な役割を演じる〈顔〉の持つ指標性を証しているのだ。

しかしなぜ、マクルーハンは、イメージの次元、なかでも〈顔〉という触覚的で融合的なイメージについて、盲目ではなかったにしても、問うことがなかったのか？

それは、かれが、なぜメディアと接するのか、つまり、コミュニケーションの次元を問うことがなかったからである。別言すれば、メディアとの「接触」を自明視していた、あるいは、すでに実現しているものと想定していたのだ。

たとえば、メディアの受容者の「参加」は、情報の粗密さ――ホット／クール――に応じてのものとされ、また、そもそもメディアは身体の拡張とされていた。それは、メディアとその受容者のあいだの関係をすでに確立したものとすることにほかならない。

このように前提させたのは、マクルーハンの論じているテレビが六十年代以前のものだということがある。この時代のテレビは、イタリアの記号学者、ウンベルト・エーコの議論に従えば、パレオTVと呼ばれるものである。[*28] パレオTVは、生での中継番組を範例とするものであり、エーコ自身は、サッカー中継を例に挙げている。このような番組は、つねに偶然性に開かれており、出来事の成り行きをそのまま中継しているだけで、何が起きているのか、視聴者に理解できるわけではない。そこで重要になるのが、中継される出来事をひとつの物語として束ねていくディレクターの存在である。ディレクターが、偶然に満ちた出来事を、視聴者の理解可能な筋立てに沿って意味づけしていくわけである。マクルーハンが観ていたのは、まさにこのようなパレオ時代のテレビなのであった。そして、そこで自明視され盲点となっているのが、テレビが観られているという事実そのもの、すなわち「接触」の次元である。いまだ幼年時代にあったテレビは、そこに存在するだけで、人びとの視線を集めることができたのだ（逆に、ネオTVとは、幼年期を終え、視線を引くために積極的に媚びを売らねばならなくなった時代のものである。ネオTVでは、偶然に対して筋が前景化してくるわけだが、それははなによりまず、視聴者の視線を捉えるためである。つまり、パレオTVでは自明視され、盲点となっていた観られることがもはやそうではなくなったのだ）。それゆえ、なぜ観られるのか、なぜ接するのかというもっとも根本的な問いが問われることがなかったわけである。

逆に言えば、このような問いを問う、そして、問いうるのが、メディオロジーである。メディアは、まさにメディア、すなわち、直接（im-mediate）ならざる媒介されたものであるがゆえに、〈顔〉という接触的＝指標的なイメージを要請するのだ。言語の次元を超えて、イメージ、なかでも、〈顔〉という特殊なイメージを問うこと、記号のピラミッドで言えば、象徴の次元だけでなく、類像、そして、指標の次元を捉えることは、メディア、コミュニケーションの根本を捉えることなのである。

われわれの〈顔〉についての問いは、このようなメディオロジー、『イメージの生と死』として結実したイメージのメディオロジーの余白に位置づけられるものである。

続いては、写真、そして、それに先立つ、シルエットという複製技術時代における〈顔〉の行方を探っていくことにしよう。

注

＊1――George Sarton, *Appreciation of Ancient and Medieval Science during the Renaissance (1450-1600)*, University of Pennsylvania Press, 1955, pp. 90-91.

＊2――ウィリアム・アイヴィンス『ヴィジュアル・コミュニケーションの歴史』晶文社、一九八四年、一四頁［William M. Ivins, *Prints and Visual Communication*, Harvard University Press, 1953, reed., MIT Press, 1969, pp. 2-3］。

＊3――リュシアン・フェーヴル、アンリ＝ジャン・マルタン『書物の出現（下）』関根素子ほか訳、ちくま学芸文庫、一九九八年、二二四頁［Lucien Fevre et Henri-Jean Martin, *L'apparition du livre*, Albin Michel, 1958, pp. 418-419］。

＊4――同上、『書物の出現（上）』二三九―二四〇頁［*Ibid.*, p. 130］。

＊5――同上、『書物の出現（下）』二二六頁［*Ibid.*, pp. 419-420］。

＊6――同上、『書物の出現（上）』二七三頁［*Ibid.*, p. 152］。

＊7――同上、二五八―二五九頁［*Ibid.*, p. 140］。

＊8――W・アイヴィンス、前掲書、二八頁［W. Ivins, *op. cit.*, p. 16］。

＊9――マーシャル・マクルーハン『グーテンベルクの銀河系――活字人間の形成』森常治訳、みすず書房、一九八六年、一二二頁［Marshal McLuhan, *The Gutenberg Galaxy: The Making of Typographic Man*, University of Toronto Press, 1962, p. 77］。

＊10――同上、一二四頁［*Ibid.*, p. 79］。

＊11――W・アイヴィンス、前掲書、六九頁［W. Ivins, *op. cit.*, pp. 55-56］。M・マクルーハン、前掲書、一九三頁［M. McLuhan, *op. cit.*, p. 125］。

＊12――W・アイヴィンス、同上、一四頁［W. Ivins, *op. cit.*, p. 2］。

＊13――同上［*Ibid.*］。

＊14――同上、一四―一五頁［*Ibid.*, p. 3］。

＊15――マーシャル・マクルーハン『メディア論――人間の拡張の諸相』栗原裕ほか訳、みすず書房、一九八七年、一七五頁［Marshal McLuhan, *Understanding Media: The Extensions of Man*, McGraw Hill Book Company, 1964, p. 187］。

＊16――ウォルター・J・オング『声の文化と文字の文化』林正寛ほか訳、藤原書店、一九九一年、二七九―二八〇

頁［Walter J. Ong, *Orality and literacy : the technologizing of the word*, Methuen, 1982, reed., Routelege, 1988, p. 136］。

＊17――同上、二八〇頁［*Ibid.*］。

＊18――同上［*Ibid.*, pp. 136-137］。

＊19――エリザベス・アイゼンステイン『印刷革命』別宮貞徳監訳、小川昭子ほか訳、みすず書房、一九八七年、九九頁［Elisabeth I. Eisenstein, *The Printing Revolution in Early Modern Europe*, Cambridge University Press, 1983］。

＊20――同上、四頁［*Ibid.*］。

＊21――レジス・ドブレ『イメージの生と死』西垣通監修、島崎正樹訳、ＮＴＴ出版、二〇〇二年、一四八頁［Régis Debray, *Vie et mort de l'image : une histoire du regard en Occident*, Gallimard, 1992］。

＊22――同上、三九頁［*Ibid.*］。

＊23――M・マクルーハン『メディア論』三五二頁［Marshal McLuhan, *Understanding Media...*, p. 336］。

＊24――同上、三二六頁［*Ibid.*, p. 314］。

＊25――同上、三三三頁［*Ibid.*, pp. 319-320］。

＊26――同上、三三〇頁［*Ibid.*, p. 317］。

＊27――同上［*Ibid.*］。

＊28――パレオＴＶ、またその対となるネオＴＶについては、本書第11章を参照。

第8章　シルエットと横顔の時代

ギリシア時代から存在する観相学は、ルネサンスを迎え、印刷されたかたちで普及するようになった。それによって、普及の範囲が広がっただけでなく、印象的な図版とともに流通することで、より直観的な訴求力をもつことになる。直観的に与えられた印象が、視覚的に再現され、見るものの直観に供せられるようになったのだ。シャルル・ルブランは、このような印象の視覚的表現の技術を体系化したのだった。しかし、このような普及に反して、あるいは普及したがゆえに、観相学にしろ、礼儀作法にしろ、〈顔〉をめぐる学は批判に晒されることになる。〈顔〉の学は、本物の〈顔〉と区別された単なる仮面についての虚しいものでしかないと断ぜられたのだ。博物学者のビュフォンは、かたちではなく動きに関わる表情の学――情念学――としては一定の価値を認めながら、観相学はあくまで解剖学的根拠を欠いたものにすぎず、みずからが行う人類学の知見に数え入れることはなかった。移ろいやすい表情、情念の表現のみに関わるものとして辛うじて存在意義を保つばかりになったのだ。〈顔〉の記号論の観点から言えば、その人物がいかなるものかに関わる人物特定と、その人物がいま、ここでどう感じているかに関わる表情解釈のふたつの側面が、完全に分離されたのである。そもそも観相学と弁論術は、「現れの空間」によって要請されたわけだが、現れは現れにすぎないと断ぜられ、〈顔〉をめぐる学は、確たる根拠のないものとみなされようになったのだ。

しかし、十八紀末に、〈顔〉をめぐる学は、新たな根拠づけを得て再興を迎えることになる。その中心となるのは、しばしば観相学そのものの祖と見なされることもある、チューリッヒの説教師ヨハン・ガスパー・ラファーターである。この観相学は、印刷術とともにルネサンスを経験したのと同様に、新しい複製技術の展開と不可分のものであった。

ラファーターの観相学

ラファーターの『観相学的断章』や『観相学、あるいは外見的特徴、さまざまな動物、その傾向との関係によって人間を知るための技法』は、アリストテレス、デッラ・ポルタ、ルブラン、ド・ラ・シャンブルらの議論だけでなく、百科全書、ビュフォン、リヒテンベルクなどによる批判、さらには聖書などからの引用を数多く含んだ、この学を集大成しようとした著作である。

前世紀の観相学は情念学と言うべきものであり、情念を表すかぎりでの〈顔〉に注目するものであった。それは、移ろいやすい感情ではなく、恒常的な性向こそを探求すべきだとしたギリシア以来の観相学に対して大きな断絶を刻むものであった。ラファーターが「観相学は情念学より十倍も忘れ去られている」と言いながら試みるのは、この状況を今一度反転させることである。つまり、移ろいやすい表情に関心をもつ情念学に対して、固定した外見的特徴の観察から、その人物の永続的な性質を知ろうとする観相学を再興することである。ラファーターにとって、観相学こそが情念学の基礎とならねばならないのだ。

観相学は情念学の根拠、幹、さらにそれが発達する土壌なのである。観相学なき情念学を奉ずることは、根なしに果実、育む土壌なしに実りを期待するようなものでしかない。[*1]

こうして観相学はまず、情念学と対置され、さらにメトポスコピーや手相占いとも異なったものとして位置づけられる。そうすることで、当時、一般的であった観相学に対する見解、あるいは偏見、臆見を却け、この学の再生が宣言される。そこからは、観相学に向けられた批判さえもが、この学を正当化する議論として捉え返されることになる。たとえば、表情は既に操作され、装われたものにすぎないのだから、その人となりを知るための確固たる根拠となりえないとしたモラリストや百科全書派の批判に対しては、次のように反論される。

これまで度々観相学の批判の根拠とされてきた、みずからを隠す技法はまさに、観相学に基づいたものなのである。[*2]

宮廷生活によって要請され、本当の性格を隠し、都合のよい外見を装う技法としての礼儀作法は、現れからその人物を知ろうとする観相学を無効にするものだとされた。しかし、ラファーターはその礼儀作法という実践自体が観相学の理論に基づいているのであり、それゆえにこそ、この学を学ばねばならないというわけである。さらに、ラファーターによれば、観相学的能力はわれわれすべてに備わっているものにほかならない。われわれは誰しもが、多かれ少なかれ観相学者なのである。

自然が観相学的感情を与えなかったものはひとりとしていない。それは見るために眼が与えられたのと同様である。[*3]

われわれは本性として、他者を前にすると、外見から内面を、見えるものから見えないものを知ろうとし、逆に、われわれ自身もみずからの振る舞いを時と場所、相手に応じて適切なものにしようとする。観相学は、このふたつの性向——目の前の他者を知ろうとすると同時に、他者への現れを統御しようとすること。観相学と弁論術あるいは礼儀作法がそれぞれ担っていた——を明らかにするものなのだ。

このふたつの性向に関してラファーターは、前者がこの学の「真実」に関わっているのに対して、後者はその「有用性」に関わっていると言う。まず真実を求める観相学が、本来的な意味でのもの、語源が示す通りのものであり、それぞれの性格や性質を表すための記号や言葉を規定する、ひとつの記号学である。この記号学的方法を確立することで、観相学はその他の自然学——数学や物理学、医学——と同等の地位を得られる。他方で、ラファーターは、この学の世俗的、世間的有用性を強調する。この学を身につけ、観察の精神を磨くことで、みずからの現れもよりよく統御できるようになるわけである。こうして、観相学は、真実であるがゆえに有用であり、有用であることでその真実が確かめられることになる。観相学においては、その真実と有用性は互いに補強し合うのだ。

このような考えは、ラファーターの信仰を表している。自然のあらゆる事物は神の意志によって造られているのであり、観相学はそれを明るみに出すものなのだ。この信仰から、「自然全体がひとつの顔ではなかろうか？」[*4]と問いかけさえもする。ラファーターは、万物の観相学の確立を構想しているわけだが、そのなかで特権的な位置を占めるのは、「地上の事物のなかでもっとも完全で、生命に満ちた」[*5]人間の〈顔〉である。ラファーターにおいて、人間の〈顔〉を読み解く観相学こそが、自然についての知の範例をなすのだ。ラファーターがみずからの使命とするのは、あらゆる人間に内在するこの知を取り出し、対象化することである。

絵画からシルエットへ

ラファーターの観相学は、〈顔〉をめぐる伝統的な諸議論や諸批判を集大成したものとして、この学の祖とみなされることもあるほどだが、実際、かれの議論は、単に従来の見解をまとめただけでなく、祖と呼ぶに値するほど、画期的なものでもある。その画期性は、絵画との関係によく表れている。シャルル・ルブランや、ラファーターと同時代人であるペトリュス・カンペールの観相学（あるいは情念学）についての講演が目的としていたのは、人間の〈顔〉を生き生きと描き出す方法を教示することであった。ラファーターもまた、絵画が「観相学の母であり娘である」と言っている。しかし、かれにとって絵画は両義的なメディアである。

ラファーターによれば、観相学は、自然や人間の容姿の正確な知識を与えるものであり、「もっとも自然で、人間的で高貴であり、有用でもあるがもっとも困難な芸術」[*6]である絵画に資するところの大きいものである。そして、絵画のほうも、移ろいやすい表情を、安定し、固定したかたちで表象することで、観相学に資するものだとされる。観相学と絵画は互いにとって有用なわけである。

しかし同時に、この相互性によって、両者にとって危険なものになりもする。表情が移ろいやすく、つかみどころのないものであるかぎり、観相学者がみずからの力を発揮するには絵画に頼るほかない。しかし、画家が観相学と生理学の正確な知識を身につけているのでなければ、観相学者がその人物の性格を明らかにするにあたって信頼できるほどの表象を与えることはできない。それゆえ、画家の能力が不十分ならば、観相学にとって有用なはずの絵画が、もっとも大きな障害になる（「この技法の信じられないくらいの不完全さは観相学にとっての最大の障害のひとつである」)。[*7]観相学が絵画に資すると同時に、絵画も観相学に確たる根拠を与えねばならないわけだが、然るべき完全さに達していないかぎり、かえってもっとも大きな危険になるのだ。

このように、観相学と絵画の相互の有用性はいつでも、悪循環に陥りかねないわけである。情念学に対して貶められた観相学を再興しようとする試みにおいて、表情を定着させる絵画は本来、有用なメディアのはずである。しかし、観相学者が信頼できるほどの絵画は、確かな観相学的な知識に基づいたものでなければならない。とはいえ、このような確かな知識を手に入れるには、そもそも信頼できる絵画が必要であり……。この袋小路をラファーターは、いかにして逃れるか。

ラファーターは、参照するメディアを変更する。つまり、みずからの学の根拠として、絵画ではなく、シルエットを採用するのだ(図15)。

観相学がその客観的な真実らしさについて、確実で、異論の余地のない証拠を持つのはシルエットをおいてほかにない。[*8]

カントもラファーターの観相学を批判する際に、シルエットとともに普及したことに触れているが、[*9]この観相学者はみずからの理論とその方法を例証するためにキリストのシルエットまで持ち出している。ラファーターの観相学にとって、キリストの真実は、キリストの情念=受苦ではなく、そのシルエットにこそあるわけだ。

実のところ、ラファーターの時代、シルエットは、写真に先駆ける画期的な表象メディアであった。ラファーターは、この新たな表象技術が観相学にとってどれほど有用なのかを論じているが、その議論は一見したところ矛盾を孕んでいる。

人の姿のシルエットはもっとも頼りなく、もっとも空虚なイメージであるが、しかし同時に光源が適切な距離にあり、形象が平面に反映するのであれば、その人について与えうるもっとも真実かつ忠実なイメージである。もっとも力がないというのは、そこにはなにも積極的なものがなく、まったく否定的なものであり、実際のところひとつの側面の線でしかないからである。逆に、もっとも忠実なものであるのは、それが自然のもっとも直接的な刻印であり、もっとも熟練した素描家でさえ、フリーハンドで写生することはできないほどの刻印だからである。[*10]

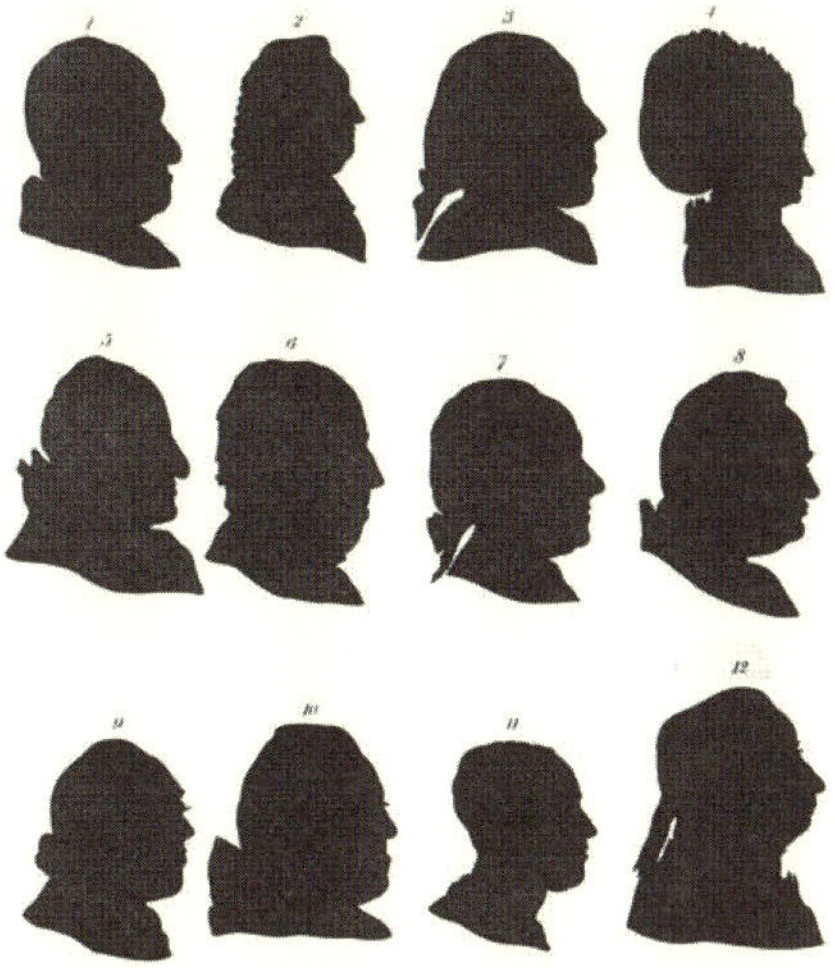

図15：J・C・ラファーターの『観相学』に収められたシルエット

Johann Caspar Lavater, *La physiognomonie ou l'art de connaître les hommes d'après les traits de leur physionomie, leurs rapports avec les divers animaux, leurs penchants, etc.,* 1845, rééd., L'Âge d'homme. より。

ラファーターにとって、シルエットは「もっとも頼りない」と同時に「もっとも忠実な」ものなのである。しかし、ここで重要なのは、これらふたつの性質が矛盾したものとは考えられていないことである。シルエットは、何も積極的なものを備えていないため、いかなる動きも色も再現せず、目鼻立ちも判然としない影しか与えない。しかし、まさにそれゆえにこそ、無用の特徴に拘泥することなく、その人物の本質を見て取ることができる。つまり、「もっとも頼りない」ものだからこそ、「もっとも忠実な」姿を観相学者に与えてくれるのであり、この学のもっとも確実な根拠となるわけである。それゆえ、「いかなる技法といえども、上手く作られたシルエットの正確さの足下にも及ばない」[*11]と断ぜられ、芸術家たちにも、なによりもまずこの技法を学ぶように説かれる。

人間性を写し出す芸術家よ、まず正確なシルエットを作れるように鍛錬せよ！　そして、それを一息で写せるようにせよ！　次にそれを比較し、修正せよ！　そうしないかぎり、正確さと自由さを合わせ持ったこの偉大なる秘術を手に入れることはできないのだ。[*12]

このように、ラファーターの観相学はシルエットにみずからの拠って立つところを見出すわけである。そして、それによって伝統的な観相学と一線を画すことになる。この表現技術自体が時代を画するものであるぶんだけ、そう言えるだろう。この点を明らかにするために、いまや影絵を指す一般名詞となったこの古い技術が新しかったころを振り返ってみることにしよう。[*13]

シルエット

シルエットは、写真の先駆者に位置づけられるメディアのひとつである。人物の横顔を黒色の光沢紙から切り出すこの技術は十八世紀の中頃から職業的に実践されていた。その名称は、当時のフランスの財務長官、エティエンヌ・ド・シルエットに由来するとされている。[*14]この人物は一七五〇年にその職に任命され、いくつかの新しい税を実施し、成功を収めたのだった。しかし、この成功によって「破産宣告人」という名を与

図16：フィジオノトレース

えられるほどの不人気であった。この成功とまさに時を同じくして流行していたのが、細身の上着に、ポケットのないズボンという服装であった。この服装は、その簡素さゆえに、皮肉をもって「シルエット風の衣装」と呼ばれるようになり、さらに、そこからのアナロジーで、人物の影絵だけを切り取るだけの簡略な図柄も「シルエット」と呼ばれるようになったのだ。この新しい表象技術は、それ以前に貴族階級で珍重された細密画のポートレイトと異なり、制作も容易で、価格も安かったため、宮廷から庶民に至る、社会のより広い層に浸透していったのであった。

　このシルエットによるポートレイトは、フィジオノトレース（影絵描写装置）という横顔を切り取る技術装置の開発によって、さらに普及することになる（図16）。実際、ラファーターの『観相学』にもこの装置の図版が収められており、「シルエットを取り出す確実で便利な機械装置」との説明が添えられている。国家の版画師であったジル＝ルイ・クレティアンが一七八六年に発明した、この機械装置は、版画とシルエットを組み合わせたもので、パンタグラフ（写図器）の原理に基づき、スクリーンに映し出されたモデルの輪郭をなぞることで、好みの媒体に好みの倍率で尖筆によって複製するものであった。このフィジオノトレースによるポートレイトは、木やメダル、象牙など多岐にわたる素材の上に描くことができた。取り立てて手先の器用さを要求するものではなかったため、大量に制作され、それまで細密画によって生計を立てていた版画師や画家たちにも次々に採用された。一七九三年のサロンでは既に、この装置によるポートレイトが数百点、展示されるまでになったのであった。

写真家のジゼル・フロイントによれば、シルエットは、みずからの個性を表現し残したいという、当時の庶民のあいだで拡大しつつあった欲望に応えるものであった。しかし、この欲望は、制作の過程の非個性化によって満たされるという逆説を孕んでいた。

細密画のポートレイトにおいては、芸術的価値と画家の個性が大きな役割を演じていた。しかし、ほんのわずかな手先の器用さしか要しないシルエット制作者において、このような価値や個性は切りつめられることになる。これらの制作者の才能は、横顔を修正することに表れうるばかりであった。それが、フィジオノトレースの登場によって、このような器用さまでもが要求されなくなったのである。影の輪郭をなぞり、それを彫り込むための鉄の版の上に伝えるだけでよくなったのだ。[*15]

絵画からシルエット、フィジオノトレースへと至るなかで、表象技術はますます人の手を介さないものとなっていく。しかし、それによってこそ、みずからの存在の証しを残したいという欲望は満たされたのだ。このような表現技術の進展は、次の世紀には、写真によって、さらなる完成に達成することになる。

骨相学的観相学

ラファーターにおいて、観相学が情念学に取って代わるには、シルエットが絵画に取って代わらねばならなかった。このような参照する表象技術の変化にともなって、観相学的観察が注目する部分も変化することになる。先に見たように、ギリシア以来の観相学はつねに、目を中心とした部分に常に第一の重要性を与えてきたのであった。しかし、シルエットに基礎を持つラファーターの観相学では、次のような徴が重視されるようになる。

一、頭頂部から髪の生え際。二、額から眉までの輪郭。三、眉と鼻の始まるところのあいだ。四、鼻と上唇のあいだ。五、上唇。六、唇。七、上顎。八、下顎。九、首。[*16]

観相学が判断を下すにあたってもっとも注目するのは、もはや眼ではなくなり、これまで顧みられることのなかった横顔のラインとなる。デッラ・ポルタやカルダーノ、ルブランが残したのは主に、正面から描かれた〈顔〉の図版であったが、シルエットに頼るようになったことの当然の帰結として、〈顔〉、横顔の周縁部が重要になる。このような徴への注目によって、観相学は〈顔〉というよりも頭蓋骨の学、骨相学となる。

頭蓋骨の研究が観相学の唯一の確固たる根拠である。[*17]

シルエットを採用することで、移ろいやすい感情の影響や手の込んだ装いの一切を免れ、変化しない固定した頭蓋骨の重要さが強調されるようになる。そしてそれこそが、観相学に確固たる根拠を与えるのである。たとえば、観相学に対して、ひとは考えや感情が面に表れるのを隠すことができるのだから、それらを読み解こうとしても無駄だという批判が投げかけられたのであった。このような批判に対して、シルエットと骨格という新たな基礎を手に入れたラファーターは、次のような批判を返すことができるようになる。

もっとも巧妙な隠蔽の技法をそなえた者でも、意のままに骨格を変え、平たい額を膨らんだ額にしたり、尖った額を丸い額にしたりできるだろうか？[*18]

ラファーターは、シルエットに依拠することで、骨格という新たな根拠をみずからの観相学に与えるわけである。しかしながら、このよう強調はラファーターの独創によるものではない。オランダの医師でもあり哲学者でもあるペトリュス・カンペールによってすでに、より詳細なかたちで定式化されていたのだ。

カンペールの観相学

横顔の分析に基づいた観相学を発展させたカンペールは、解剖学と外科の教授であり、人間のみならず動物一般に関して、横顔の稜線の角度を厳密に測定する「フェイシャル・アングル」に基づいた理論を案出した人物である。この理論については、一七八〇年にアムステルダムの王立アカデミーで画家たちを前にして行った講演のテクストが残されている。それによれば、さまざまな人種、あるいは人類と猿とが、横顔によって確実に区別できることが主張されている。

黒人やカムチャッカの人間の頭蓋骨と、ヨーロッパ人や猿の頭蓋骨を並べてみると、額から上唇へと伸びる稜線が種の相貌の差異を示しており、他方で、黒人と猿のあいだには大きな類似があることに気づいたのです。[*19]

まったく人種差別的な偏見でしかないが、横顔の稜線によって、人種間や種のあいだの差異と類似が明瞭に表されることから、フェイシャル・アングルの理論が定式化されることになったわけである（図17・図18）。この角度を連続に変化させていくことで、さまざまな人種や種の相貌を得ることができる。

> この稜線を前に傾ければ、古代のギリシア人に似た頭部が得られました。逆に、後に傾けることで得られたのは、黒人の相貌であり、この稜線を後傾させていくのに比例して猿、犬、ヤマシギの相貌が得られたのです。[20]

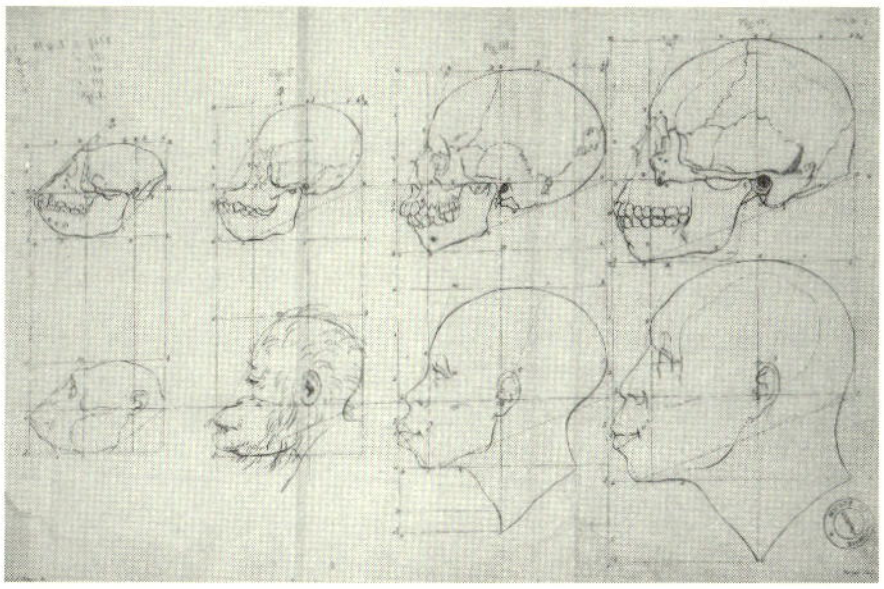

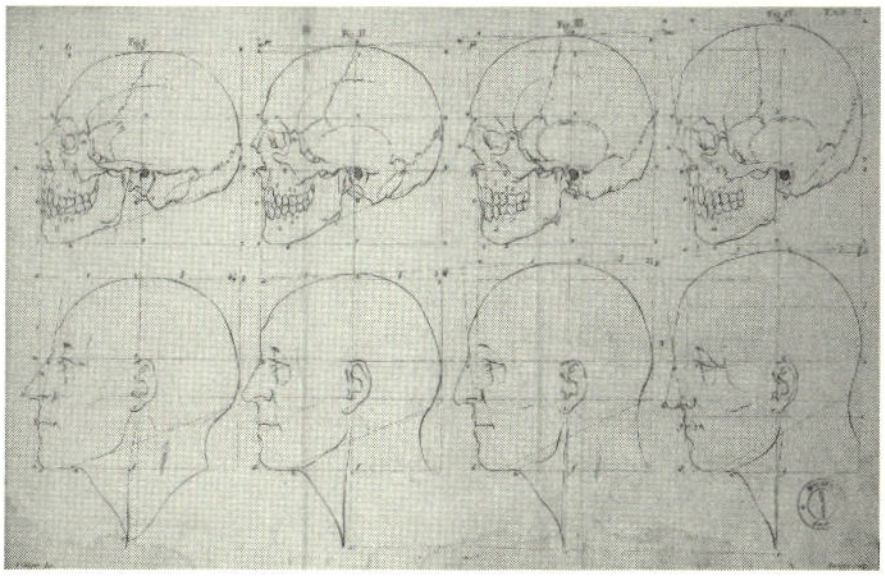

図17・図18：P・カンペールの「フェイシャル・アングル」

Petrus Camper, *Dissertation sur les variétés naturelles qui caractérisent la physionomie des hommes des divers climats et des différents âges,* H. J. Jansen, Paris, 1791, tableaux I, II. より。

カンペールは、こうした観察を積み重ねることで、猿、オランウータン、黒人、ヨーロッパ人、古代ギリシア人のフェイシャル・アングルを特定できたと言う。それによれば、それぞれの稜線の角度は四二度、五八度、七〇度、八〇から九〇度、一〇〇度だとされる。こうして、横顔こそが、人種や種を弁別する確実な特徴であることを証明できると考えたわけである。

　このような横顔の重要性は、解剖学的特徴の重要性を強調するものである。同じアカデミーで行われた別の講演で、カンペールは、ヒトと四足獣、さらには鳥類や魚類の組織や構造を分析、比較し、それらのあいだに構造上の同型性が存在すると断じている。

同じ場所で生を送ることに定められた牡蠣でさえも魚と同じ組織や構造の原理を示しており、魚は鳥、猿、さらにはヒトと同じ組織や構造を示しております。[*21]

たしかに、カンペールは人間がもっとも美しく、もっとも完全な動物だと認めている。しかし、それらの種の根底には、ある種の連続性が存在している。解剖学的観察の役割は、このような差異性と連続性——「相対的差異」あるいは「類比関係」——を明らかにすることにこそある。それを学ばなければ、画家たちも人間を含めた動物の姿や顔つきを正確に表現できるようになりはしない。もっとも、画家があらゆる動物の解剖学的な知識を身につけるのは、到底、無理な話である。しかしながら「あらゆる動物において恒常的な」この連続変化の原理を理解しておくことは不可欠だとされる。

このように、カンペールが定式化する観相学は、フェイシャル・アングルに結実する横顔の分析と解剖学的知識に基づいたものである。それによって、シルエットという表象技術を採用することで横顔に注目するようになる観相学は、解剖学的な正当性も手に入れることになる。つまり、フェイシャル・アングルの差異がそれぞれの種の特徴を正確に表出するとするなら、それぞれの人物の横顔に表れた解剖学的差異が、それぞれの性格の違いを反映しないはずがないというわけである。このような推論によって、カンペールのフェイシャル・アングルの理論は、ラファーターの観相学を準備しているのである。しかし、カンペールは、ラファーターと異なり、シルエットのような新しい表象技術を採用することはなく、むしろ、前世紀の観相学者たちの後継者としての役割で満足している。ある講演で、カンペールはシャルル・ルブランへ賛辞を捧げながら（「シャルル・ルブランほど方法的にこの主題を論じたものはいない」）[*22]、みずからの講演の構想がルブランに負っていることを認めている。そして、絵画一般の重要性について、次のように断言する。

古典古代以来、絵画はあらゆる芸術の中でもっとも喜ばしく、もっとも有用なものだと考えられてきただけでなく、その実践は身分にかかわらずあらゆる人に必要なものだとみなされてきました。アリストテレスによれば、ギリシア人は、子供たち、特に第一級の市民の子供たちが芸術について健全で理性的な判断を行うことができるように、絵画を若者に教えたのでした。[*23]

カンペールは、ルブランと同様、静かな無表情の顔を基準にして、賞賛、軽蔑、怒りのような感情に従ってどう変化していくかを連続的に示している。しかし、ルブランとは異なり、医者であるかれが関心を持つのは魂の情念ではなく、骨格や筋肉、神経といったヒトの解剖学的特徴である。この点で、カンペールの観相学は、ルブランの情念学を解剖学的に根拠づけようとしたものだと言えるだろう。

以上のような観点からすれば、カンペールの観相学は、十七世紀と十八世紀のあいだ、あるいはルブランとラファーターのあいだに位置づけられるものである。フェイシャル・アングルの理論は絵画を唯一の表現手段と考え、そのための理論を定式化したことにおいて、依然、「ルブラン・パラダイム」のうちにある。しかし、横顔と骨格の重要性を強調し、解剖学的観察にみずからの理論を依拠させるかぎりで、ラファーターの観相学を準備してもいるのだ。

ラファーターの成功

カンペールの観相学と比較することで、ラファーターの革新性が明らかになるだろう。それは、ラファーターがみずからの学を、確実性の根拠として、シルエットという同時代に発明された表象技術に依拠させたことにこそある。この新たな表象技術を取り入れることで、観相学は、解剖学的な根拠づけを手に入れ、科学としての地位を主張できるようになったのだ。この革新はまた、ビュフォン流の観相学への批判――観相学を移ろいやすい感情のみを扱う情念学に切りつめ、解剖学的、人類学的根拠を欠いた虚しいものにすぎないと断じる態度――を受け止めることでなされたと言うこともできるだろう。ラファーターは、このような批判を前にして、カンペールの議論を取り入れることで、みずからの観相学を解剖学的、人類学的に根拠づけ、それによって、この学を広く一般的な隆盛へと導いたわけである。この解剖学的な根拠づけと一般的な隆盛のあいだの媒介となったのが、シルエットという新しい表象技術なのだ。シルエットによってまず、観相学が行使されるべき頭部の安定したイメージ――「もっとも頼りなく」、「もっとも空虚」であるがまた「もっとも真実で」「もっとも忠実な」イメージ――を手にすることができるようになる。シルエットは、科学性を担保する解剖学を客観的、すなわち、人の手を経ることなく、取り入れる手段だったのだ。それと同時に、シルエットによって、観相学は広く人々の想像力を捉えることにも成功する。人気を博していた表象技術と結びつくことで、客観的な基礎づけだけでなく、世俗的な成功も我がものとすることができたのだ。

このような成功が、十九世紀以降進展する大衆社会の到来という社会的動揺によって生じた、人々の漠然とした不安に訴えたことによるものだとされることがある。[*24] たしかに、このような社会的要請が観相学的知見一般の成功の大きな背景となったと言えるだろう。しかし、ラファーターがこの学の祖と見なされるほどの成功を収めたことを理解するには、観相学がなにもラファーターに端を発するものではなく、かれに先立つ長い伝統を有したものであることをおさえた上で、その理論の画期性を特定するのでなければならない。そして、シルエットという表象技術を全面的に採用したことこそが、その画期性なのである。シルエットは、観相学に解剖学的・科学的根拠を与えるだけでなく、その理論を明証的に提示することで人々に対して強い説得力を持ちえたのだ。シルエットのイメージが、観相学の理論と社会的想像力の媒介となったわけである。ラファーターの観相学の成功は、シルエットという表象技術の成功と不可分だったのだ。

注

*1 ——Johann Caspar Lavater, *Physiognomische Fragmente, zur Beförderung der Menschenkenntniß und Menschenliebe*, Weidmanns Erben und Reich, 1775-1778, trad. par Henri Bacharach, *La physiognomonie ou l'art de connaître les hommes d'après les traits de leur physionomie, leurs rapports avec les divers animaux, leurs penchants, etc.*, 1845, rééd., L'Âge d'homme, 1998, p. 6.

*2——*Ibid.*, p. 9.

*3——*Ibid.*, p. 17.

*4——*Ibid.*, p. 8.

*5——*Ibid.*, p. 3.

*6——*Ibid.*, p. 80.

*7——*Ibid.*

*8——*Ibid.*, p. 91.

*9——「ラファーターによってこの種の趣味が広範に普及したのは、シルエットがめずらしいといってしばらくのあいだどこでも人気を呼び、商品としても安く手に入るようになったからだった［…］」「実用的見地における人間学」渋谷治美訳『カント全集〈15〉』岩波書店、二〇〇三年、二七三頁。

*10——J. C. Lavater, *op. cit.*, p. 90.

＊11—— *Ibid.*

＊12—— *Ibid.*,p. 91.

＊13—— Gisèle Freund, *Photographie et société*, Le Seuil, Paris, 1974, pp. 13-18.

＊14—— シルエットという表現技法がこの人物の名に由来するのは確かなものであるが、そう呼ばれるに至る経緯には諸説ある。

＊15—— G. Freund, *op. cit.*, pp. 15-16.

＊16—— J. C. Lavater, *op. cit.*, p. 93.

＊17—— *Ibid.*

＊18—— *Ibid.*, p. 47.

＊19—— Petrus Camper, *Dissertation sur les variétés naturelles qui caractérisent la physionomie des hommes des divers climats et des différents âges*, H. J. Jansen, Paris, 1791, p. 12.

＊20—— *Ibid.*

＊21—— P. Camper, « Deux discours sur l'analogie qu'il y a entre la structure du corps humain et celle des quadrupèdes, des oiseaux et des poissons », *Œuvres de Pierre Camper : le tome troisième*, H. J. Jansen, 1803, p. 335.

＊22—— P. Camper, « Deux discours sur la manière dont les différentes passions se peignent sur le visage », *op. cit.*, p. 310.

＊23—— *Ibid.*, p. 303.

＊24—— Martine Dumont « Le succès mondain d'une fausse science : La physiognomonie de Johann Kaspar Lavater », *Actes de la recherche en sciences sociales*, t. 54, 1984, pp. 2-30.

第9章　写真の時代の観相学——ベルティヨンのアントロポメトリー

「ところがあなたはその方面にかけてはヨーロッパ第二のかただと思うものですから……」

「ほう、なるほど、失礼ながらヨーロッパ第一というのは誰なのでしょうか？」ホームズはちょっと開き直った。

「綿密な科学的批評眼をもってすれば、フランスのベルティヨン氏の仕事をつねに第一に推さなければなりません」

アーサー・コナン・ドイル『バスカヴィル家の犬』

ラファーターが目指したのは、外的な特徴からその人物を知る技法としての観相学を解剖学によって基礎づけ、それを科学の名に値するものとすることであった。かれの観相学は見えないものを透かし見たいという古い夢を表すものであるかぎりで、先立つ伝統的なアプローチと連続している。しかし、それと同時にラファーターは、この学に向けられた批判を受け入れることで、確固たる根拠を与えようとしたのだった。この点で、かれのアプローチは、従来のものとは大きく一線を画するものとなる。この断絶を刻んだのが、シルエットという新しい表象技術の採用であった。この技術によって、絵画という人の手を介した表象手段や、ましてや〈顔〉が与える直観的印象に頼ることなく、できうるかぎり直接、忠実に、恒常的な解剖学的特徴を参照して、観相学的判断を下せるようになるとされたのであった。

科学哲学者のフランソワ・ダゴニェは、この学に関する論考で、「ラファーターからもっとも良いものを引き出す」[*1]と宣言し、二十世紀になって成し遂げられたふたつの展開について触れている。それは、ピエール・アブラハムによる写真の採用とウィリアム・ハーバート・シェルドンによる気質体型類型論への応用である。後者は、解剖学的な知見を発展させるものであり、「内胚葉」「中胚葉」「外胚葉」という胎生学に基づく三つの項目を七段階で評価し、それらを組み合わせることで、ヒトを三四三の類型に分類するものである。これらふたつのアプローチは、ラファーターの観相学の革新的なふたつの側面――シルエットと解剖学――を、二十世紀的に発展させたものである。しかし、観相学は、このような試みに先立って、十九世紀にすでに、大きな展開を遂げたのであった。アルフォンス・ベルティヨンが写真を体系的に用いることで、人物を特定するための新たな観相学を構想していたのである。

ベルティヨン法をめぐって

アルフォンス・ベルティヨンは、科学者を輩出した家系の一員である。[*2]母方の祖父、アシル・ギヤールは、統計の専門家で、「人口学（démographie）」という言葉を生み出した人物であり、父親のルイ＝アドルフ・ベルティヨンは医師であると同時に、ポール・ブローカらと「人類学学院（L'Ecole d'anthropologie）」を設立し、また、パリ統計学会の創設メンバーでもあった。兄のジャックも医師であるのに加えて、パリ市の統計局の局長を務めながら、統計学についての著作も残している。

しかし、アルフォンス自身は学業は芳しくなく、非行を理由に放校処分になったこともあった。しかしながら、その後、医学を学び、人間の骨格の統計学的な研究に取り組み、数多くの骨格を観察することから、骨格の違いによって個体を識別できるという結論を導き出したのであった。一八七九年三月になって、パリの警察庁に奉職することになるが、それには父親の影響が大きく働いていたとされる。ベルティヨンがそこで取り組んだのは、人体の計測と同時に、集められたデータの合理的な分類のための方法を開発することであった。早速、警察庁長官にこれらの開発の重要性を説いた報告書を提出したものの、まともに取り上げられることもなく却下された。しかし、この長官が辞職したのにともなって、新たに赴任してきた長官は、ベルティヨンの方法に関心を示し、実証する機会を与えた。新長官は、助手をふたり付けた上、三ヶ月の猶予を与え、そのあいだに、累積犯を逮捕するよう命じたのだった。その成果が認められ、一八八三年からは、留置所に拘留されたすべての被疑者の計測が開始され、左手の前腕の長さと頭蓋骨の長さと幅を記録するようになった。また、この年には、治安警察に鑑識課が設置された。こうして、一八八四年までに一九七一人を計測し、二九〇人の同定に成功したことが報告されている。このような成果をあげ、ベルティヨン法は、制度化され、大きく発展していくことになる。一八八五年には、リヨン、マルセイユを始め、フランス全土で採用される。さらに、一八八七年からは、すべての監獄で受刑者も計測されようになり、その結果の写しが警察庁で管理された。また一八八九年にはパリ裁判所に鑑識課が、さらに、一八九三年には警察庁に三〇名ほどの局員を抱える鑑識局が設置された。一八九五年からは、現場の警察官に対しても、アントロポメトリーの講義が行われるようになるなど、ベルティヨン法、そして、ベルティヨン自身が、フランスの警察制度において確固たる地位を占めるようになったのであった。

ベルティヨン法の成果としてしばしば言及されるのが、次の出来事である。[*3] 一八九三年のある日、クザビエ・ロランという男が友人を訪問した後、失踪した。友人たちがかれのものらしき遺体を安置所で発見し、それを妻に伝えた。妻も安置所に赴いたところ、夫の遺体だと認めたのであった。念のため、安置所の職員が、ベルティヨン法で遺体の測定をおこない、その結果を鑑識局に送付したところ、前科のある別人と一致した。遺体はロランのものではなかったのだ。当のロランはといえば、訪問先の友人とともに、酩酊状態であったところを警察に逮捕され、留置所で拘留されていたのであった。この出来事は、妻や友人であっても、その目は頼りにならず、厳密に適用されたベルティヨン法こそが人物の身元を特定する確実な方法であることを証し立てるものである。

あるいはまた、ベルティヨン自身の著作に収められた二葉の写真も、その方法の有効性を証明している。それは、プロの窃盗犯を写したもので、その男は、盗みに入ろうとして仕掛けた爆弾の爆発に巻き込まれて死亡したのであった。その遺体は安置所に運び込まれ、身元不明とされていたのだが、以前取っていたベルティヨン法による記録のおかげで、身元の特定に至ったのであった。*4

このような成果をあげながらも、ベルティヨン法も陰りを見せ始める。指紋鑑定法が登場し、最終的に、取って替わられることになるのだ。この新しい鑑定法については、ウィリアム・ハーシェルがインド総督府に在職中に指紋の採取を行い、一八八〇年に『ネイチャー』誌にその結果を発表していた。この論文を読んだフランシス・ゴールトンが、みずから行っていた指紋の分類についての研究を発展させ、犯罪者の特定に活用することを提案したのであった。その計測結果は、ベルティヨン法と同様に、年月を経ても変化することがなく、個体を区別することができるものであったが、ベルティヨン法に比べ、測定が容易だという大きな利点があった。それゆえ、一八九四年には、アントロポメトリーの測定結果を記したファイルにも、指紋が記録されることになる。ベルティヨン自身は、指紋鑑定法に反対し、あくまでみずからの開発した鑑定法に固執していたが、みずからが関わった一九〇二年の「シュエフェール事件」の捜査において、皮肉なことにも、指紋鑑定法の有用性を証明したのであった。この事件では、パリの歯科医師のアパートで、使用人が殺害されているのが発見され、被害者と愛人関係にあったアンリ゠レオン・シェフェールが特定され逮捕されたのだが、その逮捕の決め手になったのが、現場に残された指紋だったのである（もっとも、指紋による確証を待たず、被害者の交友関係からすでに、犯人の名は捜査線上に浮かび上がっていたとされている）。

また、ドレフュス事件の証拠とされた「明細書」の筆跡鑑定は、ベルティヨンの権威を決定的に失墜させるものであった。当初の鑑定はドレフュスを無罪としていたが、それを覆すことを望んだ軍部が、反ユダヤ主義者として知られていたベルティヨンに白羽の矢を立てたのであった。筆跡の専門家でなかったにも関わらず、鑑定を請われたベルティヨンは、残された筆跡がドレフュスのものではないがゆえに、ドレフュス自身が捏造したのだという奇妙な結論、いわゆる「自己−捏造 auto-forgerie」説を導き出し、ドレフュスの有罪を主張したのであった。

ベルティヨン法と写真的正確さ

ベルティヨン法がたどった経緯は以上のようなものだが、この方法の内実をより詳細に見てみよう。ベルティヨンがみずからの使命としたのは、群衆のなかから、捜査対象者を見つけ出すことであった。身体的特徴を記述する技術であるアントロポメトリーは、犯罪者、なかでも累積犯をできうるかぎり効率的に特定するためのものであったのだ。ベルティヨンによれば、特定こそが警察の使命である。
警察における仕事のすべては特定（identification）である。[*5]
この特定を実現するのが、三つの「特徴記録（signalement）」、すなわち、「記述的記録」「アントロポメトリー」「特殊な徴の記述」であり、それぞれ「警察」「治安」「司法」という犯罪に関わる国家部門に対応している。まず、「アントロポメトリー」によって、逮捕された犯人の人体の各部を厳密に測定し、その記録を管理しておくことで、この犯人が改めて罪を犯したとき、あるいは、遺体となって安置所に運ばれてきたとき、たとえ偽名を使っていたとしても、この人物を特定することが可能になる。また、測定結果を標準化された言語によって記録し――「記述的記録」――、それを現場の警察官たちと共有しておけば、捜査対象者を直接、目にしたことがなくとも、群集のなかで発見できるようになる。さらに、こうして逮捕された被疑者が裁判所に送られた際には、人体測定の結果に加えて、「特殊な徴の記述」を裁判官に提示することで、その人物こそが犯人であることを疑いの余地なく証明することができる。

このように、「特定」という使命を遂行するにあたって、厳密なものでなければならない「特徴記録」を支えているのが、写真という表象技術である。

ヴァルター・ベンヤミンは、ベルティヨン法において写真が体系的に用いられるようになったことの画期性を強調している。かれは写真に先立つポートレイトについて、その「あらゆる可能性は、時事性と写真との接触がまだ生じていなかったことに基づいている」[*6]と指摘するが、逆に、このような「接触」が生じたときに誕生するのが、痕跡をたどることで犯罪者の特定を目指すベルティヨン法であり、探偵小説である。ベンヤミンは、この点について、次のように言っている。

同定方式の歴史において、写真の発明は画期的であった。それが犯罪捜査学にとってもった意味は、印刷術の発明が書物にとってもった意味に劣らない。写真は史上初めて、ある人間の痕跡を持続的に、曖昧さの余地なく定着することを可能にした。人間の匿名性を征服する手段のうちで最も徹底的なこの手段が確保されたのと同時に探偵物語が生まれる。それ以来、人間の発言と行為を把捉しようとする努力は尽きるところをしらない。[*7]

ベルティヨン法という写真を活用した同定方法と、探偵物語の誕生は、大都市、そしてそこに住まう匿名的な大衆の誕生を背景にしているわけである。ベンヤミンは、エドガー・アラン・ポーの『マリー・ロジェの謎』に言及しながら、「探偵小説の根源的な社会的内容は、大都市の群衆のなかでは個人の痕跡が消えることである」と断じている。それはまた、探偵小説に先立って執筆され、「探偵小説のレントゲン写真」と評された『群衆の人』の主人公が、ふと目を引かれた老人を、一日中、尾行しても、何もつかめなかったことにもよく表れている。

いわゆる群衆の人なのだ。後を尾けてもなにになろう。彼自身についても、彼の行為についても、所詮知ることはできないのだ。[*8]

ボードレールは「好奇心が、宿命的な、抗い難い情熱となったのだ！」[*9]と言うが、無償の好奇心に駆られ、老人を追尾する、この主人公もまた、実のところ、もうひとりの群衆の人にほかならない。大都市の群衆のなかでは、個人をそれと特定できるような痕跡は、一見したところでは、なにも残っていない。このような特定は、あくまで専門家の領分なのだ。たとえば、『モルグ街の殺人』の続編で、探偵デュパンは、新聞から得られる情報を用いて、殺されたマリー・ロジェの痕跡を再構成している。個人の痕跡を辿ることは、新聞記者や探偵といった専門家の知識がなければ不可能なのだ。

このような匿名的な環境において、写真は、個人の特徴を定着させ、その特定を可能にする技術である。探偵小説と写真に共通する個人の特定は、カルロ・ギンズブルグの言う「指標的（＝「徴候」による推論的）パラダイム」[*10]のうちにあるものである。しかし、この指標性には、ある両義性が孕まれている。一方で、写真は、「指標の連鎖」によって個体の特定へと向かい、管理、監視の手段ともなるが、他方で、不在の他者を「それは－かつて－あった」ものとして強く喚起するのだ。[*11]しかし、ベルティヨン法のように、個人の特定、管理のために使用されるにあたっては、後者のような個性は消し去らねばならない。「アイデンティティー」を永続的に固定し、追跡対象を一個人に絞るために、写真や身体的特徴を記録・測定するその他の手段を体系的に利用していくには、偶然的なものやエフェメラルなものを捉えてしまう写真の性質を克服しなければならなかった」[*12]のだ。こうして、個体同定に使用される写真は、肖像写真「以下」のものであると同時に「以上」のものとなる。

「以下」であるのは、社会的コントロールの道具として、その被写体の内的真実に無関心なままだからである。また、「以上」であるのは、その形象化のコードそのものの内に、その使用に内在する権力の偏見や効果が刻み込まれているからである。[*13]

先に見たように、ラファーターはシルエットに「もっとも頼りない」と同時に「もっとも忠実な」イメージを見て取っていた。肖像写真「以下」であると同時にそれ「以上」のものである、個人を同定し管理するための写真は、前世紀のシルエットを延長し完成するものなのである。

このような写真の導入によって支えられたベルティヨン法は、治安や警察、司法の制度を根本から改革するものであった。ベルティヨンにとって、それまで行われていたような、監獄に「スパイ（mouton）」を送り込んだり、看守に報奨金を与えるなどして、犯罪者たちについての情報を得ようとする捜査は「すべてが本能、すなわち、慣習に任されていた」ものでしかない。これに対して、みずからの方法の科学性を主張するわけだが、それを支えていたのが写真だったのだ。それをよく表しているのは、厳密な方法に従って撮影された正面と横顔の写真を収めたファイルの導入である（図19）。

　このファイルの表には、二葉の顔写真のほかに、アントロポメトリーによる情報——身長・頭のかたち・両手を広げた幅・座高・頭の長さ・頭の幅・右耳の長さ・右耳の幅・左足の大きさ・左手の中指の長さ・左手小指の長さ・左手前腕の長さの計測結果、そして、瞳・髭・髪の色調——が記載されている。それに続いては、横顔——輪郭・額・鼻・右耳・唇・顎——、および、正面の顔——輪郭・髪の生え方・髭の生え方・眉・瞼・口・皺・表情——についての詳細な記述があり、最後に、全体的な特徴——体格・服装・姿勢・歩き方・その他——が記されている。これに加えて、一八九四年からは、指紋も記録される。裏面には、名前・生年月日・出生地・家族関係・職業・住所・徴兵歴・前科・逮捕理由といった対象者の社会的な情報と、特殊な徴および傷跡についての記述がある。また、一九〇四年からは、裏面も使って、十指すべての指紋が記録されるようになる。

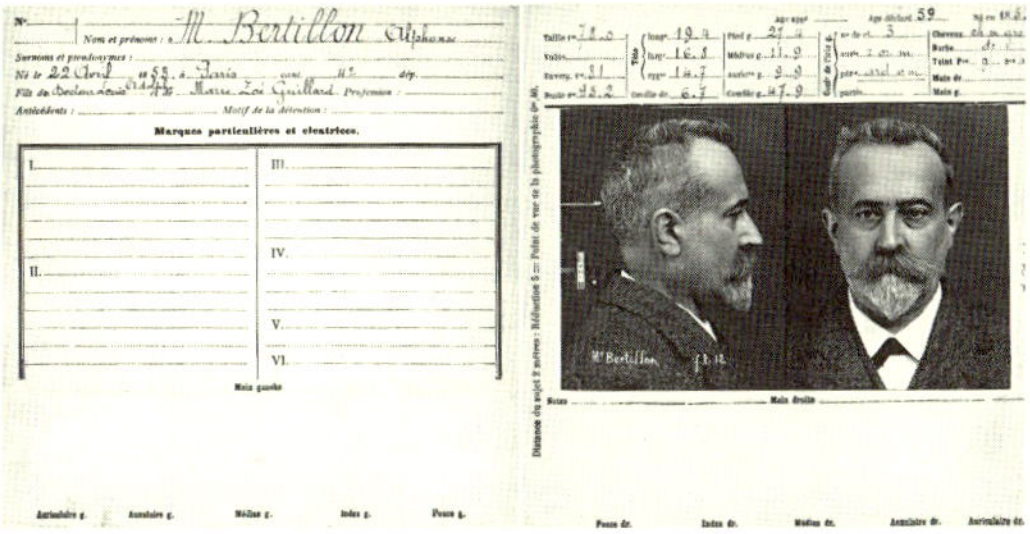

図 19：アントロポメトリーのファイル（A・ベルティヨン本人）
Collections historiques du Service Régional d'Identité Judiciaire de Paris.

　これらの項目が、計測された数値や形態を表す略号によって記録されるのだが、アントロポメトリーによる詳細な情報はそもそも、増え続ける写真を分類するためのものであった。当時、写真は、必ずしも問題を解決するものではなく、むしろ、それ自身が問題だったのである。

　三〇年前には、写真が問題を解決するだろうと考えられていた。しかし、司法写真のコレクションはまもなく、あまりの数に達し、そのなかから、名前を隠した個人の写真を見つけること、発見することは物理的に不可能になっていた。[*14]

すでに一八七〇年代から、犯罪者たちの写真は残されるようになっていたが、せいぜいアルファベット順に整理されていただけで、標準化されていなかった。さらに、根本的な問題として、累積犯を特定すべく写真を撮っておいたとしても、写真を見つけ出すには、名前が必要であり、偽名が使われていれば、それも不可能なのであった。それゆえ、体系的に撮影されるようになった写真を捜査に使えるようにするには、名前によらない分類方法を開発することが急務だったのである。

植物学や動物学で用いられているのと同様の、つまり、偽造された可能性のある戸籍ではなく、個人の特徴的な要素に基づいた分類方法が必要だったのだ。[*15]

アントロポメトリーによる詳細な情報は、このような分類のためだったわけである。この方法は次のようなものである。まず、頭の長さについて、大・中・小に分類し、続いて、この三つのカテゴリーのそれぞれを、頭の幅、左手中指の長さ、左足の大きさ、前腕の長さ、身長の順番で三つに分類していく。そして、小指の長さ、および、目の色――七つに分類されていた――が用いられる。こうすることで、一八九〇年までに蓄積されていた九万枚の写真も、理論上は、最終的に十枚程度のグループにまで分けることが可能になる。つまり、偽名を使っていたり、死亡しているために身元のわからない再犯者でも、ベルティヨン法を厳密に適用すれば、一〇名程度までに候補を絞ることができると考えられたのである。

以上のように、写真の導入は、それを使用したファイルの導入のような明瞭な改革だけでなく、それを分類するためにも必要であった、測定結果や身体的特徴を記述する言語の標準化、そして、そうすることで被疑者に関する情報を広く共有できるようにするといったかたちで、捜査全般に影響を及ぼすものだったわけである。

それは、言語による身体的特徴を記録する「記述的記録」が、「口述的肖像（portrait parlé）」、さらには「心的写真術（photographie mentale）」と呼ばれていることによく表れている。

われわれが「口述的肖像」と呼んでいるのは、ある個体の捜査と公道での特定という目的に特化してなされた詳細な記述のことである。それは、統制できないために、そのまま記録せざるをえない、訓練を受けていない証人から得れる、いずれにしろ曖昧な情報なのではない。そうではなく、司法写真（横顔および正面）、また、すくなくとも身体記述ファイルのような、異論の余地のなく真正な証拠に基づき、適切な用語によって確立された記述のことである。[16]

このように、写真という客観的で正確な記録技術を導入するベルティヨン法は、捜査のプロセス全般を写真のように客観的で正確なものとする試みだったのである。

しかし、この写真的正確さは、けっして所与のものだったわけではない。

正確な写真

ベルティヨン法が導入される以前にも、パリ・コミューンの参加者たちを撮影したウージェーヌ・アペールの写真が、司法当局で活用されていた。[17] しかし、アペールの写真は、政治家であろうと、犯罪者であろう

図20：C・ロンブローゾ『犯罪人論』に収められた図版。
César Lombroso, *L'homme criminel : étude anthropologique et médico-légale. Volume ATLAS*, Félix Alcan, 1887, planche Ⅷ.

と、ほとんど変わるところのない構図で撮影されており、被写体の身なりや顔つきによって、辛うじて区別されるばかりであった。捜査に使用されたのも、あくまで結果にすぎず、当初からそれを狙っていたのでもなければ、そのために標準化されたものでもなかった。

あるいは、犯罪者の生得説を唱え、イタリア学派と称される犯罪学を築いたチェーザレ・ロンブローゾの『犯罪人論——人類学的・法医学的研究』（一八七六年）も別冊として、犯罪者たちの姿を収めた図版集を持っており、著者によれば、「本書の欠かせない一部であり、おそらく、最重要部」[*18]である。たしかに多くの写真が収められているとはいえ、イラストと併置されているだけでなく、標準化された方法で撮影されたものでもない（図20）。この図版集に見てとられるのは、できるかぎり多くの犯罪者たちの〈顔〉を収録し、読者に一覧を供しようという意思ばかりである。

このようなかで、ベルティヨン法が用いた写真は画期的なものであった。ベルティヨン自身、みずからの写真術について、次のように言っている。

> 警察庁において、アントロポメトリーによる身体的特徴の記述を用いた科学的な特定システムが組織化された結果、犯罪者たちの写真の撮影方法が大幅に変更されることになった。[*19]

ベルティヨン法は写真という正確な表象技術によって支えられていただけでなく、写真それ自体を正確にするものだったわけである。そのためには、写真を美学的なものではなく、科学的なものとする必要があった。

> 司法写真において、明瞭かつ的確な解決を得るには、あらゆる美学的な配慮を忘れ、科学的、なかでも、捜査的な観点のみを心がけさえすればよい。[*20]

このように撮影された写真のみが、この技術に内在する「資料的な正確さ」を十全に引き出すことができるものである。

> 凡庸さが同程度だとしても、写真は肖像画に対して、資料的な正確さによる優位性を保ち続けることだろう。というのも、結局のところ、例外的な場合を除いては、レンズは嘘をつきえないからだ。[*21]

図21：A・A・E・ディスデリによるナポレオン三世の名刺写真。

このような正確なベルティヨンによる写真と対照的なのが、アンドレ＝アドルフ＝ウージェーヌ・ディスデリの「名刺写真」である（図21）。ディスデリは一八五四年に、一枚のガラス板から一度に六枚のネガを取る技法で特許を取得したが、この技法によって写真は大幅に廉価になり、広い社会層にまで普及することになった。ディスデリにとって、ベルティヨン流の写真術は、装置や化学についての知識を実行するだけのものにすぎなかった（「もし、写真の唯一の目的が自然を選ぶことなく正確に再現することだとすれば、［…］視覚装置や化学についての知識があれば十分だと思われる」）。逆に、ベルティヨンが余計なものとして切り捨てた「美学的配慮」こそが、ディスデリが撮影する写真には欠かせないものなのであった。

実際、肖像写真を作成するには、数学的正確さで個人の姿形やプロポーションを再現してはならない。それに加えて、その個人に現れた自然の意図を、習慣や考え方、社会生活によってもたらされた本質的な変化や発達とともに、それらを調整し美しくしながら、把握し表現せねばならないのだ。[*22]

よい肖像写真を撮影するにはまず、移ろいやすい外見を越えて、モデルの「ほんとうの類型と性格」を摑み取らねばならず、そうすることで、どのような態度や姿勢、表情、そして、背景や照明、衣裳、装飾品によって表現すべきかもおのずと明らかになる。このような絵画におけるのと同等の「芸術的研究」に基づかなければ、写真家は、被写体本人はもとより、その人物を知る人たちにとっても、その人らしい肖像写真を撮ることができないのだ。

ベルティヨンも使用する機器やその使用法、撮影環境、撮影の際のポーズなどを厳密に定めているが、それはあくまで、ディスデリが強調する「美学的配慮」など忘れ、写真という技術の客観性・正確さを十全に実効化するためなのであった。たとえば、照明に関して、正面から撮影する場合は、被写体の左から、横顔の場合は、横を向いた顔に対して垂直に射し込むようにせねばならない。また、縮尺に関しては、「被写体の顔の上で二八センチのものが写真上で四センチになるように」、つまり、七分の一になるようにと指示している。服装に関しても、可能なかぎり変更しないのが原則であるものの、正面から撮影する場合は、襟巻きやネクタイが首回りを隠さないようにせねばならない。そして、横顔の場合は、額のラインを記録することが重要なため、髪の毛が邪魔にならないようにする必要がある。また、正面からであっても、横顔であっても、髪の毛が耳にかからないようにせねばならず、耳が見えない写真は廃棄し、撮り直さねばならない。

このように厳密に撮影しておけば、アントロポメトリーは、直接、身体に対して行わずとも、撮影された姿に対してのみ行えばよいということになる。実際、厳密な測定は、成長過程にある未成年者は言うまでもなく、女性についても、髪の毛が邪魔になるなどして、困難なのであった。それだけでなく、計測のミス、なかでも、厳密に運用されなかったことによる、計測結果の不確かさがつねにつきまとっているのであった。正確に撮影された写真は、このようなアントロポメトリーの困難を解消するものでもあったのだ。

ベルティヨン以前にも、第二帝政期にすでに、受刑者たちの身体的な特徴や伝記的事実、投獄中の素行についての情報とともに、写真を残すことが行われていた。あるいは、普仏戦争が行われた一八七〇年代には、遺体安置所で、あまりに多くの遺体が運び込まれてきたため、埋葬する前に身元を特定することが不可能になり、写真を撮っておくことで、身元の特定が行われたのであった。

それが、ベルティヨン法におけるように厳密な方法に従って撮影された写真なら、なおさら資料的な価値を有するようになる。

誰しもが見落としているが、写真が巧みに記録した細部は、後になって、第一級の重要性を持つようになることがある。[*23]

ベルティヨンが開発したこのような写真術は、司法写真にとどまらず、「場所や事物、人について、正確、完全で公平な光景を残しておかねばならない」場合にも使用された。

たとえば、ボリヴィアでアントロポメトリーを用いた民族学的調査を行ったアルチュール・シェルヴァンは、ベルティヨンの『測定人類学』に寄せた序文で、次のように記している。

現在では、アントロポメトリーと写真は、科学的な調査団が行う研究プログラムに前もって組み込まれていなければならないものとなっている。[*24]

美学的関心や物珍しさから撮られた写真では、いくら現実感や臨場感に富んでいたとしても、科学的な検証に耐える資料としては十分なものではない。そこで、民族学的調査の一環として写真を活用するべく、アントロポメトリーと一体となったベルティヨン法が採用されたわけである。

そのなかで、場所を厳密に撮影するのが「測量的写真(photographie géométrique)」である。この写真術は、焦点距離など、撮影環境を前もって厳密に規定しておくことで、写真から現場を再構成することを可能にするものである。逆に言えば、司法写真は、この測量的=幾何学的厳密さを人体に適用したものなのである。

以上のように、ベルティヨン法とは、治安や警察、司法の制度全体を、写真的に正確なものにすると同時に、写真という技術そのものを正確にする試みだったのだ。このような写真の使用はまた、かれの方法を、同じ世紀の、たとえばロンブローゾのような犯罪学とも明瞭に差異化するものである。

このようなベルティヨン法は、ラファーターらの前世紀の観相学と連続していると同時に断絶している。まず、ベルティヨンはシルエットにかえて写真術を採用し、さらにその写真術を体系的に使用した。ラファーターはシルエットを絵画より人の手を経ることがない、客観的なものだとしていたが、写真、特に測定のために形式化、標準化された写真術は、シルエットにもまして、個々の人物の特徴をより正確、客観的に定着させるものである。

また、ベルティヨン法は、人物の内的性向を捉えようとするのではなく、群衆の中で人物を特定することに特化したものである（この差異は、ベルティヨンとロンブローゾの差異でもある）。もはや人を「知ること（connaissance）」に関わることなく、純粋な「再認（reconnaissance）」だけが問題なのだ。この意味で、ベルティヨン法は、観相学に新たな根拠と同時に新たな有用性を与える試みだったのである（ヘーゲルはこの学を、根拠も有用性もないものだと批判していた）。そして、それを可能にしたのが、写真という新たな証拠＝明証性を与える表象技術だったのである。

ここまでわれわれは、絵画、シルエット、写真といった表象技術と密接に関連しながら展開してきた〈顔〉をめぐるアプローチの系譜をたどってきた。それぞれの技術と相互作用してきた観相学は、〈顔〉の記号論が明らかにしたふたつの軸――表情解釈と人物特定――のうちの一方を前景化するのであった。このような展開を経て、最終的には写真という複製技術の時代にまで到達したわけである。もっとも、このような技術化の進展は、写真の先行者たるシルエットのことを考えれば明らかなように、突然、生じるものではなく、断絶を記しながら、先行する技術を発展させると同時に、後続する技術によって、さらなる発展を経験していくことになる。シルエットに続く写真を受け継ぐ映画は、動画と大画面という特徴によって写真を発展させるものである。映画の時代の〈顔〉は、いかなる相貌を見せるか。次章では、この点について考えていくことにする。

注

＊1――François Dagognet, « La demi-erreur physiognomonique », *Faces, surfaces, interfaces*, J.Vrin, 1982, p. 105.

＊2――アルフォンス・ベルティヨンの生涯については、以下を参照。Suzanne Bertillon, *Vie d'Alphonse Bertillon, inventeur de l'anthropomtrie*, Gallimard, 1941 ; Pierre Piazza (sous la dir. de), *Aux origines de la police scientifique : Alphonse Bertillon, précurseur de la science du crime*, Karthala, 2011.

＊3――S. Bertillon, *op. cit.*, pp. 117-119.

＊4――Alphonse Bertillon, *La photographie judiciaire : avec un appendice sur la classification et l'identification anthropometriques*, p. 110 et Planche VIII.

＊5――A. Bertillon, *Identification anthropométrique : Instructions signalétiques*, nouvelle édition, 1893, p. VI.

＊6――ヴァルター・ベンヤミン「写真小史」久保哲司訳、『ベンヤミン・コレクション〈1〉――近代の意味』浅井健二郎編訳、ちくま学芸文庫、一九九五年、五六一頁。

＊7――W・ベンヤミン「ボードレールにおける第二帝政期のパリ」久保哲司訳、『ベンヤミン・コレクション〈4〉――批評の瞬間』浅井健二郎編訳、ちくま学芸文庫、二〇〇七年、二三二頁。

＊8――エドガー＝アラン・ポオ「群集の人」中野好夫訳、『ポオ全集〈1〉』東京創元社、一九六九年、三九三頁。

＊9――シャルル・ボードレール「現代生活の画家」阿部良雄訳、『ボードレール批評〈2〉』ちくま学芸文庫、一九九九年、一六〇―一六一頁。

＊10――カルロ・ギンズブルグ「徴候――推論的パラダイムの根源」武山博英訳、『神話・寓意・徴候』せりか書房、一九八八年

＊11――この両義性は、「ストゥディウム」と「プンクトゥム」と呼ぶこともできるだろう。

＊12――トム・ガニング「個人の身体を追跡する――写真、探偵、そして初期映画」加藤裕治訳、長谷正人ほか編『アンチ・スペクタクル――沸騰する映像文化の考古学』東京大学出版会、二〇〇三年、一一一頁。

＊13――Christine Phéline, *L'image accusatrice*, Les Cahiers de la Photographie 17, 1985, pp. 112-113.

＊14――A. Bertillon, *Identification anthropométrique...*, p. XIV.

＊15――*Ibid.*, pp. XIV-XV.

＊16――*Ibid.*, p. 137.

＊17――写真に先立ってすでに、シルエットを取り出す「フィジオノトラース」を使って、犯罪者たちの肖像集を作ることも提案されていた。

＊18――Cesare Lombroso, *L'Uomo delinquente*, 1876, traduit par Georges Régnier, et Albert Bournet, *L'homme criminel : étude anthropologique et médico-légale: Atlas*, 1887, p. 5.

＊19――A. Bertillon, *La photographie judiciaire*…, p. 1.

＊20――*Ibid.*, p. 7.

＊21――*Ibid.*, pp. 9-10.

＊22――André-Adolphe-Eugène Disdéri, *L'art de la photographie*, 1862, p. 265.

＊23――A. Bertillon, *La photographie judiciaire*…, p. 46.

＊24――Alphonse Bertillon et Arthur Chervin, *Anthropologie métrique : conseils pratiques aux missionnaires scientifiques sur la manière de mesurer, de photographier et de décrire des sujets vivants et des pièces anatomiques*, Imprimerie nationale, Paris, 1909, p. 1.

第４部　indi-visual の誕生——文化産業の〈顔〉

第10章　クレショフ効果と映画の〈顔〉

ヴァルター・ベンヤミンは、肖像写真にアウラの「最後の避難場所」を見て取ったが、映画における〈顔〉のあり様を問うことは、このアウラの行方を見定めることである。複製技術時代の芸術として、写真に続く映画にも注目するベンヤミンは、映画俳優が観客ではなく、カメラという技術装置を前にして演技するようになり、その演技が、モンタージュを見越した、断片的なものとなることを指摘する。こうして、舞台俳優が観客と時空を共有することで身に纏っていたアウラが失われるのだと宣告する。

しかし、巨大なスクリーン上のクローズ・アップの〈顔〉は、肖像写真以上に、アウラに避難場所を供するのではないか。断片化した演技も、スクリーン上で別のかたちで再構成され、この再構成において〈顔〉、なかでも、スターの〈顔〉が中心的な役割を演じるのではないか。あるいは、映画が〈顔〉のメディアであるがゆえに、このメディア特有のスターという形象が誕生するのではないか。

このような問いをいち早く問うたのが、詩人・作家であり、映画理論家・評論家でもあるベラ・バラージュである。一九二四年に出版された『視覚的人間――映画のドラマツルギー』は、マクルーハンのメディア論を彷彿とさせる著作である。『ノートル・ダム・ド・パリ』でフロロ副司教が口にする「あれがこれを殺す」という言葉に言及しながら、印刷術とともに、「見える精神」と「視覚の文化」が、「読まれる精神」

と「概念の文化」へと変化したのが、映画の登場によって反転すると言う。さらに、この反転がもたらす影響は、印刷術に比べて勝るとも劣るものではないと付け加える。そして、バラージュによれば、このような一連の変化が関わるのは、なによりまず〈顔〉であり、その意味で、『視覚的人間』は、映画の時代の観相学の試みなのである。この著作は次の一節で始まっている。

印刷術の発明は人間の顔を次第に分りにくいものにした。[*1]

印刷術によって一度、見失われたかに思われた〈顔〉だが、視覚的文化を再興する映画が「人間に新しい顔つきを与え始めている」とされる。このように〈顔〉の行方に注目しながらメディアの変遷を概観するバラージュは、映画のもっとも固有な領域はクローズ・アップであり、そこにこそ「この新しい芸術の新大陸が開けている」と断言する。映画では、あらゆるものがクローズ・アップで映し出されうるが、それがもっとも力を発揮するのは、〈顔〉に関してである。たしかに、演劇でも〈顔〉は決定的な役割を演じている。しかし、映画における〈顔〉の重要性は、それと比較になるものではない。クローズ・アップによって、ひとりの人物の〈顔〉がドラマのすべてとなり、ひとりの人間それだけで全体となるのが映画なのである。

演劇ではもっとも重要な顔でさえ、つねにドラマの全体の一部として含まれているにすぎない。しかし映画はクローズ・アップによって一つの顔がスクリーン全体に広がると、数分のあいだ顔が〈全体〉となり、ドラマはその中に含まれる。[*2]

演劇では、観客はセリフを追わねばならず、そのため、〈顔〉そのものへの注目は削がれる（「我々は言葉に耳を傾けているときには相貌に心を集中しない」)。それはまた、俳優の側にも当てはまる(「耳に対してよくわかるように話さなければならない俳優は、口と、したがってまた顔全体の自発的表現動作を損なってしまうからである」)。それゆえ、演劇における〈顔〉はドラマの一部にとどまることになる。それに対して、映画のクローズ・アップは、〈顔〉の細部までまじまじと観察する「微視的観想」を招き寄せる。視覚的人間の微視的観相の力がもっとも発揮されるのは、サイレント映画においてである。

サイレント映画は顔による表現を周囲のものから切りはなす。あたかもそれによって、サイレント映画は未知の新しい魂の次元に足を踏み入れたかのようである。それはわれわれに新しい世界――肉眼では日常生活の中で見ることのできない、微視的観想の世界を見せてくれる。サウンド映画では、この微視的観想の演ずる役割は非常に小さくなった。というのは、言葉は表情の演技が表現することのできない――ように思える――多くのものを、もっと明瞭に表現することができる――ように思える――からである。[*3]

俳優の声を聞き取ることができないサイレント映画は、なによりまず〈顔〉の映画なのであり、観客は、スクリーンに大写しにされた〈顔〉と無媒介に対面することになる。

顔の表現とその表現の持つ意味は、何らかの空間的関係も、空間との何らの結びつきももたない[…]。孤立した顔と向き合うとき、われわれは空間の中にいるとは感じない。われわれの空間感覚は失われてしまい、異質な次元、すなわち相貌が開けてくる。[*4]

この意味で、バラージュが論じる「視覚（Sicht）」的人間とは、実のところ、〈顔（Gesicht）〉に捉えられた人間のことなのである。

バラージュに先立って、ジークフリート・クラカウアーも、舞台俳優と比較しながら、映画俳優の特質を明らかにしている。舞台の俳優は、舞台と観客席を隔てる距離のために、演技や表情の細部を観客に伝えることができず、それを補うべく、メイクや身ぶり、声の抑揚も誇張されたものにならざるをえない（「実際、舞台俳優の顔も身ぶりも「不自然」なものである。というのも、不自然でなければ、自然だという錯覚を生み出すことができないからである」）。[*5]

それとは正反対に、映画の俳優にとって、このような演技は避けねばならないものである。というのも、映画において、演劇的な誇張は、たとえ些細なものであっても、スクリーンに大写しにされることで、不自然なもの以外でなくなるからだ。それゆえ、映画俳優に求められるのは、「あたかもまったく演技しておらず、生活しているところをカメラで撮られたかのように」していること、すなわち、「日常性（casualness）」である。そこで特に重要になるのが、〈顔〉、「演劇的なメイクを剝ぎ落とし［…］、肉体的な特徴、外的な動きと内的な変化のあいだの相互作用を顕わにする」〈顔〉である。リアリズムを重視する映画で、演技経験のない非職業的な人が起用されることがあるのも、われわれの日常のものである容姿や振る舞いによってのことである。この観点からすれば、職業的な俳優の利点は、どんな状況でも安定して演技できることにある。そして、この利点を体系的に活用するのが、ハリウッドのスター・システムである。

ハリウッドは、スターを制度化することで、自然な魅力を、あたかも石油のようにして利用する手段を発見したのだ。［…］典型的なハリウッド・スターは、みずからと変わることのない、あるいは、ほとんど手を加えていない、お決まりの役を演じている点で——メイクや広報の専門家の力を借りながらのことだが――、非職業的な俳優に似ている。スクリーンで演じている現実的な人物によって、スターの存在が志向しているのは映画を超えたものである。スターが観客を感動させるのは、あれやこれやの役柄にふさわしいからではない。そうではなく、ある特定の人物――観客が現実だと信じている、あるいは、その現実と代わって欲しいと願うような、映画の外の世界に、演じている役柄とは独立して存在している人物――として存在すること、あるいはそのように見えることに適っているからなのだ。スターが演技力を発揮するとしても、それは、みずからがまさにそれである個人、あるいは、そのように思われている個人を映し出すためでしかない。[…]晩年のハンフリー・ボガートは、船員を演じるのであろうと、私立探偵やナイトクラブの経営者を演じるのであろうと、一貫して、ハンフリー・ボガートに依拠していたのであった。[*6]

スターは観客に理想的なイメージを抱かせる。俳優であるかぎり、物語世界内で役を演じているわけだが、スターが演じているのは、個々の物語世界を超えた理想的なイメージなのだ。そのイメージは、裏切ることなく維持されているかぎり、一種の天然資源として利用することができる。このような理想的なイメージによって、スターは、役柄を演じるただの俳優を超えたスターとしてみずからを確立することになるわけである。

ガルボの〈顔〉――スターの神話作用

バラージュもまた、このような演じる役に対する過剰性によって確立されるスターのスター性を指摘しているが、その際、例として挙げるのは、グレタ・ガルボである（図22）。彼女は、スウェーデン出身で、二十年代から三十年代、すなわち、ハリウッドがトーキーの登場とともに迎えることになった黄金時代に「女神 divine」として君臨したスターである。はやくも三十五歳のときに引退した後は——彼女が最後に出演したのは、四一年の『奥様は顔が二つ』であった——、公の場に姿を見せることもなく、まさにそれによって伝説となったのであった。しばしば、その繊細な演技法が時代に先駆けるものとして評価されるが、バラージュによれば、映画のスターがスターたりうるのは、演技によってなのではない（「もっとも大衆的な人気をもつスターたちは、まったく演技をしなかった」）。そうではなく、どんな役を演じても、あいかわらず自身でありつづけ、「いつも同じ彼ら自身を演じた」ことによってなのである。

> 役が変わるたびに、その名や衣裳や社会的地位は変わったが、しかし彼らの表現するのはいつも同じ人間、すなわち彼ら自身だった。というのは、彼らの演技の支配的要素は、彼らの肉体的外貌だったからである。彼らはつねに馴染み深い人物として、新しい映画に登場してきた。そして、役のマスクをかむるのは彼らではなかった。逆だった。役が前もって彼らの《体に合わせて裁たれた》のである。観客が愛したのは、彼らの俳優としての演技ではなく、彼ら自身、つまり彼らの個性の魅力にほかならなかったからである。[*7]

グレタ・ガルボの人気も、〈顔〉の造作や表情ではなく、そこにつねに透けて見える、いわゆる「ガルボ・フェイス」、すなわち「ほとんど解剖学的に固定化してしまった不変の」〈顔〉によるわけである。もっとも、バラージュは、それを心理的なものに根拠づけ、スターとは、自身の心情を表現する「叙情詩人」のようなものだとし、ガルボもまた「異邦人のもつ哀愁、孤独者の哀愁」を表現したがゆえにこそ、スターたりえたのだと心理学的な診断を下している。

以上のように、バラージュとクラカウアーの議論が明らかにしているのは、映画スターが、演じられる役柄と演じている俳優の二重性、そして、役柄に対する俳優自身の前景化によって誕生するということである。

この点は、後の論者たちによっても指摘されている。たとえば、バラージュと同じく、グレタ・ガルボを典型的なハリウッド・スターとして論じ、なかでもそのクローズ・アップで映し出された〈顔〉を賞賛するロラン・バルトも、それが「人間の顔の原型」であり、「プラトン主義で言うイデア」[*8]を具現化していると言う。しかし、その一方で、バルトは、その〈顔〉が人間的で、個別的な側面をとどめていると付け加える。

> グレタ・ガルボの顔は、映画が本質的な美から実存的美を抜き出し、原型が滅びる形象の魅惑へと身を寄せ、肉体を伴った本質の輝きが女性の叙情詩に場を譲る危うい瞬間を表している。[*9]

図22：ガルボの〈顔〉。

ガルボの〈顔〉は、原型的なものと個別的なもの、本質と実存という二重性のあいだの緊張関係のただ中に置かれているわけである。

このような分析をさらに推しすすめ、主題として取り上げたのが、エドガール・モランである。モランもまた、映画のスターの特有性を舞台の俳優と対比することから始めている。それによれば、映画と舞台の俳優を区別するのは、前者では、俳優と役柄の関係がまったく混同されているわけではないが、しかし同時にまったく相独立しているわけでもないことである。そして、それこそがスターを誕生させるものである。

俳優がみずからの役柄を飲み込んでしまうことはなく、また、役柄が俳優を飲み込んでしまうこともない。映画が終わると、俳優は俳優に改めて戻り、役柄は役柄のままである。しかし、俳優と役柄が一緒になることから両者の特色を受け継ぎ、両者を合わせ持った混合的存在、つまりスターが誕生するのだ。[*10]

スターを誕生させるこのような二重性にとって特に重要なのが、舞台俳優のとはまったく異なった、映画俳優特有のメイクである。舞台で表現される感情は、いわば仮面として固定され、古代ギリシアや東洋の仮面や化粧を受け継ぐものである。舞台では、メイクによって、俳優は「祭祀に相応しく、神聖なもの」となることで、役柄に取り込まれてしまい、個別性を失ってしまう。映画俳優を特徴づける二重性が舞台俳優からは奪われているわけである。これに対して、映画の場合、リアリズム映画で明らかなように、メイクは不可欠なものではない。必要なのは、自然さ、日常性である。

映画におけるメイクは聖なる顔と日常の俗なる顔を対立させることはない。それは日常的な美をより高次で、輝かしく、不変の自然な美へと高めるのだ。[*11]

舞台において、俳優は仮面やメイクによって類型化されることで、役柄に取り込まれ、その個性が抹消される。それに対して、映画ではまったく逆の力学が働き、日常的な〈顔〉がひとつの美にまで高められる。メイクの役割は、〈顔〉の自然な側面を強化し、延長することにこそあるのだ。こうして、映画における俳優は、〈顔〉の自然な美しさとメイクの人工的な美しさを結びつける独自の総合によって、美を具現化することになるわけである。

このような映画的な美学が頂点に達するのは、クローズ・アップで映し出されるキス・シーンである。モランによれば、キスは愛情を表現するための技術でも、検閲によって禁止された性行為の代替物でもない。それは、「口から漏れる吐息を魂と同一視する無意識の神話」[*12]を呼び覚まし、触覚的で、口唇的な欲望を掻き立てるものである。映画において交わされるキスは、人間の生の基層、もっとも古い段階に訴えかけるのだ。こうして、スターの〈顔〉はスクリーンだけでなく、観るものの心をも占拠することになる。クローズ・アップで映し出されたキスの場面こそが、「二十世紀の愛情における顔と魂の役割の勝ち誇った象徴」[*13]なのである。

モランによれば、〈顔〉がこのような力を発揮しうるのは、「同一化」と「投影」を受け止めるスクリーンだからにほかならない。

スターがスターであるのは、映画の技術的システムが投影と同一化を発達させ、喚起するからである。そして、それはこのシステムがこの世でもっとも感動させる力を持つもの、つまり人間の美しい顔に集中する時に神格化されるまでになる。[*14]

観客は、スターのクローズ・アップの〈顔〉を理想的なものとして同一化する、すなわち、取り込むと同時に、みずからの理想をそこに投影する。このような〈顔〉と〈顔〉のあいだの交流は、先に見た「夢のスクリーン」が問題にしていたものである。クローズ・アップで映し出される〈顔〉は、まさに「夢のスクリーン」なのである。バラージュは、「子供たちは世界をクローズ・アップで眺める」[*15]と言ったが、逆に言えば、映画のスクリーン上で、クローズ・アップの〈顔〉と対峙するとき、観るものは、原初の経験、知覚へと立ち帰るわけである。
この点をさらに発展させたのが、クリスチャン・メッツによる精神分析的映画理論である。その理論が基づいているのは、「映画は鏡に似ている」という着想である。しかし、この類似関係には、急いで、ひとつの留保が付け加えられる。というのも、映画は、鏡と同様、世界にあるどんなものも映し出すが、ひとつだけ決して映らないものがあるからだ。

それは観客自身の体である。ある一個所で、鏡は突然、裏箔のないガラスに変わってしまう。[*16]

先に見たように、ラカンの鏡像段階論によれば、生後間もない乳児は、いまだみずからの身体の輪郭を把握できておらず、うまくコントロールすることができない。身体が、ひとつのまとまりを持ったものとして捉えられていないのだ。このような把握に達するのに先駆けて、鏡に映った像をみずからのものとすること、つまり、鏡像と同一化すること＝取り込むことで、乳児はアイデンティティーを獲得していくのであった。しかし、映画で、観客はみずからのものとすべき像を眼にすることができない。アイデンティティーを与えてくるはずの像を見出すことがないのだ。そのとき観客が同一化するのは、あらゆる映像を映し出しながらも決して映し出されることのない映写機であり、カメラである。カメラが撮し取ったものを映し出す映写機は、映画館における、カメラの分身《ドゥブル》であり、観客は映写機が映し出すものを見ることで、その映写機を通して、カメラの分身となるのだ。観客は、「もともと撮影機を反復《ドゥブル》している映写機をもう一度反復《ドゥブル》する」わけである。それと同時に、観客の網膜は、感光性の表面として、「もともとフィルムを反復《ドゥブル》しているスクリーンをもう一度反復《ドゥブル》する」。観客は、対象に向けられたカメラと同時に、その対象の映像を焼き付けるフィルムの分身なのだ。このように、映画は、カメラや映写機、フィルム、スクリーンといった一連の装置のあいだの反復、分身の戯れから成り立っているわけである。そして、この装置を介した反復関係は、実のところ、乳児が経験する鏡像段階を反復するものにほかならない。映画は鏡像段階を再現し、観客をそこに遡行させるのだ。

このような観客と映画のあいだに結ばれる関係性について、映画理論家、ジャン＝ピエール・ウダールは、ロベール・ブレッソンの『ジャンヌ・ダルク裁判』、特に、カメラの切り返しの役割に注目し、「縫合（suture）」の概念によって理論化している。この概念は次のように定義される。

> 画面＝逆画面によって連接された映画的言表の枠内においては、ある誰か（〈不在者〉）というかたちでの欠如の出現に続き、そのある誰かの境域のなかにいる誰か（または何か）により、そうした欠如が廃棄されるという点である。［…］つまり、〈不在〉の境域（画面外）は、不在と現前という二つの境域によって構成される映画作品上の場において、想像力によってつくられる境域となる。また、意味するものは、この境域においてこだまに出くわし、映画的境域＝画面にあとから根をおろす。[*17]

ある対象を捉えたショットには、それを捉えた不在の主体が潜在的に対応しており、観客はその不在者の位置に身を置くことで、みずからを、映画を観る主体として立ち上げることになる。映画における同一化のプロセスを名指す「縫合」の概念はもともと、ジャック＝アラン・ミレールがラカンの鏡像段階を説明するために提出したものであった。つまり、映画を見る主体は、視線の戯れを介して、流れ行く映像と鏡像関係に置かれ、縫合されているわけである。

鏡像段階をめぐって、ラカンに抗して、ウィニコットが主張していたのは、〈顔〉こそが第一の鏡だということであった。そして、ここまで見てきた、映画におけるスターをめぐる議論が明らかにしていたのは、映画が〈顔〉、なかでも、スターの〈顔〉のメディアだということであった。つまり、〈顔〉こそが、映画における装置を介した反復関係と、精神分析的な鏡像段階のあいだを媒介し界面となっているわけである。クローズ・アップで映し出されるスターの〈顔〉は、鏡像段階を再現する鏡にほかならないのだ。

以上のようなバラージュ、クラカウアー、バルト、モランによるスターの理論と、メッツやウダールによる精神分析的な映画論は、映画がクローズ・アップ、すなわち、〈顔〉のメディアだということを明らかにするものである。舞台と異なり、映画における俳優では、演じる役柄に対してその存在そのものが前景化してくる。それゆえ、スターともなれば、その役柄はみずからに合わせて「裁たれる」ことになる。そして、ウィニコットがラカンを批判しながら言ったのと同様に、クローズ・アップで映し出されたスターの〈顔〉はひとつの鏡なのであり、映画とその観客のあいだには、合わせ鏡のように向かい合った〈顔〉と〈顔〉によって、原初的な関係が再現されるわけである。

先に見たように、クローズ・アップが可能にした微視的な視線は、演技にしろメイクにしろ、演劇的な誇張を避けた自然さ・日常性を要請するものであった。それはまた、映像の流れから構成される映画というメディアが、写真におけるような決定的瞬間ではなく、「不特定の瞬間」を定着させる表象技術であるがゆえのことでもある。映画とは、特権的な瞬間＝ポーズのメディアではなく、持続、生のメディアなのだ。こうして定着される不特定の瞬間をひとつの物語として束ねていくうえで中心となるのが、クローズ・アップで映し出され、スクリーンを占める〈顔〉なのである。クローズ・アップと映像の流れという、映画というメディアを先行するメディアから区別するふたつの特徴は、このように不可分なものとして、映画を構成するものである。この点を明らかにするのが、いわゆるクレショフ効果である。

続いては、ロラン・バルトが示唆し、ベルナール・スティグレールがこの効果を参照しながら発展させた映画の現象学を検討することで、このメディアにおける〈顔〉の役割を明らかにしていくことにしよう。

写真的明証性――写真の延長としての映画

『神話作用』でガルボの〈顔〉を論じていたロラン・バルトの『明るい部屋』は、写真の現象学の試みである。しかしまた、写真との比較における映画のメディア的な特質を明らかにするものでもある。そこでまず指摘されるのは、映画が、写真と同様、被写体の過去の一瞬を定着させるメディアであり、その意味で、写真の延長上にあるということである。

映画では、二つのポーズ、つまり俳優自身の《それは－かつて－あった》と役柄のそれとが混ぜ合わされている。そのためわたしは（絵を見るときには経験しないことだが）、すでに故人となったことを知っている俳優の映画を見たり、見なおしたりすると、必ず一種のメランコリーに襲われずにはいない。それは「写真」のメランコリーとまったく同じものである。（亡くなった歌手の声を聞いたときにも、わたしはこれと同じ感情を味わう。）[*18]

「ポーズ」こそが、「写真の本性の基礎」なのであり、どんなに短くとも、その一瞬、停止の瞬間、被写体はカメラのレンズの前にたしかに存在していた。それゆえ、写真、そして、その延長としての映画に映し出された対象といま、ここで取り結ぶ関係は、その本性からして、メランコリックなものとなる。「それは－かつて－あった」が写真のノエマ、志向対象なのである。

わたしが《写真の志向対象》と呼ぶものは、ある映像またはある記号によって指し示されるものであるが、それは現実のものであってもなくてもよいというわけではなく、必ず現実のものでなければならない。それはカメラの前に置かれていたものであって、これがなければ写真は存在しないであろう。絵画の場合は、実際に見たことがなくても、現実をよそおうことができる。[*19]〔強調原文〕

映画もまた、この明証性によって特徴づけられている。写真にしろ、映画にしろ、このような明証性が生まれるのは、撮影の瞬間が、撮影される対象の瞬間と一致するからである。この一致によって、これらのメディア特有の「現実効果」が生み出されるのだ。

しかし、映画は写真を延長するだけのものではない。映画は、一瞬のポーズではなく、一連のポーズからなっており、それによって、運動を再現するメディアだからである。この変更によって、映画のノエマは、写真のそれとは根本的に異なったものとなる。

「写真」が動きだして映画になると、「写真」のノエマは変わってしまう。「写真」の場合は、ある何かが、小さな穴の前でポーズをとり、そこに永久にとどまっている（これがわたしの実感である）。しかし映画では、ある何かが、その同じ小さな穴の前を過ぎ去っていったのだ。ポーズは連続した一連の映像によって押し流され、否定される。「写真」とは別の現象学が始まり、したがってまた、「写真」から生まれたとはいえ、別の芸術が始まるのである。[*20]〔強調原文〕

運動を記録するメディアとしての映画では、ポーズによる「それは‐かつて‐あった」という写真的な明証性が揺るがされる。こうして、「別の芸術」が始まるのであり、「別の現象学」が要請されることになる。このようなバルトの示唆から、映画をめぐる別の現象学の確立を試みるのが、ベルナール・スティグレールである。この新しい現象学で中心となるのは、「過ぎ去り（passage）」であり、「時間対象（Zeitobjekt）」という概念である。

映画の「過ぎ去り」

スティグレールはまず、「映画という記録は写真の延長である」[*21]とし、バルトが論じた写真の明証性、「それは‐かつて‐あった」を「映画のふたつの根本原理」のひとつとする。そこでスティグレールが分析の俎上に載せるのは、フェデリコ・フェリーニの『インテルビスタ』、なかでも、フェリーニ自身とマルチェロ・マストロヤンニが、アニタ・エクバーグのもとを訪れ、三十年近く前に撮影された『甘い生活』をともに観る場面である。この場面で、観客は「アニタを登場人物として見ることはできない。とはいえ、アニタを見ることができるのは、登場人物としてでしかない」。というのも、「それは、彼女なのだが、演じている（それは映画である）かぎり、彼女ではない。しかしながら、彼女は演じていない（それは実人生である）」からである。

登場人物の生《せい》の瞬間はひたすらに役者の過去の瞬間である。[*22]

先に、演劇との比較において、映画では、役柄＝登場人物に対して、それを演じる俳優＝役者自身の姿が前景化してくることを見たが、スティグレールもまたこの点を、「写真の延長」としての映画に見て取っているわけである。

しかし、このような延長が及ぶのは、「ある程度まで」でしかない。それは、映画とともに「別の芸術」が始まるからである。

バルトは、絞首刑になろうとしているルイス・ペインの姿を美しいと言いながらも、その写真に、美しさを超えたもの、「プンクトゥム」を見てとっていた。つねにコード化されている「ストゥディウム」に対して——その写真の被写体が「ルイス・ペイン」であるという知識や、その写真が美しいとされていることは、ストゥディウムに属している——、プンクトゥムとは、「名づけられない」ものであり、否が応でも視線を引き付け、観る者を「刺す」。ルイス・ペインの写真において、プンクトゥムは、「彼が死のうとしている」という未来が、すでに過ぎ去ったものとして突きつけられることにある。

> わたしはこの写真から、それはそうなるだろうという未来と、それはかつてあったという過去を同時に読み取る。わたしは死が賭けられている過去となった未来を恐怖をこめて見まもる。この写真は、ポーズの絶対的な過去（不定過去）を示すことによって、未来の死をわたしに告げているのだ。わたしの心を突き刺すのは、この過去と未来の等価関係の発見である。少女だった母の写真を見て、わたしはこう思う。母はこれから死のうとしている、と。わたしはウィニコットの精神病者のように、すでに起こってしまった破局に戦慄する。被写体がすでに死んでいてもいなくても、写真はすべてそうした破局を示すものなのである。[*23]

スティグレールは、『インテルビスタ』、『甘い生活』のみずからの姿を観るアニタ・エクバーグに、このようなプンクトゥムを見て取っている（図23）。

『インテルビスタ』の特異性は、まもなく死に行くだろうということが見てとられる役者を見せることにある。

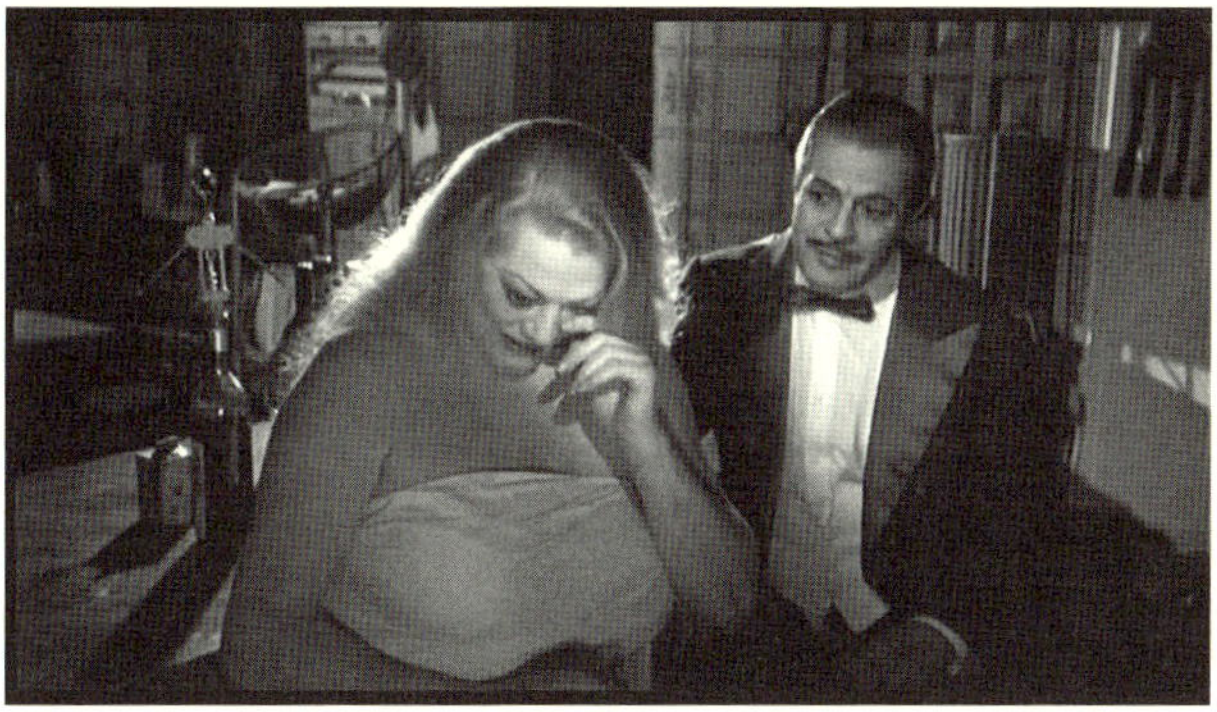

図23：A・エクバーグとM・マストロヤンニ（『インテルビスタ』より）。

ここで、「まもなく死に行くだろう」ということは、年齢によるだけのことでもなければ、イメージとして定着された後に実際、亡くなってしまったことを知っているという、事後の立場にあるがゆえのことでもない。そうではなく、映画が定着させる——しかし、写真には不可能な——「過ぎ去り」が突きつけられることにこそある。『インテルビスタ』という新たな映画のなかで、『甘い生活』に定着された過去のみずからの姿を観ることで、アニタ・エクバーグは、かつての現在が過ぎ去っていくのを目にする。それと同時に、こうして目にしながら過ぎ去っていく現在、つまり、『インテルビスタ』という映画、この現在がまた過ぎ去るものであることを、彼女自身のみならず（「彼女は現在が今まさに、不可避的に過ぎ去っていくのを目にする」）、この映画の観客に対して突きつけるのだ。映画は、写真と同様に、撮影の一瞬＝ポーズと被写体の一瞬＝ポーズが一致することで、過去を現在に結びつけ、現実効果を生み出すだけではない。写真との決定的な差異をなす、映画の「過ぎ去り」は、現在が特権的な一瞬ではなく過ぎ去るものであるかぎり、たとえ過去であっても、その過去の現在性、すなわち、過ぎ去るものとしての現在を定着させる。そして、フィルムに定着された「過ぎ去り」は、それが改めて展開される、現在の「過ぎ去り」と必然的に一致する。つまり、映画におけるように、過去が「過ぎ去り」として定着されているかぎり、その過去は現在なのだ。過ぎ去りは、つねに現在なのである。

このように、映画が停止した一瞬＝ポーズではなく、過去の「過ぎ去り」を定着させ、「過ぎ去り」として現在において展開されることによって、「別の現象学」、すなわち「時間対象の現象学」が要請されることになる。

それ［＝映画］は、停止《ポーズ》を知らず、フッサールの言う時間対象の現象学に関わるのである。[*24]

映画の現象学——時間対象をめぐって

フッサールが「時間対象」の概念を取り出したのは、意識の本質を明らかにするためであった。そこで見いだされたのが、過去把持と未来予持という、意識の現在における想起と予期であった。この意識の第一次層は、第二次層における想起や予期、すなわち、昨日のことを思い出したり、明日のことを思い描くことと峻別せねばならない。というのも、第二次層では、過ぎ去りもはや現前していないことや、あるいは、いまだ来たらず現前していないことに関わるからである。それに対して、第一次層は、今と、フッサールが「たった今過ぎ去ったもの」と名指す、現前し続けているものとのあいだの根源的な連合のことである。この意識の第一次層を明らかにするためにフッサールは、メロディーを例として挙げる。メロディーを聴いているとき、それは流れとして現前している。流れとしてのメロディーにおいて、今現前している楽音のそれぞれはその内に、先立つ楽音を把持しており、この先立つ楽音自身がさらに先立つものを把持しており、またさらに……というかたちで、現在の楽音はみずからの内に、先立つすべての楽音を「現持している＝今まさに維持している(maintenir)」。「今(maintenant)」とは、「現持しているもの」のことなのである。

そして、今まさに流出しつつあるものとしての意識とは、このような時間対象なのであり、その「今」とは、この対象の既に過ぎ去ったすべての「今」の中から選択したものを、みずからの内に維持しながらある。別言すれば、時間対象において、現在の「今」に先立つ「今」は、過ぎ去ったものでありながらもなお、その対象の内に「現持」されているわけである。その意味で、過去把持とは、過去となりながらも現前させつづけるものであり、過ぎ去りゆく現在の「今」の内に、過ぎ去ったものとして現前させつづけるのだ。つまり、メロディーをメロディーたらしめるのが、個々の楽音ではなく、音と音の連鎖関係であるのと同様に、意識の現在も、過去と未来との連鎖においてしかない。メロディーにしろ、意識にしろ、流れとしてあり、そのものの内に時間を孕んでいるのが「時間対象」なのである。

このような「時間対象」を、十九世紀に誕生したアナログ・メディアは産業的に複製することになる。それはたとえば、音楽を産業化するレコードであり、映像を産業化する映画である。フッサールは時間対象を概念化するにあたってメロディーを例にしたが、産業的に生み出される時間対象を問題にするにあたってスティグレールが参照するのは、いわゆるクレショフ効果である。

この効果あるいは実験は、ソ連の映画理論家たちによって、モンタージュとクローズ・アップという技法の効果を科学的に証明し、映画という表現技術の固有性を明らかにすると考えられたものである。この効果を証明したとされる実験は、それを共同で行ったフセヴォロド・プドフキンによれば次のようなものであった。俳優イワン・モジューヒンの無表情の〈顔〉がクローズ・アップで撮されたショット——「静止的で、いかなる種類の感情も示していない大写し」[*25]――に、テーブルの上に残されたスープ皿、長椅子に横たわった死んだ女性、クマのおもちゃと遊ぶ少女のショットを繋いだ短いシークエンスを用意し、このシークエンスを、何も知らせずに見せ、その反応を調べるというものである。そうしたところ、次のような反応が得られたのであった。

私達がその三つの結びつけたカットを、なんにも知らされていない観衆に示した時、その結果は驚くべきことになった。観衆は、俳優の演技の前に熱狂して有頂天になった。観衆は、忘れられたスープを前にしたそのまなざしの重苦しい苦々しさを強調し、死んだ女を前にして示された深い悲しみに心を動かされ、遊んでいる小娘を見つめる明るく嬉しそうな微笑に感嘆した。しかし、私達は、その三つの場合において、俳優の表情は全く同じものであることを知っていた。[*26]

三つのシークエンスで使われたモジューヒンのショットは同じ無表情のものだったにも関わらず、異なったカットが繋げられることで、重苦しい苦々しさ、悲しみ、明るく嬉しそうな微笑という、まったく異なった表情が読み取られたわけである。同じ中立の〈顔〉にも関わらず、続くカットによって、異なった感情価、意味が付与されたのだ。このように、モンタージュによって、現に提示された映像を超えた「新しい観念、新しい性質」を有するようになることは、映画が弁証法の論理を実現するメディアだということにほかならず、その意味で、イデオロギー的にも正統なものであることを証明する実験、効果だったのである。

スティグレールがこのクレショフ効果を取り上げるのは、メロディーがメロディーたりうるのが楽音の連鎖関係であったのと同じく、映画が映画たりうるのがカットの連鎖関係によってであることを証すものだからである。そして、クレショフ効果に着目することで、フッサールがメロディーを例にして、意識の第二次層（想起／予期）に対する、第一次層（過去把持／未来予持）を明らかにしたのを発展的に継承し、映画という「産業的」時間対象、すなわち、意識の第三次層を明るみに出す。別言すれば、メロディーではなく、クレショフ効果を取り上げることによって、意識の次元──第一次層──からそのままに、技術、そして、産業の次元──第三次層──を問題にすることが可能になるわけである。

そして、これらの三つの層の関係についてはまず、第一層から第二層が生み出され、それを技術的に外在化するのが第三次層ということになる。それと同時に、どんな技術対象も間世代的な記憶の媒体であるかぎり、第三次層は、第一層・第二層に先行し、つねに既に、すなわち、起源ではなく「既現的」なものとして、そこにあり、ふたつの層の環境として、それらの可能性の条件を構制している。

以上のように、映画は、メロディー、音楽と同じく、時間対象なのであり、それは映画が意識と同じ構造だということにほかならない。それゆえ、映画の流れと観客の意識の流れが一致する、同期＝共時化するのだ。スティグレールは、この流れにおける一致を、バルトが指摘した過去と現在のあいだの写真的な一致に加えて、映画の第二原理とする。

もうひとつは、映画の流れと、その映画の観客の意識の流れの一致である。音声の流れによってつなぎ合わされる、写真の停止《ポーズ》のあいだで生み出される運動の働きによって、映画の時間の、観客の意識の時間による全面的な取り込みの仕組みが始動する。意識は、それ自身が流れであるため、映像の運動によって魅了され「導かれる」のだ。この運動が、あらゆる観客に宿る物語欲望を備給されることで、映画的感動に典型的な意識の運動を解放するのである。[*27]

意識は、同じく流れであるがゆえに映画と同期＝共時化し、その流れに取り込まれる。時間対象を産業的に生み出す映画を始めとした文化産業の力は、このような意識のレベルにおいて行使されるがゆえのものなのだ。

スティグレールによる「産業的時間対象」を鍵概念とする映画の現象学は、クローズ・アップとモンタージュの働きを取り上げたクレショフ効果を、意識のレベルにまで深化させると同時に、意識の現象学をそのままで文化産業の批判へと展開するものである。別言すれば、映画の現象学は、文化産業に対する「批判理論」を根本から基礎づけ直すものなのだ。

隠喩としてのクレショフ効果

先に見たように、いわゆるクレショフ効果あるいは実験は、ソヴィエトの理論家にとって、モンタージュとクローズ・アップが映画を他の芸術形式から隔てるものだとする議論に科学的根拠を与えるものであった。ここで「いわゆる」という留保を強いられるのは、それを広く知らしめたのが、クレショフ自身ではなく、プドフキンによる報告を通じた間接的なものであり、クレショフが行った「実験」と、この実験が証明したとされる「効果」が区別されることもあるように、実験、さらには、効果の実態に不確かなところがあるからだ。[*28] ここでは、クレショフ効果が、映画という新たな表現形式における、俳優の演技の非連続化、形式化――モンタージュ技術のおかげでもはや劇場においてのように、最初から最後まで一貫して演技をする必要がなくなると同時に、演技を分析的に捉えることが試みられたのであった――と、断片的なカットの再構成、モンタージュに関わるものであることを押さえておくことにしよう。

そのうえで、クレショフ効果は、ひとつの隠喩として捉えるべきものである。

まず、映画やテレビで知覚される運動は、仮現運動と呼ばれるものだということがある。それによれば、たとえ静止画の連続であっても、コマのあいだの変化が微小な場合、われわれの知覚にとっては、現実の運動と変わるところがないものとなる。隠喩としてのクレショフ効果は、このような微少な認知レベルでの連続性に関わるものと解釈し直されるべきものである。

また、映画研究者のマルチーヌ・ジョリーとニコラ・マルクは、映画を学ぶ学生を対象に行った再現実験の結果から、この効果を否定している。[*29] つまり、繋がれる映像がどんなものであっても、中立の表情はあくまで中立のものとしてしか認知されず、モンタージュによって、無表情の〈顔〉にさまざまな感情価が付与されることは確認されなかったのだ。

このような否定的な結論に至った再現実験であるが、実のところ、映画における〈顔〉の役割に関して、興味深い、別の結論を引き出しうるものである。というのも、〈顔〉とそれ以外の対象の映像が編集されることで、単なるモノの羅列ではなく、「見る主体」と「見られる対象」という関係性が読み取られたのである。特に、表情のない〈顔〉へのクローズ・アップは、続いて映し出されたモノが、その人物の記憶や夢想などの内容を表しているという解釈を促したのだ。最小限であるとはいえ、物語の立ち上がりが確認されたわけである。このように、クローズ・アップで捉えられた〈顔〉は、たとえ無表情、中立であっても、あるいはむしろ、そうであるがゆえに、物語を立ち上げる端緒となり、見る者をその物語へと導入するのだ（スティグレールが『映画の時間と〈難－存在〉』を「物語欲望（désir narratif）」から始めているのも、このためである）。

この点は、クレショフが行ったとされるもうひとつの実験によっても確かめられるものである。ソヴィエト映画の専門家、山田和夫によれば、この実験が行われたのは、一九二一年三月のことであった。当時は、実験はもとより、制作のためのフィルムにも窮するほどであった。このような状況のなかで、クレショフはモスクワ地方政治教育委員会の写真・映画部から九〇メートルのフィルムを受け取ったが、それは、数分の映像しか撮影できないものであった。このわずかなフィルムを使って行ったのが、次のような実験である。

（一）一つの位置から撮影するダンス＝一〇メートル（二）モンタージュを使って撮影するダンス＝一〇メートル。（三）経験の違いによるモデル俳優体験の相互関連＝（a）一四メートル。（b）二〇メートル。（四）さまざまなアクションのシーンを単一の構成に連結する＝一三メートル。（五）人体の多様な部分の結合と、モンタージュによる希望するモデル俳優の創造＝一二メートル。（六）モデル俳優の目の動き＝二メートル。[*30]

このなかで、特に有名なのは（四）と（五）の実験で、それぞれ「創造的地理」のモンタージュ、「創造的人間」のモンタージュと呼ばれるものの効果を実証するものである。後者の実験は、別々の女性の上半身、眼、脚などの身体部分を撮影してつなぐと、実在しない女性像が知覚されるようになるというものである。[*31]それに対して、創造的地理のモンタージュについての実験の詳細は、実験に立ち会ったアンリ・アジェルによれば、次のようなものである。まず、ひとりの青年が、左から右に進む。次のショットでは、ひとりの女性が右から左に進む。第三のショットでは、ふたりが出会い、手を取り合い、青年が指で画面外の一点を指し示す。第四のショットでは、広い階段を持った白亜の大きな建物が映し出される。最後のショットは、階段を上っていくふたりの姿を提示する。これらの五つのショットは、実は、異なったフィルムから取ってこられたもので、最初の三つのショットはそれぞれ異なったロシアの街上で撮られたものであり、四番目のショットはアメリカの大統領官邸のものなのであった。このような雑多さにもかかわらず、一連のショットを観た者には、ひとつの連続したものと映ったのであった。

ここで重要なのは、いずれの実験でも、人の形象が中心になっていることである。「創造的人間」のモンタージュはもとより、「創造的地理」のモンタージュでも、異なった場所の映像であるにも関わらず、それが同じ場所であるかのような印象が生み出されるのは、一貫して同じ人物たちが見て取られるからである。もし、人物が登場していなかったり、あるいは、同じ人物に見えなかったなら、地理的な一貫性が看取されることはなかったであろう。地理的な一貫性を生み出しているのは、あくまで人物の一貫性なのだ。なかでも重要なのは、青年が画面外の空間を指さすという行為である。この指さしによって、映し出された女性の視線だけでなく、観衆の視線も誘導され、物語世界のなかへ導き入れられるのだ。

スター誕生——映画的〈indi-visual〉をめぐって

このようなモンタージュについての実験をめぐる議論から、クレショフ効果について、次のような結論を引き出すことができるだろう。つまり、モンタージュによって、中立の表情に感情的な価値、「新しい観念、新しい性質」が生み出されることは認められないものの、人の姿、なかでも、クローズ・アップの〈顔〉を中心として、物語が立ち上がってくるということである。もっとも、物語といっても、「見る」という行為を媒介にして打ち立てられる主体—対象関係という最小限のものにすぎない。しかしながら、〈顔〉が映し出されることで、ある人があるモノを見ているという統辞的なまとまりが確立される。この点は、〈顔〉が映し出されない場合と比べれば明らかだろう。ただモノが次々と映し出されるだけでは、それらのあいだに関係性は看取されず、物語としてまとめ上げられることもない。それが、〈顔〉が挿入されることで、単なるモノの羅列ではなく、見る－見られるという関係性が立ち現れてくるのだ。

イメージのあいだにこのような関係を打ち立てる〈顔〉はまた、スクリーンと観客のあいだの関係を打ち立てるものでもある。映像のなかで見る－見られるという関係性が成立するのに先だってまず、観る者の視線を引きつけ、映像のなかへ導いていかねばならない。この先導役を果たしているのが、〈顔〉なのだ。別言すれば、〈顔〉によって、物語世界に向かう対象志向に先だって、観客へと向かう他者志向が実現される。いわば〈顔〉が、観客と、イメージの連鎖からなった物語世界のあいだの蝶番となっているのだ。〈顔〉によって、観衆の視線が導かれることで、映像の断片は断片にとどまることなく、ひとつの物語へとまとめ上げられていくのである。

先に見たように、スティグレールは、映画という時間対象と観客の意識という時間対象の一致が映画の根本原理であり、この一致において、観客に宿る「物語欲望」が捉えられ、観客の意識は映画的感動へと導かれるのだと論じていた。われわれはこの議論を、クレショフ効果の再考から補強することができるだろう。つまり、映画と意識というふたつの流れが同期するのは、これらの流れが〈顔〉において接触するからであり、〈顔〉がふたつの流れの接触点、あるいは界面＝インターフェイスになっているのだ。物語に対する欲望が映画に備給される、あるいは、映画によって喚起されるのも、〈顔〉によってのことなのである。媒介となる〈顔〉がなければ、物語欲望が起動することもなく、ただのモノの羅列としか映らないだろう。観客の意識は〈顔〉に引きつけられ、それによって、映像の流れはひとつの物語となるのである。

ここまでの議論をまとめてみよう。まず、章の前半では、スターの理論と精神分析的な映画論を検討することから、映画がクローズ・アップ、特に、〈顔〉のメディアだということを確認した。また、決定的瞬間＝ポーズではなく、「不特定の瞬間」、すなわち、持続、生のメディアとしての映画をめぐる現象学は、映画が観客の意識と同じく、時間対象であることを明らかにするものであったが、そこでもまた、〈顔〉は中心的な役割を演じていた。クレショフ効果がひとつのメタファーとして、仮現運動が実現される認知レベルでの、イメージの連続性に関わるものであることを見たが、それと同様に、観客と映画の関係も、〈顔〉を媒介として、認知的なレベルで確立されるのだ。

こうして、クレショフ効果が明るみに出した、モンタージュとクローズ・アップという映画の弁別特徴は、スティグレールの映画の現象学を経ることで、意識・認知のレベルに関わるものへと深化を遂げることになる。そして、モンタージュとクローズ・アップであれ、あるいは、時間対象の現象学であれ、その中心にあるのは、〈顔〉である。クローズ・アップは言うまでもなく、モンタージュに関しても、物語を立ち上げる端緒となると同時に、映画と意識というふたつの時間対象を同期させる界面となるのも〈顔〉なのだ。

この映画において特権的な〈顔〉となるのを許されたのがスターなのであり、逆に、先行する表現様式とは比較にならないほど大きな影響力を持ったスターというメディア的存在が誕生するのも、映画が〈顔〉のメディアだからにほかならない。

この映画におけるスターのように、それぞれのメディアにおいて誕生し、それと同時に、それぞれのメディアを特徴づける存在を、われわれは〈indi-visual〉と呼んだのであった。[*32]〈indi-visual〉とは、個人が、もはや「不可分なもの（in-dividuel）」ではなく、「可分的なもの（dividuel）」の束へと還元されながらも、「イメージ＝ヴィジュアル（visual）」の次元で、たとえかりそめにでも、再統合されたもののことである。このようなイメージの中心となるのが、〈顔〉なのである。この概念を提出した際には、次のようなジンメルの議論を参照した。

形や面が人間の顔ほど多様性に富み、しかもその多様性が感覚の絶対的統一へ融合せしめられているものは存在しない。最高度に個別化した諸要素が最高度の統一に達するのは人間的協働の理想であって、この統一はもとより諸要素から成りながらも、しかしそれらのいずれをも超え、それらの協働のうちにのみ存する。生のもっとも基本的なこの形式は直観的なもののうちにおけるそのもっとも完全な実現を人間の顔貌において得たのである。[*33]

この統一体を、ジンメルは「魂」と呼ぶ（「魂とはすなわち統一なのだ」「肖像画の美学」）が、むしろわれわれは、それが〈顔〉という特異なイメージの効果によるものであり、それを〈indi-visual〉と名指したわけである。

われわれとメディアのインターフェイスである〈indi-visual〉はまた、文化産業の尖兵というべき存在である。映画のような文化産業が影響力を持ちうるのは、このような存在を介してであり、文化産業は〈indi-visual〉の〈顔〉をまとって、われわれに立ち現れてくるのだ。

マックス・ホルクハイマーとテオドール・アドルノの文化産業論で賭金となっているのもまさに、このことである。この点を、かれらの議論を検討することで明らかにしていこう。

文化産業と〈indi-visual〉

文化産業は、二十世紀以降、フォーディズムを補完するハリウッド映画やマーケティングに導かれながら全面的に展開してきた。それは「アメリカ流の生活様式」を広めることで、絶えざるイノベーションから生み出される製品を人びとに取り込ませ、世界規模の大衆市場を実現してきたのであった。

このような文化産業の興隆を前にして、ホルクハイマーとアドルノは、その批判的考察を次のように始めている。

> 今日では文化がすべてに類似性という焼印を押す。映画・ラジオ・雑誌の類いは一つのシステムを構成する。各部門が互いに調子を合せ、すべてが連関し合う。[*34]

かれらが、ドイツを逃れ、このような考察を練り上げていた三〇～四〇年代のアメリカでは、ハリウッド映画が黄金期を迎えていた。文化産業の典型として挙げられているのは、なかでもトーキーである。その第一作とされているのは、アドルノが嫌悪したジャズ（「たとえジャズ演奏家が実際に即興で演奏しているとしても、今やそれは、きっちり「寸法に合わせた（normalized）」ものになってきているから、個性尊重を規格に則った技巧で表現できるジャズ演奏専門の語法《ターミノロジー》が全面的に開発されたといっていいくらいだ。また、それに対応する広告宣伝の専門用語《ターミノロジー》もあって、こちらはジャズを広く知らしめようとする代理人たちが大騒ぎするのにもちいるものだが、職人芸をもつパイオニアという神話を吹聴し、また同時に、ファンにその楽屋裏を覗きみさせたり、内幕の噂を流したりするのである。[*35]」）を主題とした『ジャズ・シンガー』であったが、音楽映画はこの黄金期を支えたジャンルのひとつであった。ほかにも、たとえば、フレッド・アステアとジンジャー・ロジャースが出演した作品や、バスビー・バークレーが振り付けを担当した作品があった。同時代には、フランク・キャプラが『或る夜の出来事』や『我が家の楽園』でアカデミー監督賞を受賞し、ジョン・フォードが文芸作品と並んで西部劇を演出し、オーソン・ウェルズが『市民ケーン』で監督・主演を務めていた。ホルクハイマーとアドルノは、このような大衆向けに製作された映画を中心とする「複製技術時代の芸術」による疎外状況を批判したわけである。

スティグレールが注目するのは、ホルクハイマーとアドルノがカントの言う図式機能に言及している点である。図式機能とは、カントにおいて、特に『純粋理性批判』の第一版で、人の心の裡で働いている「ある秘められた仕組み」とされ、感性と悟性を統一する構想力――想像力、すなわちイメージの力――によって担われているものである。そして、映画という文化産業は、イメージの産業であり、まさにこのイメージの力に働きかけるものにほかならない。ホルクハイマーとアドルノの文化産業批判では、この点に関して次のように言われている。

> カントの図式機能においては、感覚的な雑多さを予め基本的な概念に関係づける働きは、まだ主体に期待されていたのだが、今やその働きは産業の手によって主体から取り上げられてしまう。顧客への第一のサービスとして図式機能を促進するのは、今や産業である。[*36]

この一節をスティグレールは、次のように注釈する。

> 産業的図式機能なるものが存在するのである。そして、それには首都がある。ハリウッドだ。[*37]

スティグレールの「象徴的貧困」論は、特に、フッサールの現象学を発展させた「産業的時間対象」を中心概念とするものであるが[*38]、ここでは、ホルクハイマーとアドルノ、そして、カントの「批判」を背景として、「産業的図式機能」を問題にしているわけである。

このような「時間対象」や「図式機能」に言及しながら提出される批判が明らかにしているのは、文化産業が、われわれの外からではなく、内から働きかけるがゆえにこそ、力を発揮するということである。文化産業は、われわれの意識そのものに働きかけ、それを市場化するのだ。この意味で、文化産業は、産業社会の後に位置づけられる「脱工業的（post-industriel）」段階ではなく、産業化の論理を徹底化する「ハイパー産業（hyper-industriel）」なのである。

このように、スティグレールは、図式機能というわれわれの心の裡の「ある秘められた仕組み」に対して文化産業が働きかける、まさにその仕組みを、フッサールの現象学、なかでも時間対象の概念を発展させることで解き明かすのであり、文化産業批判を徹底化する、いわばハイパー批判理論というべきものを提出しているのである。

ところで、先に見たように、映画という産業的時間対象が意識という時間対象に働きかけるのは、〈顔〉をインターフェイスにしてである。このメディアにおける中心的な形象である〈スター〉とは、この〈顔〉となることを許された存在のことなのであった。

実際、ホルクハイマーとアドルノの「文化産業論」の主要な論点は、スターをめぐっても提出されており、それに収斂すると言えるほどのものである。

文化産業の「典型」とされるトーキーは、その「衝撃的な導入」以来、映画、そして、映画に対する観客の関係を大きく変容させたのであった。

映画が日常の知覚を再現しようと躍起になっているため、外の街並みを、観てきたばかりの映画の延長のように感じるというよくある体験がいまや製作を導くようになった。映画の技術が経験的なものを緻密かつ完全に複製するようになればなるほど、外側の世界のほうが、映画の中で示された世界を切れ目なく延長したものであるかのような錯覚を簡単に生み出せるようになっている。[*39]

映画の描き出す世界が理想や夢ではなく、むしろ日常と地続きとなるわけだが、それは、演じるスターたちの変化としても表れてくる。つまり、グレタ・ガルボのような手の届かない存在ではなく、むしろ気軽に声をかけられそうな身近な存在——ミッキー・ルーニーの名が挙げられている——こそがスターになるのだ。

しかし、このような身近さ、スターと観客の近さは、実のところ、差異こそを際立てるものである。たとえば、若い女優は、同世代のどこにでもいる女性を代表する存在であり、それによって、誰しもが映画に出られるかもしれないと思わせる。しかし、スクリーンに登場するという特権を得たのは、ほかならぬそのひとりなのであり（「ただひとりだけが当たりくじを引くのであり、ただひとりだけが秀でているわけだ」）、近いがゆえに、両者のあいだの超えがたい差異がなおさら強く思い知らされることになる。この逆説を、ホルクハイマーとアドルノは次のように言っている。

かつて観客は映画を見ながら、他人の結婚式のうちに自分の結婚式を重ねてみたものだった。それがいまや、スクリーンの幸福な人たちは、観客ひとりひとりと同じ種のサンプルにすぎない。しかし、こうして同じであることで、諸個人の乗り越えられない隔たりが打ち立てられる。完全な類似性とは、絶対的な差異なのだ。類としての同一性が、個々人の同一性を禁止するのだ。文化産業は、人間の類的存在を皮肉なかたちで実現したわけである。[*40]

かつては手の届かない存在であったがゆえに、スターは観客を同一化へと誘ったのであった。それが、観客と変わることのない存在であるがゆえに同一化するよう招くことになる（「素朴な同一化」）。しかし、それは、物語世界に没入し、「我を忘れる」ような同一化ではなく、むしろ自身のあり様、自身の世界と物語世界の違いを突きつけるものでしかない。いわばスクリーンは鏡となり、観客はみずからを省みるように促されるのだ。

冒頭で、文化産業一般について、一見したところでは多様化していくように見えながら、実のところ、あらゆるものに「類似性」の刻印を押すものであることが指摘されていたが、それは文化産業論の全体を貫く論点である。それが、スターをめぐる議論において、先鋭的に表われているわけだが（「完全な類似性とは、絶対的な差異なのだ」）、それはまた、類似性が、人間を含めて、あらゆるものに刻み込まれるメカニズムを明らかにするものである。スターは、観客たちにとって、異なっているがためではなく、似ているからこそ、同一化の対象となるが、まさにそれゆえにこそ、特権的な存在となる。別言すれば、スターが特権的な存在だとしても、それはかれらに備わった性質によるのではなく、観客との関係性によってのことなのであり、その意味で、スターの特権性は相対的なものでしかない。こうして、スターを中心にして、観客のあいだに同一性が確立されるが、それによって、観客個々人は、みずからの同一性をみずからのうちにではなく、スターに見いだすことになる、すなわち、疎外されることになる（「類としての同一性が、個々人の同一性を禁止する」）。

この点に関して、「手記と草案」の「大衆社会」と題された断章では、次のように言われている。

スターたちを産み出す文化には、一部の者を取り立てて祭り上げる代りに、目立つものがあれば、何でも一様に均してしまう、そういう社会的メカニズムが働いている。スターたちは、いわば世界に流布している既製服の型紙であり、法律・経済的な鋏で裁断している、そういう鋏をもってしては、最後にはみ出した糸の端も、取り除かれてしまう。[*41]

この断章の補論では、独裁者について、超人というより、宣伝装置の一機能にすぎず、「無数の人々の同じような反応様式の交点」だとされ、「集団的投影」の対象だとも指摘されている。

ここで参照されているのは、フロイトの『集団心理学と自我の分析』である。そこでは、教会や軍隊のような組織の構成員のあいだで集団性＝兄弟性が確立されるのが、すべての構成員が、キリストにしろ、司令官にしろ、中心となるひとりの人物と同一化し、それを自我理想＝超自我として取り込むことによってなのだと分析されていた。

文化産業論は、このフロイトによる分析を、スターに関して応用しているわけだが、それは、「PR」がプロパガンダではなく、パブリック・リレーションの頭文字へと転用されたのと同様のことである。

あるいは、複製技術時代の芸術として、写真に続いて、映画を取り上げたベンヤミンも、俳優がカメラの前で演技し、それも編集を見越して演じるようになることで、舞台俳優が身に纏っていた「アウラ」が失われると断じていた。この消滅に対して、映画産業が編み出したのが「パーソナリティ」である。

映画界はアウラの消滅に対抗するために、スタジオのそとで人為的に〈パーソナリティ〉をつくりあげ、映画資本を動員してスター崇拝をおしすすめる。こうして温存されるパーソナリティという魔術は、いまではすでに腐敗しきったその商品的性格の魔術でしかなくなっているのである。[*42]

複製技術である写真では、アウラは、身近な人の肖像写真、その〈顔〉に最後の避難場所を見いだしたのであった。このアウラを「人為的に」再現すべく、スターに与えられるのが「パーソナリティ」なのである。このスターについての指摘は、映画をプロパガンダに用いた独裁者にこそ当てはまるものである。実際、レニ・リーフェンシュタールが描きだしたのは、スター以上のスターとしてのヒトラーの姿なのであった。つまり、ベンヤミンにおいても、スターをめぐる指摘は、複製が技術的に行われるようになることにともなう芸術の変容、そして、ファシズムにおける政治の美学化を主題とするかぎりで、その議論の核心に関わるものなのである。

以上のように、文化産業の批判において、映画、なかでもスターについての議論はその核心を占めている。

文化産業論は、その核心において、ひとつのスター論なのである。文化産業は、スターを介して、そしてそれゆえ、外からではなく内から力を行使するのだ。

これまで〈顔〉の働きを見てきたわれわれにとって、スターという〈indi-visual〉、その〈顔〉こそが、文化産業がその力を行使するにあたって働きかける心の裡の「ある秘められた仕組み」にほかならない。この点を明らかにすることで、スティグレールが「時間対象」の概念を発展させながら行ったのと同様に、文化産業論を深化させることができるだろう。

注

＊1――ベラ・バラージュ『視覚的人間――映画のドラマツルギー』佐々木基一ほか訳、岩波文庫、一九八六年、二七頁。

＊2――B・バラージュ『映画の理論』佐々木基一訳、學藝書院、一九九二年、八二頁。

＊3――同上、八六頁。

＊4――同上、七九頁。

＊5――Siegfried Kracauer, "Remarks on the actor", *Theory of Film : The Redemption of Physical Reality*, Princeton University Press, 1997, p. 94.

＊6――*Ibid.*, p. 99-100.

＊7――B・バラージュ『映画の理論』四〇二頁。

＊8――ロラン・バルト「ガルボの顔」『神話作用』篠沢秀夫訳、現代思潮社、一九六七年、五九頁［Roland Barthes, *Mythologies*, Le Seuil, Points, 1970, p. 66］。

＊9――同上、五九―六〇頁［*Ibid.*, pp. 66-67］。

＊10――エドガール・モラン『スター』渡辺淳ほか訳、法政大学出版局、一九七六年、三九―四〇頁［Edgar Morin, *Les stars*, Le Seuil, Points, 1972, p. 38］

＊11——同上、四七頁［*Ibid.*, p. 42］。
＊12——同上、一六三頁［*Ibid.*, p. 132］。
＊13——同上［*Ibid.*］。
＊14——同上、一四八頁［*Ibid.*, p.120］。
＊15——B・バラージュ『視覚的人間』一三六頁。
＊16——クリスチャン・メッツ『映画と精神分析——想像的シニフィアン』鹿島茂訳、白水社、一九八一年、九四頁［Christian Metz, *Le signifiant imaginaire, psychanalyse et cinéma*, Union générale d'Éditions, 1977］。
＊17——ジャン゠ピエール・ウダール「縫合」『「新」映画理論集成〈2〉——知覚／表象／読解』、フィルムアート社、一九九九年、一七頁。
＊18——ロラン・バルト『明るい部屋——写真についての覚書』花輪光訳、みすず書房、一九八五年、九七—九八頁［Roland Barthes, *La chambre claire : note sur la photographie*, Le Seuil, 1980, p. 124］。
＊19——同上、九三頁［*Ibid.*, p. 120］。
＊20——同上、九六頁［*Ibid.*, pp. 122-123］。
＊21——ベルナール・スティグレール『技術と時間〈3〉——映画の時間と〈難‐存在〉の問題』石田英敬監修、西兼志訳、法政大学出版局、二〇一三年、二三頁［B. Stiegler, *La technique et le temps 3: le temps du cinéma et la question du mal-être*, Galilée, 2001, p. 32］。
＊22——B・スティグレール『技術と時間〈2〉——方向喪失《ディスオリエンテーション》』石田英敬監修、西兼志訳、法政大学出版局、二〇一〇年、三四頁［B. Stiegler, *La technique et le temps 2: la disorientation*, Galilée, 1996, pp. 33-34］。
＊23——R・バルト、前掲書、一一八—一一九頁［R. Barthes, *op cit.*, p. 148］。
＊24——B・スティグレール『技術と時間〈3〉』二四頁［B. Stiegler, *La technique et le temps 3*, p. 33］。
＊25——アンリ・アジェル『映画の美学』岡田真吉訳、白水社、一九五八年、一四四頁。
＊26——レフ・クレショフ『映画と有声映画』（同上、一四五頁からの引用）。
＊27——B・スティグレール『技術と時間〈3〉』二五頁［B. Stiegler, *La technique et le temps 3*, p. 34］。
＊28——Cf. Pascal Bonitzer, *Le champ aveugle*, Cahiers du Cinéma Livres, 1998 ; Jacques Aumont, *Du visage au cinéma*, Cahiers du

Cinéma Livres, 1992.

＊29——Martine Joly et Marc Nicolas, « Koulechov : de l'expérience à l'effet », *Iris*, no.4.1, 1986, pp. 61-80.

＊30——山田和夫『ロシア・ソビエト映画史——エイゼンシュテインからソクーロフへ』キネマ旬報社、一九九六年、七〇—七一頁。

＊31——アンリ・アジェル、前掲書、九二—九三頁。

＊32——西兼志「人称化をめぐって——指標化とネオTV化のベクトルの交わるところ」水島久光、西兼志『窓あるいは鏡——ネオTV的日常生活批判』慶應義塾大学出版会、二〇〇八年。

＊33——ゲオルク・ジンメル「顔の美的意義」〔Georg Simmel, *Die ästhetische Bedeutung des Gesichts*, 1901〕杉野正訳、『ジンメル著作集〈12〉』、白水社、一九七六年、一八一頁。

＊34——マックス・ホルクハイマー、テオドール・アドルノ「文化産業——大衆欺瞞としての啓蒙」『啓蒙の弁証法』徳永恂訳、岩波文庫、二〇〇七年、二五一頁〔Max Horkheimer und Theodor W. Adorno, *Dialektik der Aufklärung : Philosophische Fragmente*, Fischer Taschenbuch Verlag, 1988, p. 128〕。

＊35——テオドール・アドルノ『アドルノ　音楽・メディア論集』渡辺裕編、平凡社、二〇〇二年。

＊36——M・ホルクハイマー、Th・アドルノ、前掲書、二五九頁〔M. Horkheimer und Th. Adorno, *op. cit.*, p. 132〕。

＊37——B・スティグレール『技術と時間〈3〉』、六八頁〔B. Stiegler, *La techinique et le temps 3*, p. 69〕。

＊38——「象徴的貧困」については、本書第12章で論じる。

＊39——M・ホルクハイマー、Th・アドルノ、前掲書、二六二頁〔M. Horkheimer und Th. Adorno, *op. cit.*, p. 134〕。

＊40——同上、二九八頁〔*Ibid.*, p. 154〕。

＊41——同上、四八八—四八九頁〔*Ibid.*, p. 251〕

＊42——ヴァルター・ベンヤミン『複製技術時代の芸術』佐々木基一編、高木久雄ほか訳、晶文社、一九九九年、三一頁。

第11章　テレビとタレントの誕生

ネオTVと〈顔〉

テレビは〈顔〉のメディアである。マクルーハンの次の指摘はまさに、この点に触れるものである。先にも取り上げたが、改めて引用しておこう。

技術的に言えば、テレビはクローズ・アップに向いているメディアである。クローズ・アップは映画の場合はショックを与えるためだが、テレビではごく普通に使われる。そして、テレビ画面と同じ大きさの光沢紙の写真だったら、一〇人以上の人間の顔でもかなりの細部まで写るはずだが、テレビ画面では、一〇人以上の人間の顔は、ただぼやけて見えるにすぎない。[*1]

解像度の点で写真や映画に及ばなかったテレビでは、クローズ・アップで映し出される〈顔〉が特権的な対象となる。認知科学が教えるように、〈顔〉ほどわれわれの視線を捉える対象はない。われわれには〈顔〉に対する認知的選好性が備わっており、特に、知覚の条件が悪い場合、実在しないところにも〈顔〉を見て取ってしまうのであった。この認知的傾向を最大限に活用するのが、テレビというメディアなのである。日常生活の文脈のなかに埋め込まれ、われわれの視線を捉えられるか否かが即、死活に関わるこのメディアは、大写しの〈顔〉から力を得てきたのだ。それはまた、映し出される出来事や事物よりも、視聴者との関係＝接触《コンタクト》の確立が重要だということである。こうして、小さなスクリーンは、出来事が映し出される投影幕ではなく、むしろ遮蔽幕となる。TVとは、「Télé-Vision」というよりむしろ、「Télé-Visage」のことなのだ。

このようなテレビというメディアの特徴を捉えるべく提出されたのが、ウンベルト・エーコによるネオTVという概念である。[*2]

言語理論、そして、文学理論の展開——ディスクール論的転回あるいは語用論的展開——を背景として提出されたこの概念は、出来事を生で中継することに重きを置いた、事実確認的なパレオTVに対して、視聴者に与える効果、さらには関係そのものの確立を目的とし、行為遂行的となったこのメディアを指すものである。別言すれば、テレビというメディアが、そこにあるだけで注目を集められた幼年期を終え、積極的に視線を捉えねばならなくなったということである。

エーコは、ネオTVを、次のように定義している。

> ネオTVの主要な特徴は、外部の世界について話すことがますます少なくなったということである（パレオTVはそうしていたし、少なくともそうしている振りをしていた）。それは自分自身や、人々とまさに打ち立てつつある接触について語る。[*3]

ネオTVは外部世界への参照機能を失い、情報を伝達する透明な経路ではなくなる。その逆に、メディアとしてのみずからの姿を隠さなくなる。媒介であること自体が前景化することで透明性が失われるのだ。

ニュースやスポーツ中継のような情報を伝達することを主眼とした、パレオTVの典型である番組でも、伝達する行為そのものが前景化してくる――キャスターやアナウンサーのタレント化や、アイドルの起用はその現れだ。こうして、内容よりまず効果すなわち視聴率の達成が志向され、フィクションとの差異が相対化される。エーコはこの透明性を失ったネオTVの特徴を「わたしはここにいる、わたしはわたしである、わたしはあなたである」という標語――これらの特徴のそれぞれを「人称化」「自己提示」「同一化」と呼ぶことにしよう――でまとめている。

パレオTVからネオTVへの移行をよく表しているのが「自己提示」である。パレオTVでは、カメラやマイク、聴衆による拍手など、メディアが用意し、その演出を支えている技術的装置は隠されねばならなかった。それが、メディアとしての透明性を失うネオTVでは、もはや隠されなくなる。この変化が如実に表れるのが生中継の番組である。パレオTVをもっともよく特徴づける生中継が、ネオTVでは、もはや単にメディアの外部で起きる出来事を伝えるものとは考えられなくなる。政治的・社会的な事件であろうとスポーツ・イベントであろうと、伝えられる出来事はメディアが存在していなかったならば、まったく違ったかたちで展開していたであろうし、起きることさえなかったと言いうるまでになる。[*4] つまり、出来事が起きる現場までもが、メディアに組み込まれ、いわばスタジオと化すのだ。テレビが外部の出来事を伝える通路＝チャンネルではなく、現実に働きかけるひとつの主体＝エージェントとしての実体性を帯びるようになるわけである

こうして、出来事と視聴者を結びつけるメディアとしての透明性が失われ、それ自体の媒介性が前景化してくるわけだが、この不透明化＝自己提示で中心的役割を演じるのが「人称化」であり、〈顔〉である。自己提示によって、ネオTVでは、情報とフィクションというジャンルが混淆するようになるが、それをもっとも表しているのは、視聴者に向けられた視線である。情報番組では、キャスターや司会者、特派員やレ

ポーターという媒介者たちは一様にカメラ＝視聴者に正対し、カメラ＝視聴者を覗き込む視線が一般化する。このような視線は、視聴者に対して、ほかならぬあなたにこそ語りかけているのだということを意味するものであり、送り手と受け手との関係が外部世界との関係に優越するようになる。外部世界への参照が宙づりにされるのだ。こうして、「発話内容の真実」ではなく「発話行為の真実」[*5]が前景化してくる。外部世界を参照する透明なメディアであることをやめたネオTVでは、もはや言葉とモノの一致による「真実」ではなく、発話者が担保する「真実らしさ」あるいは「誠実さ」に価値が置かれるようになるのだ。透明性を失ったネオTVとは、このような人称化したメディアのことなのである。

この人称化は、ネオTVの三つ目の特徴である「同一化」を実現するものでもある。エーコが同一化の現象として挙げるのは、その画面に登場する人びととの変化である。ネオTVが映し出すのは、視聴者と変わるところのない人々である。視聴者たちは、登場する人々に自分の姿を認め、それが自分自身と変わるところがないことを確認する。こうしてなされる自己確認にこそ、視聴者は満足を覚えるようになる。視聴者とテレビの関係は自閉的になるわけだが、エーコはそれを「視聴者のマゾヒズム」[*6]と名指している。それをもっともよく表わすのが、一般の人々が登場しみずからの心情や私生活を赤裸々に吐露する番組である。そこでは、テレビと、視聴者の「生」そのものが重なり合うことになる。

このように、パレオTVからネオTVへの移行とは、事実確認的な出来事の現場を伝える中継番組から、バラエティーのような行為遂行的なスタジオ番組への移行であり、もはや外部を失い、世界そのものと一致するまでにスタジオ空間が拡大することである。この拡大したスタジオ空間では、メッセージの内容より、伝達することそのもの、その伝達を担う人の姿が前景化してくる。ネオTVとは、すぐれてコミュニケーション的なメディアのことなのだ。

アイ・トゥ・アイ軸（l'axe Y-Y）

このような傾向を、アルゼンチン出身の記号学者、エリゼオ・ヴェロンも、エーコと同様に、民営化を経て、多チャンネル化し、内容面でも大きく変化した八十年代のフランスのテレビに関して、特にニュース番組の変化を観察することから指摘している。「かれはそこにいる、わたしはかれを見る、かれはわたしに話しかける」[*7]という論文では、ニュース番組の変遷を、「ルポルタージュ」「調査」、そして「個人化（personalisa-tion）」という画期によって特徴づけている。それによれば、テレビ放送が始まった当時のニュースでは、出来事をその現場に派遣された特派員が「生」で伝える「ルポルタージュ」が中心であった。それが、六〇年代半ばを境にして、専門的知識に基づいて、出来事を検証・分析する「調査」が重きをなすようになる。この変化は、スタジオ空間の拡張として表れ、七四年のＯＲＴＦの解体以後、八〇年代にかけて登場するキャスターたちが、その中心を占め、一種のスターとなる――このスター化したキャスターが、「かれ」と名指されているのであり、「わたし」とは、このようなキャスターに魅了された視聴者のことである。こうして、キャスターは、文字通り、番組や局の〈顔〉となる。このようなキャスターのスター化の仕組みとしてヴェロンが取り出すのが、「アイ・トゥ・アイ軸」である。

かれはカメラの空虚な目を見つめるのだが、それによって一視聴者たるわたしは見つめられていると感じる。かれはそこにいる、わたしはかれを見る、かれはわたしに話しかける。テレビ・ニュースはこの根本的な操作を中心に構成されることを選択したのだ。見つめ合う目と目（*les yeux dans les yeux*）が、テレビ・ニュース固有のリアリティの体制を示すものとして、このジャンルの徴となったわけである。これが、われわれがアイ・トゥ・アイ軸と呼ぶものである。[*8]

この軸が日々、繰り返して打ち立てられることで、キャスターと視聴者のあいだに、メディア化されたコミュニケーションであるにも関わらず、一種の個人的な関係が想像的に実現され、キャスターはもはや、ただ情報を伝えるだけの透明な媒介者ではなくなる。キャスターを通してこそ、出来事との関係は結ばれるようになり、伝えられることより、伝えることそのもの、伝える者自身が前景化するようになるわけだ。この意味で、キャスターとは、情報をコミュニケーション化する装置なのである。

エーコが「パレオTV／ネオTV」という区分を導入したのも、ヴェロンと同様の文脈において、また、同様の問題意識によってのことであった。エーコの区分は、言語理論における「行為遂行性」の理論化に対応したものだが、ヴェロンはキャスター、特にその視線の役割を、行為遂行化の装置として析出しているわけである。

このアイ・トゥ・アイ軸というコミュニケーション装置がテレビというメディアで前景化してくる、言い換えれば、ネオTV化するのは、テレビが「フロー」のメディアとして、われわれの日常生活に投げ出されているからである。「フロー」を構成する単位としての「番組」は、映画のような「作品」と異なり、つねに実効化・現勢化されること、つまり、視聴者との関係性、すなわち、接触＝コンタクトがその都度、確立されることが欠かせない。ヴェロンがアイ・トゥ・アイ軸という機制を取り出し、エーコがネオTVへの移行を指摘したのは、テレビが多チャンネル化を経験した時代であったが、それは、このような関係の確立がこのメディアの死活を決するものとなったからにほかならない（視聴率とは、関係性、接触を数量化するものである）。ネオTVを特徴づけるのが、バラエティー番組であるのも、それがコミュニケーションに特化した番組であるがゆえのことである（そのため、バラエティー番組を情報、すなわち内容あるいはメッセージの面から批判しても、すれ違いとしかならない）。アイ・トゥ・アイ軸という、テレビにおけるイマジナリー・ラインは、このメディアをわれわれの日常に埋め込む装置なのである。

〈顔〉の修辞学――「投錨」と「連繋」

ロラン・バルトが言語とイメージの関係の考察において提出した「投錨」と「連繋」の概念は、このメディアにおける、〈顔〉というコミュニケーション装置の働きをさらに分析的に把握することを可能にするものである。なかでも、「連繋」は、「投錨」に比して、メディアの理論では取り上げられることはあまりなかったが、映画と同様、時間的なメディアであるテレビを特徴づける力動を明らかにするにあたっては、注目すべきものである。

まず「投錨」だが、その役割は、「共示的意味が繁殖していくのを妨げる一種の万力」[*9]として、言語によってイメージの多義性を縮減すること、「浮遊する一連の意味を固定し、不確定な記号の恐怖を押さえつけること」[*10]にある。つまり、可能な意味のなかから選択を行うわけであり、メッセージの範列軸に関わっている。別言すれば、イメージを外部世界に定位させるかぎりで、事実確認的、あるいは、パレオTV的なものである。バルト自身の議論も「投錨」に重きを置いているが、それは、映像よりも言語を優先させる言語中心主義をよく表している。「投錨」の重視は、あくまで言語に対する信頼のものと、言語こそが映像の意味を確定するという考えに基づいているのだ。

それに対して、「連繋」は、特に動画において見られるものであり、映像の連辞軸に関わっている。バルトは、映画に関して、「連繫」の働きを次のように説明している。

静止画において稀なこの言葉による連繫は、映画において極めて重要になるが、そこでは台詞は説明するだけのものではなく、メッセージを連ねることで、イメージの次元においては存在しない意味によって話を進行させる。[*11]

イメージを外部世界に定位させる「投錨」とは異なり、「連繫」は、イメージとは対応していない言葉によって担われ、物語を効率的に進めていくことを役割としている。つまり、映像が時間軸に沿って編集される動画において、不可欠の役割を果たすものでありながら、あるいは、それゆえ、あまりに自明であったため、「投錨」のように取り上げられることはなかった。しかし、「連繫」が関わる連辞軸、あるいは時間軸の観点からイメージの論理を把握しないかぎり、映画、さらに、テレビのように時間対象を日々生産するメディアの特性を明らかにすることは不可能である。

実のところ、「連繫」は、「投錨」とともに、先に見たキャスターを中心にしたネオTV化の機制を明らかにするものである。

まず、キャスターは、その発話によって映像を意味づけしていく点で、「投錨」を行う存在である。それと同時に、必ずしも論理的な関係があるわけではない、種々雑多な話題の繫ぎ役として「連繫」を実現してもいる。さらに、キャスターは、日々、規則正しく登場することで、そこで扱われる話題の異質性にもかかわらず、ひとつの番組としての一貫性を保証し、しばしばその名が番組名に冠されるように、登場する番組、そして、放送局の〈顔〉というべき存在である。キャスターとは、言葉を操ることで、「投錨」と「連繫」をさまざまなレベルで実現するテレビ的存在なのである。

このようなキャスターはなによりまず、その姿がクローズ・アップで映し出される存在、文字通り〈顔〉の存在である。テレビのニュースは、それに先立つラジオやニュース映画とは異なり、伝える者の姿を映し出す。あまりに自明なことだが、ニュースの語りは、その語り手、その〈顔〉に「投錨」される。それぞれの出来事を伝える声は、キャスターのみならず、記者、証言者など、その声の主の〈顔〉に「投錨」されるのだ。テレビにおける声は、たとえ一時的にオフの状態にあるとしても、映像の「連繋」によって、その発話者へと「投錨」されずにはいないわけである。映像に対する声の超越性は、あくまで相対的、一時的なものにとどまるのだ。

バルトの議論において、「投錨」は、言語がイメージの多義性を縮減するものとされていた。つまり、出来事を映し出す映像との関係において考えられていた。しかし、テレビというメディアにおけるイメージと言語の関係を考察すべく、「連繋」の概念とともに再導入するならば、「投錨」は、言葉とその発話者との関係においても行われていることが明らかになる。すなわち、言葉は、発話者、その〈顔〉にも「投錨」される。別言すれば、メッセージは人称化するのだ。こうして、「投錨」される先が、出来事ではなく、それを伝える人となることで、発話内容の真実に対して、発話行為の真実が、あるいは、事実確認的な志向性＝対象志向に対して、行為遂行的な志向性＝他者志向、すなわち、コミュニケーション的志向性が優越することになる。つまり、もっともパレオ的とも言えるニュースのような番組でも、あるいは、そこでこそ、情報に対してコミュニケーションの次元がせり上がってくるわけである。そして、それは、このメディア特有の映像と言語の関係の本性からしてのことなのだ。

この「投錨」と「連繋」は、テレビのクレショフ効果というべきものを明らかにするものである。

テレビのクレショフ効果――アンセラージュとテレビザージュ

先に見たように、いわゆるクレショフ効果は、モンタージュとクローズ・アップという映画というメディアの、先立つメディアに対する固有性を証明するものだとされていた。その中心となるのは、映画と観客の意識というふたつの時間対象を同期させる界面としてのクローズ・アップの〈顔〉であり、〈顔〉によって、モンタージュされた映像がひとつの物語として束ねられていくのであった。

このようなクレショフ効果は、バルトの提出した「投錨」と「連繋」という概念を用いるなら、〈顔〉のイメージによって、それに「連繋」されているその他の対象のイメージの意味が「見られているモノ」として定位される、すなわち、「投錨」されるということである。別言すれば、見る主体と見られる対象という関係が立ち上がってくるわけだが、それは、ほかならぬ〈顔〉のイメージであるがゆえに、そこに志向性が「投錨」され、「見る者」という主体性が確立されるからである。

映画において特権的な瞬間であるクローズ・アップを享受できるのは、スターであり、スクリーンに大写しにされることでこそ、スターは誕生するのであった。それに対して、テレビの小さなスクリーンでは、クローズ・アップは凡庸化し、それを占めるのは、たとえば、ニュース番組のキャスターであり、より一般的には、「タレント」というすぐれてテレビ的な〈indi-visual〉である。凡庸化したテレビのクローズ・アップは、スターならざる、タレントという凡庸な〈indi-visual〉を生み出すのだ――ここで、凡庸とは、価値や能力が劣るということではなく、日常的ということである。

そして、それを明らかにするのが、テレビ特有のモンタージュとクローズ・アップ、あるいは、「連繋」と「投錨」の効果、すなわち、テレビのクレショフ効果である。

このテレビというメディアの基礎となる議論——映画にとってのクレショフ効果（ソ連の映画理論家たちにとってのいわゆるクレショフ効果だけでなく、映画の現象学を経て、認知・意識のレベルにまで深化したクレショフ効果）にあたるもの——を描き出そうとしたのが、映画とテレビというふたつのメディアを越境しながら独自のイメージ論を展開したセルジュ・ダネーである。

ダネーは映画批評家としてキャリアを始め、『カイエ・デュ・シネマ』の編集長を務めた後、一九八一年からは『リベラシオン』紙で、映画だけでなくテレビを含めたイメージ一般についてのコラムを書き続けた。かれは、このような立場から、映画とテレビというふたつのメディアの連続性と差異を明らかにしようとしたのであった。このなかで、テレビの基礎理論として注目すべきは、テレビでモンタージュが果たすべき役割を提起した「モンタージュの義務」と、クローズ・アップを批判した「ズーム禁止」という論考である。[*12] これらふたつの文章はともに、アンドレ・バザンの「禁じられたモンタージュ」[*13]を下敷きにして書かれたものである。

バザンは、この論文で、ジャン・トゥーラーヌの『特異な妖精』を「本物の動物たちによってディズニー映画を作ること」を目指したものとして批判する。それによれば、この映画は「クレショフ効果を例証するもの」[*14]であり、動物を擬人化するためにモンタージュに頼りすぎている。これと対照的に評価されるのが、アルベール・ラモリスの『赤い風船』である。この映画の赤い風船の運動は、トリックによるものだとしても、カメラの前で現実になされており、モンタージュに過度に頼ってはいない。「錯覚は、手品の場合のように、現実そのものから生じてくる［…］具体的なものであって、モンタージュの実質上の延長に起因するものではない」[*15]。バザンはモンタージュが映画にとって本質だという考えを批判し、「空間の単一性をもっぱら写真的に尊重すること」[*16]を主張しているわけである。

ここで重要なのは、映画におけるモンタージュを批判するにあたって、観客に強い同一化と投影を求める擬人化への過度の依存を批判している点である。別言すれば、バザンが映画に禁じているのは、モンタージュの効果のなかでも、観る者を過度に物語の構築に参加させること、逆に言えば、作品の自立性をゆるがせにすることなのである。つまり、バザンは、世界に対して透明であるべきだという映画的なリアリズムを擁護しながら、観客に対して作品が自立することを主張しているのだ。

重要なのは、この物語が、まさしく基本的には何一つ映画のおかげを蒙っていないが故に、すべてを映画に負うているということなのである。[*17]

バザンは、映画のリアリズムにとって障害となるモンタージュを批判するわけだが、テレビの美学的可能性を論じた別の論考では、モンタージュの観点から、テレビと映画というふたつのメディアが対比されている。

映画は、モンタージュのおかげで時間によってトリックを行う。逆に、テレビの美学的道徳は、率直さとリスクのそれである。[*18]

ここで「率直さとリスク」とは、「世界、生活との日常的な親密さ」とも言われており、テレビというメディアがもたらしたコミュニケーションの直接性、「生」での中継の可能性を指摘するものである――それは、エーコが「筋」に対する「偶然」として取り出し、パレオTVと呼んだものを特徴づけるものである。しかし、そこで「生」で伝えられるのは、出来事そのものよりも、「証言」である。さきにエーコの議論について確認したところによるなら、バザンは、萌芽期のテレビに関して、「人称化」の可能性を指摘しているのだ。バザンは、映画においては擬人化=人称化を禁じる一方で、それこそがテレビというメディアの可能性だと指摘しているわけである。

ダネーがテレビの批判的分析を進めるのも同様の認識からである。一九八二年に書かれたエッセーでは、テレビを映画から隔てる三つの特徴が挙げられている。それは「ズーム」、「空間の単一性」、そしてかれが「アンセラージュ（insérage）」――それぞれ、映画における「トラベリング」、「フレーム外の空間」、「モンタージュ」に対応している――と呼ぶものである。

ズーム

ダネーによれば、テレビにおけるズームは、もはや視線と関係のない、「眼で触れるためのひとつの方法」[*19]である。マクルーハンもテレビが決して視覚的ではなく、「触覚的メディア」だと断じ、バザンも生との親密性を中心的に映し出すテレビは、何よりもまず人間に直接、関わらせるのだと言っていた。テレビという日常性のメディアが、映し出す対象、そして、観る主体と打ち立てる関係は、近く、親密なわけである。

ダネーは、ロサンジェルス・オリンピックの放送に現地で接した経験から、そこではアメリカ人選手とコーチの姿が前景化され、視聴者との共同性を打ち立てるのに大きく寄与していることを指摘する。この共同性は、「わたしもまた存在しており、わたしたち（アメリカ国民）もまたイメージに属している」[*20]という印象の共有に基づいたものである。ズーム、なかでも〈顔〉へのズームによって、観る者と観られる者とのあいだに相互性あるいは同一化が実現され、それに基づいて共同性が仮構されるわけである。

これに対して、一九八三年のベイルートにおける自爆テロの犠牲者の追悼式の中継では、まったく逆の事態が起きたことが指摘される（「わたしをもっとも驚かせ、兆候的に思われたのは、ズームの（ほとんど完全な）不在であった[21]）。中継を過度に扇情的にするのを避けるべく、犠牲者の家族の姿を写すことが控えられたのだ。ズームを用いることで事件の個人的側面をあまりに強調するのを避け、あくまでも「全体的概念（神妙さ、偉大さ、一体性）」に重きを置くことが選ばれたわけである。逆に、この狙いを実現するのに採用されたのが、テレビでは使われることの少ない固定画面やディゾルヴであった。「ズームを禁ずること」で、対象から距離を取ること、そして、「式典を然るべく受け止めること[22]」を促したのだ。

このように、個人の〈顔〉を狙ったズームが、近さ、親密性に基づいた相互性、共同性の感情を醸成するのに対して、その不在は出来事の全体性を提示するのに資するのである。つまり、ダネーは、バザンが映画のリアリズムの障害としてモンタージュの禁止を唱えたのと同様に、テレビにおけるリアリズムを阻害するものとして、ズームを批判しているのだ。問題にしているのが、モンタージュなのであれ、ズームなのであれ、バザンもダネーも、映画とテレビというそれぞれのメディアの可能性を閉ざすものとして、ともに人称化＝擬人化という機制を批判しているのである。

この点を確認したうえで、ダネーがテレビというメディアのもうひとつの特質として取り出す「アンセラージュ」について検討することにしよう。

アンセラージュ――テレビのモンタージュ

映画でもテレビでも、映像がモンタージュされることに変わりはない。しかし、テレビというメディアは、個々に独立した「作品」ではなく、ひと連なりの「番組」から構成されている。そこでは、たとえ映画であっても、ひとたび放送に組み込まれれば、このメディアの論理に従うほかなくなる。ＣＭが途中に挿入されることで、作品は分断され、そうでない場合でも、CMを挟んで、次の番組に繋げられていく。いずれにしろ、テレビというメディアでは、作品の一貫性は、メディアの一貫性に従属するしかない。別言すれば、テレビにおける番組の連鎖では、作品や物語の一貫性よりも、メディアとしての一貫性が優位になるわけである。

　このようなテレビというメディア特有の論理は、イギリスの文化社会学者、レイモンド・ウィリアムズが「フロー」の概念によって取り出したものである。ウィリアムズによれば、この「フロー」こそが、「文化形式と同時にテクノロジーとしてのテレビ・コミュニケーションの支配的な特徴」をなしている。[*23]

　ウィリアムズの議論は、イギリスとアメリカのふたつの異なった論理、つまり公共的論理と商業的論理に従ったテレビの差異を経験することから提出されたのであった。イギリスでは、番組は広告によって中断されてはならず、ひとつの作品としてのまとまりを維持せねばならない。しかし、アメリカのテレビに、このような原則はあてはまらず、ひとつの作品であるはずの映画も、広告によって何度も切断されるのであった。アメリカのテレビにおいて、番組は、作品としての一貫性を顧みることなく、あまりに断片化されているように思われたのだ。

> 同じチャンネルで別の日に放送される別の二本の映画のトレーラーが挿入され始めた。サン・フランシスコで起こった犯罪（もともと見ていた映画の主題）が、デオドラントやシリアルの広告と対位法をなすだけでなく、パリでの恋愛や、ニューヨークを混乱に陥れる怪獣映画のトレーラーもまた対位法をなしているのであった。[*24]

断片化された映像が、テレビというメディア固有の論理に従って、組み直され、広告は、いわば番組の構成要素として、番組と一体化している。つまり、広告は、番組を断片化すると同時に、映像を次々に連鎖させるのに寄与しているわけである。番組、特にひとつの独立した作品である映画でさえも分断され、本来、無関係なはずの断片が綯い交ぜになった映像のコラージュから構成されるのが、テレビ固有の「フロー」である。

アメリカのテレビ番組は、古い論理に従って個々の挿入を伴った独立した単位ではなく、計画されたフローから構成されている。本当の意味で連続をなすのは、番組ではなく、別のシークエンスを組み込むことによって変形されたシークエンスである。その結果、このシークエンスが真のフロー、真のテレビ・コミュニケーションとなるのだ。

「トレーラー」という言葉が表しているのは、映像をただ繫ぎ合わせていくことではなく、視聴者の関心をつなぎ止めたままで、そうすることである。こうして、本来ならひとつの作品としてのまとまりを持っていたはずの映画も、テレビでは、広告のような異質なシークエンスと区別されがたいほどにひとつの「フロー」に組み込まれ、テレビというメディアの論理に従うのだ。

以上のように、ウィリアムズがみずからの経験から取り出すのは、一方では、テレビ特有の切断の論理である。それは個々の番組の特質ではなく、このメディアの特質に根ざしたものである。しかし、他方で、テレビにおいては、ひとつの番組内、そして、番組間で、断片化された映像が、必ずしも論理的な繫がりなしに、次々と連ねられていく。つまり、「フロー」の概念は、テレビというメディア固有の切断と連結の弁証法的な関係性を明らかにするものなのだ。別言すれば、映画におけるモンタージュが作品や物語の一貫性の構築に資するのに対して、さまざまな要素、断片を連鎖させていくテレビの「フロー」は、作品的な一貫性ではなく、メディアそのものの一貫性を構成するのだ。

セルジュ・ダネーが映画におけるモンタージュと対比しながら「アンセラージュ」と呼んでいるのは、このようなテレビ特有の映像の秩序のことである。

テレビにおける映像の秩序はモンタージュでもカット繋ぎでもなく、アンセラージュとでも呼ぶべき、なにか新しいものに属している。テレビは繋ぎを気にかけることなく、いつでも、映像の流れを絶ち切り、他の映像を挿入する可能性を備えているのだ。[*25]

テレビの映像を特徴づけるこのアンセラージュに抗すべく、ダネーは「モンタージュの義務」という論考を著している。これは『リベラシオン』紙のコラムニストとして追いかけた湾岸戦争についての考察の総括として書かれたものだが、「バザンに対する憂鬱な讃辞」だとされている。先に見たように、バザンはモンタージュを映画におけるリアリズムの障害として批判し、禁止していたが、それはこの技法が観客に対して、断片化された空間－時間の再構築を過度に求め、映画の自立性を損なうからなのであった。別言すれば、モンタージュの禁止は、映像はありのままの現実を映し出さねばならないという信念に基づいているわけである。それに対して、テレビにおける映像のアンセラージュは、映画におけるモンタージュとは異なり、観客に対して現実の複雑さ＝「パズル」を映し出すのではなく、むしろ、視聴者を当惑させる「それ自体がパズル」である。[*26]このようなモンタージュとアンセラージュの差異を、ダネーは「イメージ」と「ヴィジュアル」の差異として捉え返している。

「ヴィジュアル」は純粋に技術の働きを視覚的に検証するものだと言えるだろう。「ヴィジュアル」には切り返しがなく、欠けるところがなにもない。それは閉じた円環的なものであり、器官の働き、そして、それを検証するだけのポルノグラフィーのようなものだ。しかし、われわれが愛する映画の「イメージ」は、むしろその逆である。「イメージ」はふたつの力場のあいだに境界線を引き、他なるものの存在を証し立てているのだ。それはつねに、堅い核を持っているが、つねに何ものかが欠けている。「イメージ」は常にそれ以上であり、それ以下のものなのだ。*27

「ヴィジュアル」は、「イメージ」とは異なり、表すべきものをその外部に持っておらず、もはや世界を映し出すことなく、みずからに閉じたものでしかない。このような議論はジャン・ボードリヤールや、ダネーと同時期に『リベラシオン』でコラムを書いていたポール・ヴィリリオによる指摘、すなわち、テレビ映像のハイパー・リアリズム性の指摘を思い起こさせるものである。*28 しかし、ダネーの議論は、かれらのように、ヴィジュアルが出来事そのものに対して前景化することで、もはやそれに達することなどできないという認識にとどまるものではない。そうではなく、そのような状況だからこそ、視聴者みずからがモンタージュを行わねばならないと主張するものである――それゆえに、「バザンに対する憂鬱な賛辞」となるわけである。モンタージュは、映画では、観る者による出来事の意味の再構築に依存しているがゆえに禁止されねばならなかったのに対して、ヴィジュアルとアンセラージュによって特徴づけられるテレビの映像を前にした視聴者は、その意味の再構築を積極的に行うことを、みずからの義務とせねばならないのだ。

見えるものを見えないものによって示さねばならないと感じる場合もあれば、逆に、見えるものがいかに少なくとも、見てとらねばならない場合もある。*29

ヴィジュアルの向こう側に達するには、直接に与えられるものを超えて見てとれるよう、視線を鍛えねばならない。この点で、ダネーのモンタージュ論は、バザンの議論と対照をなすことになる。つまり、バザンにとってモンタージュは現実に到達するための障害であったのが、ダネーにとっては、ヴィジュアルに抗するための批判の手段となるのだ。

このように、ダネーは、テレビというメディアに、特に映画との差異の観点から取り組み、その特徴を明るみに出すことで、それに対する批判的態度を養う可能性を探求しているのである。

そして、かれが取り出す「ズーム」と「アンセラージュ」は、映画についてクレショフ効果が指摘した「クローズ・アップ」と「モンタージュ」に対応するものである。

クレショフ効果は、映画をそれ以前の表現技術と隔てるものとされたモンタージュとクローズ・アップに注目したものであった。われわれは先に、この効果がスティグレールの映画の現象学を経て、認知、意識のレベルで力を行使する時間対象と〈顔〉によるものであるのを見た。スクリーンにクローズ・アップで大写しにされる〈顔〉こそが、時間対象としての映画とその観客の意識の同期化を起動させ、映画の物語世界へ誘うわけである。そしてそれは、スターが誕生するメカニズムを明らかにするものでもあった。大きなスクリーンにおいて特権的な〈顔〉となることを許されるのが、スターなのであり、〈顔〉が大写しにされることで、スターという映画特有の〈indi-visual〉が登場してくるのであった。

これに対して、テレビの映像は、モンタージュよりむしろ、物語や作品の一貫性を志向せず、断片がそれとして投げ出されたままのアンセラージュから構成されている。この断片化された映像との関係は、一貫性を志向する「先取り（anticipation）」ではなく、「参加（participation）」と呼ぶべきものである。マクルーハンは、テレビ・コミュニケーションがこのような関係を要請すると指摘していた。映像の情報量が粗であるテレビは、それを埋め合わせるべく、視聴者の側の積極的な「参加」を必要とするのであった。しかし、われわれのこれまでの議論から言えば、この「参加」とは、マクルーハン流の情報の粗さと視聴者による積極的関与という弁証法的なものである以前に、そしてより根本的に、フロー、あるいはアンセラージュからなったテレビというメディアでは「部分に与ること（parti-cipation）」、あるいは「部分にしか与れないこと」を名指すものにほかならない。

この意味で、映画のクレショフ効果が「特権的クローズ・アップ－モンタージュ－先取り」に関わるのに対して、テレビのクレショフ効果は、このメディアが「凡庸化したクローズ・アップ－アンセラージュ－分与」からなっていることを明らかにするものである。

こうして誕生するのが、映画のスターならざる、タレントというすぐれてテレビ的な〈indi-visual〉である。

タレントの誕生――テレビ的〈indi-visual〉をめぐって

タレントいう〈indi-visual〉の誕生を取り上げたのは、石田英敬と小松史生子による『古畑任三郎』の分析である。『古畑任三郎』は、九四年、九六年、九九年と三シーズン放送されたミステリードラマ・シリーズだが、この論考は、タレントが中心となるメディアのあり方を論じ、「タレント場」の概念を提出している。そこでは、タレントは、映画のスターと同じく、「〈役 charactor〉」に対する「〈俳優 actor〉」の前景化によって定義されている。

テレビドラマにおける〈俳優 actor〉と〈役 charactor〉との関係から言えば、テレビ的コミュニケーションは、常に〈俳優 actor〉の現存を〈役 charactor〉の基部として前景化するのだ。いわば、楽屋裏との連続性が公認化されているわけで、タレントは常に、フィクションの物語の手前に現前してしまっている存在としてある。[*30]

『古畑』シリーズで、このようなタレントの存在が顕著になるのは、犯人役として登場するゲスト出演者の「〈役〉」が、その「〈俳優〉」のイメージに合わせて造形されていることによってである。たとえば、第一シーズン第一話の自己破滅的な漫画家を演じる中森明菜、第二シーズン第一話で弁の立つ弁護士を演じる明石家さんま、あるいはスペシャル版で本人役で登場するイチローやSMAPのメンバーなどを挙げることができるだろう。また、このドラマシリーズでは、冒頭や、犯行、そして、犯人と古畑のやりとりを見せ、解決編に移る前に、周囲が暗転したなかで、古畑任三郎＝田村正和が視聴者にむけて直接、語りかけを行う。このような直接の語りかけや、物語外の知識への目配せというかたちで、視聴者とのコミュニケーションが打ち立てられるわけだが、それは、物語世界を超えてなされている。つまり、物語世界内の人物である「〈役〉」ではなく、その世界を超えて生きる「〈俳優〉」、すなわち、タレントが前景化してくるのである。

先に映画のスターについても、演じられる役柄に対して、それを演じる俳優が前景化し、スターが演じる役柄が、スターに合わせて「裁たれている」ことが指摘されていた。それは、テレビのタレントについても同様なわけである。

しかし、テレビが映画とは異なっているのは、リアル・タイムのメディアという点においてである。それゆえ、テレビでは、想像的な次元で視聴者とのコミュニケーションが打ち立てられるのであり、また同時に、それが必要になる――遅れを孕んだメディアである映画においては、このようなコミュニケーションは原理上ありえない。コミュニケーションとは、つねに、現在的なもの、リアル・タイムでしか行われえないからである。そして、このコミュニケーション性が、映画のスターから、テレビのタレントを隔てるものにほかならない。テレビのタレントにとっては、役柄に対する俳優の前景化に加えて、コミュニケーション的であることが欠かせないのだ。コミュニケーションの現在性こそが、スターならざるテレビにおける〈indi-visual〉としてのタレントを規定するものなのである。

われわれは以前、ドキュメンタリー、ドラマ、バラエティー、スポーツといったジャンルが混淆していくあり様を、具体的な番組を分析することから析出した。[*31] その考察を、タレントの誕生という観点からまとめてみよう。

たとえば、ドキュメンタリー番組に、ニュース番組を担当しているキャスターや、ドラマに出演しているタレントが起用されることがあるが、その役割は、ふたつの文脈化を実現することにある。ひとつは、取り上げられるさまざまなトピックを繋げ、ひとつの番組へとまとめていくという「時間的文脈化」である。もうひとつは、ニュース番組やドラマに登場するなじみの存在であることによって、番組と視聴者の現在を結びつけ、視聴者の生活の流れのなかに埋め込むという「空間的文脈化」である。このふたつの文脈化によって、キャスターやタレントは番組のコミュニケーション性を担保している。

このようなテレビ的な存在としてのタレントの典型が、いわゆるお笑いタレントである。お笑い番組、バラエティー番組に登場するかれらは、スタジオや舞台で笑いによって観客とのコミュニケーションを活気づけ、それを通してさらに、視聴者との関係を確立することに特化した存在である。いまや、かれらの活躍の場は、お笑い番組やバラエティー番組にとどまらず、ニュースにしろ、スポーツ、ドラマにしろ、あるいは、朝であれ、昼であれ、あらゆるジャンル、あらゆる時間帯の番組で欠かせない存在となっている。その意味で、お笑いタレントは、すぐれてネオTV的な存在である。日本のテレビにおいて、もっともタレント的なタレントというべき存在は、明石家さんまだが、八十年代半ばに登場したいわゆるトレンディー・ドラマも、かれがバラエティーとドラマというジャンルを横断し、異種交配させることで生まれたのであった。それと同時に、このようなドラマの誕生は、テレビが映画というメディアの影響下から独立していく画期を記すものでもあった（テレビ番組から派生した映画の増加は、このような傾向の延長上にある現象だ）。映画的な記憶に依拠していたドラマに、すぐれてテレビ的ジャンルであるバラエティーからタレントたちが流入することで産み落とされたのが、トレンディー・ドラマだったのだ（「トレンディー」とは、コミュニケーションの現在性を指すものだったわけである）。

このようなタレントのコミュニケーション性を純化されたかたちで表しているのが「リアクション」であり、それを切り取って映し出す、いわゆるワイプの映像である。そこでは、発話内容はゼロの、情動のみからなった純粋な発話行為が成立している。映し出される出来事に対して、リアクションを取るタレントは視聴者と同じ位置に立ち、同一化を実現する。その意味で、「リアクション（réaction）」において、テレビの理想的なコミュニケーションあるいは「関係性（relation）」が成立するのだ。

そして、このようなネオTV化、あるいはタレント化は、もっともパレオ的というべきスポーツ中継、なかでも、サッカーのような広いフィールドで行われ、つねに動きのあるスポーツの中継においても見られるものである——サッカー中継は、エーコがパレオTVを考察した「偶然と筋」でも取り上げられていたように、すぐれてパレオTV的なものだ。このネオTV化で重要な役割を果たしているのが、〈顔〉が映し出され、タレント化する選手たちである。サッカー中継の変遷を考察することから明らかになったように、放送の初期段階では、プレイする選手たちの〈顔〉へのクローズ・アップは、技術的に不可能であった。望遠レンズが使用される以前は、ピッチ上の選手はアクションを行う者であり、スタジアムの観客はそれに対するリアクションを取る者というかたちで、アクションとリアクションのあいだには、いわばスペクタクル的な棲み分けが存在していた。それが、〈顔〉へのクローズ・アップが可能になることで、アクションを行うプレイヤーがリアクションをも表出できるようになり、個々の選手たちの存在感が際立つようになる、すなわち、タレント化することになるのだ。

このように、タレントとは、コミュニケーション性、そして、それを純化したリアクションによって特徴づけられる〈indi-visual〉なのである。そして、このようなタレントのコミュニケーション性が要請されるのは、テレビがリアル・タイムのメディアであるがゆえのことである。

先に見たように、スティグレールによれば、映画は、写真と同じく、過去と現在を一致させるが、写真と異なり、流れにおいて、映像とそれを観るものの意識を一致させるメディアである。その意味で、映画は、写真の延長とされるわけだが、テレビは、映画を特徴づけるふたつの一致――過去と現在のあいだの写真的一致、映像の流れと観客の意識の流れのあいだの映画的一致――に、次のふたつの一致を付け加える点で、「映画の延長」である。

テレビは、電波による中継テクノロジーとして、映画を規定するこのふたつの一致に、生《なま》、すなわち、カメラによる把捉と、テレビ受像器を通した、視聴者による受容の時間との一致、そして、同じプログラムを観る膨大な数の意識の時間の一致を付け加える。[*32]

テレビではリアル・タイムでの中継が可能になることで、出来事の時間とそれを視聴する時間が一致する。それとともに、出来事の同時的視聴を介して、受容が大規模に共時化=同期される。ワールドカップのような世界的なイベントは、その顕著な例だ。このような同時的かつ大規模な共時化を可能にする「フロー」のメディアとしてのテレビは、映画における流れとは異なり、日常の生活の流れと重なり合うようになる。その意味で、テレビが産出するのは、単なる時間対象ではなく、「超巨大《メガ》時間対象」である。テレビのプログラムは、「鎖（chaîne）」、そして、「水路（channel）」として、日常の生活の時間の流れを方向づけ、構造化＝グリッド化するわけである。

ここでは、このようなテレビが実現する一致を、写真的一致、映画的一致に次ぐ、テレビ的一致と呼ぶことにしよう。

しかし、リアル・タイムのメディアであるテレビに、映画の真実があてはまるのは、映画のような時間対象にとっての「写真の真実」と同様に、「ある程度まで」でしかない。というのも、リアル・タイムという、出来事の把捉と、その受容の一致によって、映画の根本原理が書き換えられるからである。このテレビ的な一致がもたらす変化についてスティグレールが指摘するのは、ポストプロダクションの時間についてである。

この把捉と受容の一致［…］によって、映画におけるポストプロダクションの時間が一部、抹消されるように思われる。しかし、実際は、テレビはこの時間なきものにするわけではなく、隠してしまうのだ。それはこの時間を他の三つの一致と一致させるからである。それは、ビデオによる調整の時間となり、何百万もの意識がその流出を一致させ、第二次過去把持を均質化し、第三次的選択の産業的基準――それ自身、さまざまなチャンネル（しかし、同じ視聴率計算によるものであり、他の基準を有しているチャンネルはない）によって画一的に「調整され」、行使されたものだ――に屈するようになる。*33

エーコが、生中継の番組で偶然と筋のあいだの緊張関係に置かれたディレクターの役割を指摘したように、たしかに、テレビにおいても、映画のものと異なるとはいえ、ポストプロダクションの時間は、「抹消」されたわけではなく、「隠（されている）」だけである。把捉とその受容のあいだでなされるポストプロダクションの時間が、写真的一致、映画的一致、そして、テレビ的一致と一致するわけである。しかし、ここで確認しておかねばならないのは、このようなテレビ的一致によって、写真的一致が可能にした「それが‐かつて‐あった」という明証性が失われるということである。「かつて‐あった」と名指されるような時間的な先行性は、リアル・タイムのテレビ的一致のなかで消えゆき、写真的一致の可能性が奪われるのだ――「ただの現在にすぎない」わけだ。

この点を論じているのが、『技術と時間』第二巻の「方向喪失」である。それによれば、世界初の通信社のアヴァスの創立が記しているのは、情報の価値が流通の時間と結びついており、他人に先がけて手に入れることで価値を持つ商品だということである。「伝達におけるどんな遅れもなくすこと」、すなわち、「光‐時間」＝リアル・タイムを実現することが、情報産業にとっての至上命題なのだ。それは、文字による記録＝正定立には実現不可能であり、あくまで写真やレコード、あるいは映画といった十九世紀的なアナログ・メディアによる記録＝正定立の誕生から可能になるものである。

情報の真実は光‐時間である。この言葉で、われわれはまず光速の、つまり遅延なき情報の伝達を指したいと思う。それを可能にするのは、アナログとデジタルの正定立である。他方、文字的正定立は、出来事あるいはその把捉と、その受容あるいは読み取りのあいだの本質的な遅れを意味している。しかし、アナログあるいはデジタルで情報化された出来事は、把捉されるや、その処理においても、光‐時間の論理に従う。産業的記憶を伝達するネットワークは、インターフェースや端末と呼ばれる入出力の器官の存在を前提する。当初のアナログ、そして後にはデジタルの装置はネットワークへの入力や出力を役割としてはいなかった。写真やレコードは、アナログの把捉装置だが、把捉したものの伝達装置ではない。しかしながら、写真の技術的経験は、すぐに写真電送機、そして映画に至り、最終的には映像の生中継となった。〔…〕光－時間のネットワークは、伝達の時間を無限小にまで縮減し、出来事の把捉とその受容の間の遅れをなくすが、アナログあるいはデジタルの把捉装置はまた、出来事とその把捉のあいだの遅れもなくすのだ。[*34]

このような遅れをなくすことこそが、リアル・タイムのメディアの特性なのである。しかし、それは、歴史家のピエール・ノラや、「メディア・イベント」論が指摘するように、歴史、あるいは、出来事が記録される条件を変更するものである。

一八六三年五月一日にフランス軍がメキシコに侵入したとき、そのニュースがパリに到達するまで六週間かかった。帝国全体、そして特にナポレオン三世にとって無視できない出来事が、期待されたほどの重要性を持たなかった。三十日も前のニュースは、もはやニュース＝新しいものでなく、既にいくぶんフィクションがかった歴史でしかない。一般に、アメリカはあまりに遠くに思われ、ヨーロッパの一般人にとって、野蛮人が住む神秘の国でしかなかった。一八六六年にグレート・イースタン号が最初の大西洋横断ケーブルを敷設したとき、ヨーロッパは、それまでは大部分の人にとっては夢見られただけの大陸――そして、市場――を実効的なものとして発見した。それは「旧大陸」の衰退の始まりでなかっただろうか？　その偉大さは、伝達における本質的な遅れの上に築かれていたのではなかろうか？[*35]

同じ出来事であっても、それが遅れて伝達されるのか、リアル・タイムで伝達されるのかによって、その意味はまったく異なったものとなる。ニュースがニュースであるのは、その名が明らかにしているように、リアル・タイムで伝えられるかぎりのことでしかない。遅れたメディアが記録する出来事が伝説であるのに対して、リアル・タイムのメディアが記録して初めて、出来事はニュースたりうるのだ。

この遅れ＝伝説／リアル・タイム＝ニュースという対比にならって言えば、リアル・タイムのメディアであるテレビは、遅れによってこそ価値を持った映画のスターに対して、現在性をその価値の源泉とするタレントという〈indi-visual〉を生み落とすのである。

この観点からすると、スティグレールによるアニタ・エクバーグをめぐる議論は、遅れをともなったメディアである映画におけるスター論として読み直すことができるわけだが、そこでは、先に見たように、死の問題が前景化していた。それは、スティグレールの映画論がバルトの写真論、すなわち、母のための喪の仕事の延長であることによる。そもそもの始めから、女優のための喪の仕事だったのだ。

しかし、リアル・タイムのフローのメディアであるテレビで、このような死の問題が問われることはない。このメディアでは、もはや一致すべき過去が失われているのだ。それは、喪の可能性が奪われているということでもある。スターならざるタレントは、死を知らず、永遠の現在のメディアであるテレビ的な形象なのだ。

以上の議論をまとめれば、次のようになるだろう。つまり、スターが、クレショフ効果が明らかにしたクローズ・アップとモンタージュ、そして、写真的な遅れによって特徴づけられるのに対して、タレントは、凡庸化したクローズ・アップとアンセラージュ、そして、そのリアル・タイム性から誕生してくるテレビ的な〈indi-visual〉なのである。エーコによる人称化を中心としたネオTVをめぐる議論はもとより、写真的一致・映画的一致に加えてテレビ的一致を明るみに出すスティグレールの議論もまた、コミュニケーション的な〈indi-visual〉としてのタレントの誕生を記しているのだ。vision ではなく visage しか与えず、出来事を映し出す映写幕ではなく遮蔽幕となったＴＶは、タレントという〈indi-visual〉を界面（インターフェイス）として、われわれの日常生活に埋め込まれているのである。

注

*1——マーシャル・マクルーハン『メディア論』三三〇頁［M. McLuhan, *Understanding Media…*, p. 317］。

*2——ネオTVについては、以下で詳細に論じた。西兼志「コミュニケーション的記号論——「記号のピラミッド」と「パレオTV／ネオTV」」水島久光、西兼志『窓あるいは鏡——ネオTV的日常生活批判』慶應義塾大学出版会、二〇〇八年。

*3——ウンベルト・エーコ「TV——失われた透明性」（Umberto Eco, « TV : Transparence perdue », *La guerre du faux*, Grasset, 1985, pp. 141-142）。水島久光、西兼志、同上、二頁（巻末に附録として収録されている）。

*4——ダニエル・ダヤーン、エリユ・カッツ『メディア・イベント——歴史をつくるメディア・セレモニー』浅見克彦訳、青弓社、一九九六年［Daniel Dayan, and Elihu Katz, *Media Events : the Live Broadcasting of History*, Harvard University Press, 1992］あるいは、ダニエル・J・ブーアスティン『幻影（イメジ）の時代——マスコミが製造する事実』後藤和彦ほか訳、創元社、一九六四年［Daniel. J. Boorstin, *The Image : or, What Happened to the American Dream*, Atheneum, 1961］。両者とも批判的視点から類似の問題を扱っている。

*5——U・エーコ、前掲論文、八頁［U. Eco, *op. cit.*, p. 146］。

*6——同上、一九頁［*Ibid.*, p. 155］。

*7——Eliseo Verón, « Il est là, je le voit, il me parle », *Communications*, no. 38, 1983, pp. 98-120.

*8——*Ibid.*, pp. 103-104.

*9——ロラン・バルト『映像の修辞学』蓮實重彦ほか訳、ちくま学芸文庫、二〇〇五年、二二頁［Roland Barthes,« Rhétorique de l'image », repris dans *L'obvie et l'obtus : essais critiques III*, Le Seuil , Points, 1982, p. 32］。

*10——同上、二一頁［*Ibid.*, p. 31］。

*11——同上、二四頁［*Ibid.*, p. 33］。

*12——Serge Daney, « Le montage obligé » , *Devant la recrudescence des vols de sacs à main, cinéma, télévision, information : 1988-1991*, Aléas, 1993 ; « Le zoom interdit », *Ciné journal II*, Cahiers du Cinéma Livres, 1998.

*13——「禁じられたモンタージュ」と思わせぶりに訳されているが、そこで主張されているのは、公道でも場所によってはUターンが禁止されているのと同様に、ある種の映画でなされるモンタージュの禁止を唱えることである。

*14——アンドレ・バザン「禁じられたモンタージュ」『映画とは何か〈2〉』小海永二訳、フィルムアート社、一九七三年、一六三頁［André Bazin, « Montage interdit », *Qu'est-ce que le cinéma ?*, Cerf, 1991, p. 51］。

*15——同上［*Ibid.*, p. 53］。

*16——同上、一六六頁［*Ibid*, p. 55］

*17——同上、一六五頁［*Ibid*］。

*18——A. Bazin, « L'avenir esthétique de la télévision », *Réforme*, 17 septembre 1955.

*19——S. Daney, *op. cit.*, p. 110.

*20——S. Daney, « Nouvelle grammaire » *Ciné journal II*, p. 149.

*21——S. Daney, « Le zoom interdit », p. 62.

*22——*Ibid.*

*23——Raymond Williams, *Television, technology and cultural form*, Fontana/Collins, London, 1974, p. 86.

*24——*Ibid.*, p. 91.

*25——S. Daney, « Comme tous les vieux couples, cinéma et télévision ont fini par se ressembler », *Ciné journal I*, Chaiers du Cinéma Livres, 1998, p. 111.

*26——*Ibid.*

*27——S. Daney, « Le montage obligé », p. 163.

*28——ジャン・ボードリヤール『湾岸戦争は起こらなかった』塚原史訳、紀伊國屋書店、一九九一年［Jean Baudrillard, *La guerre du golfe n'a pas eu lieu*, Galilée, 1991］; Paul Virilio, *L'écran du désert :chroniques de guerre*, Galilée, 1991.

*29——S. Daney, « Le montage obligé », p.166.

*30——石田英敬、小松史生子「テレビドラマと記号支配『古畑任三郎』シリーズをめぐって」石田英敬、小森陽一

編『シリーズ言語態〈五〉――社会の言語態』東京大学出版会、二〇〇二年、七八頁。

＊31――水島久光、西兼志、前掲書。各ジャンルの分析は、それぞれ以下の章で行った。「ヒロシマ――ネオＴＶ時代のドキュメンタリー」、「ドラマの真実――タレント・ドラマからコンテンツ・ドラマへ」、「日本のテレビの「世界」――「世界系」の番組から見たパレオＴＶ／ネオＴＶ」、「テレビ＝サッカー――テレビ・コミュニケーションの〈基層〉」。

＊32――Ｂ・スティグレール『技術と時間〈3〉――映画の時間と〈難‐存在〉の問題』二〇五頁［B. Stiegler, *La technique et le temps : le temps du cinéma et la question du mal-être*, p. 184］。

＊33――同上、二〇六頁［*Ibid.*, p. 185］。

＊34――Ｂ・スティグレール『技術と時間〈2〉――方向喪失《ディスオリエンテーション》』一八三頁［B. Stiegler, *La technique et le temps : la disorientation*, pp. 136-137］。

＊35――同上、一八二頁［*Ibid.*, pp. 135-136］。

第12章　〈顔〉とコントロール――〈顔〉の現れ／消失

ここまで、映画時代のスター、テレビ時代のタレントというそれぞれのメディアに特有の〈indi-visual〉について検討してきた。

メディアの進展は、記号のピラミッドで言えば、下降のベクトルに従うものであった。映画は日常の流れが一旦断ち切られることで経験されるが、テレビは家にやってくることで日常の生活の流れと同期する。それがデジタル・メディアになり、いまや常時接続されている。それぞれのメディアで把捉される対象も、特権的なものから、日常的、さらには一回的なものへと高精度化されてきたわけだが、スターから、タレントへという変化はこのプロセスに沿ったものである。〈indi-visual〉は、このようなメディア環境の侵襲化(pervasion)の尖兵として、より身近になってきたのであり、身近になることで、その役割を果たしてきたのだ。[*1]

このような進展は、ベルナール・スティグレールが「象徴的貧困」と名指した状況に至るものである。

コントロール社会と象徴的貧困

「象徴的貧困」論は、ジル・ドゥルーズの「コントロール社会」論を発展させるものだが、「コントロール社会」は、ミシェル・フーコーが析出した「規律社会」に続くものである。規律社会は、君主制社会の後を受け、十八世紀から十九世紀にかけて登場したとされ、君主制が死を司るのに対して、生を管理するものである。「コントロール社会」もまた生を管理するが、規律社会が、監獄や病院、学校、工場などの閉じた諸環境から成り立っているのに対して、その管理はこれらの閉域を越えて遍在化し、常時、行使されるようになる。ドゥルーズは、両者を「アナログ」と「デジタル」の対比で捉え、アナログな規律が「鋳型」を押しつけることで個人を全人的に形成することを目指すのに対して、デジタルなコントロールにとって、個人は様々な能力という「モジュール」から構成されたものとなる。こうして、規律社会で個人は「署名」と「登録番号」によって、それらの個人からなった「群れ」において位置づけられるのに対して、コントロール社会における個人はデジタル化されたデータの束として把握されるばかりとなる。

規律社会が指令語＝標語によって調整されていたのに対し、コントロール社会の数字は合い言葉＝パスワードとして機能する〔…〕。コントロールのデジタル言語は数字でできており、その数字があらわしているのは情報へのアクセスか、アクセスの拒絶である。いま目の前にあるのは、もはや群れと個人の対ではない。本来なら分割不可能だったはずの個人（individus）は「可分的なもの（dividuels）」となり、群れのほうもサンプルかデータ、あるいはマーケットか「データバンク」に化けてしまう。[*2]

このふたつは「工場」と「企業」の違いとして表れてくる。つまり、労働者が一カ所に集められ、指令語＝標語を発する管理職を頂点にして階層化されている「工場」に対し、「企業」では、専門能力によって集められた労働者がチームをその都度、形成し、パスワードによって、情報端末上だけでなくオフィス内でもアクセス可能な範囲が制限されるようになる。

このようなコントロールをもっとも端的なかたちで実行するのが、マーケティングである。

いまやマーケティングが社会的なコントロールの道具なのである〔…〕。規律が長期的なもので、終わりなく非連続であったのに対して、コントロールは短期的で回転が速く、それと同時に、連続的で無制限である。[*3]

象徴的貧困論が基づいているのも、このような認識である。スティグレールは、象徴的貧困を、十九世紀的な産業的＝工業的資本主義が生み出す「生産における貧困」と対比しながら論じている。産業革命とともに、労働者は、工場における機械に仕えるばかりの存在となることで、「作る知」を奪われたプロレタリアと化す。この機械化によって生産力は向上するものの、逆に、過剰生産に陥り、利潤率が低減していく。こうして訪れる資本主義の危機が最終的に世界大戦へと至るわけだが、この危機への対処として現れたのが、「フォーディズム」「文化産業」「マーケティング」に支えられたアメリカ型の資本主義である。この資本主義を先導するのは、生産よりむしろ消費である。つまり、自分たちが生産したT型自動車を購入できるようにすることを目指したフォーディズムにとって、労働者は単なる生産者ではなく、消費者なのであり、映画を始めとした文化産業は、これらの消費者に、アメリカ流の生活という消費のモデルを与えるわけである。マーケティングは、この文化産業を直截に具現化するものにほかならない。

しかし、このようなマーケティングの論理に導かれた文化産業は、自滅的なものである。というのも、資本主義を支える欲望＝リビドーの逓減を惹起することになるからである。

個人が標準化されたものを消費し始め、標準化された過去を取り込むことで、みずからの単独生を失うと、それと同時に対象の単独生に対する感性をも失ってしまう。リビドーがリビドーであるのは、かけがえのない単独性を求める限りなのですから、こうしてリビドー自身が破壊されるのです。[*4]

十九世紀のプロレタリアは、労働の機械化によって、「作る知」を奪われたわけだが、二十世紀の消費者は、文化の産業化によって、「生きる知」までも奪われることになる。これが「生産における貧困」に対する「象徴的貧困」である。

このように定義される象徴的貧困は、あらゆるものが産業化していく「バイオ－デジタル時代」をまさに象徴するものである。この時代には、マーケティングに先導された文化産業によって、文化的、すなわち、社会的・集団的および個人的な記憶が産業的に作り上げられ、組み替えられていくと同時に、産業化が生命という遺伝的記憶にまで及ぶ。この意味で、象徴的貧困は、産業的な論理の徹底化によるものであり、それゆえ、われわれが生きるのは、ポストモダン社会、近代を抜け出た社会ではなく、「ハイパー産業社会」なのである。

このような象徴的貧困、つまり、ハイパー産業社会において遍在化する「コントロール」を別の観点から捉えるのが、デイヴィット・ライアンによる監視社会論である。

監視社会

ライアンの監視論もまた、フーコーの規律社会論、そして、それに次ぐドゥルーズのコントロール社会論を源泉としている。ライアンは、なかでもフーコーに対して、「自分の研究は現在の歴史だと主張したにもかかわらず、彼がそのような洞察力を証明してみせた規律や生－権力の発達において、マス・メディアやコンピューターが果たす役割については学問的に言及しなかった」[*5]と批判し、現代の監視社会における情報技術の重要性を強調する。

情報社会は必然的に監視社会であって、新たなテクノロジーに強く依存する。[*6]

カメラやセンサーなどの把捉装置、そうして得られた情報を集積し処理するデータベースやコンピューターによって、監視社会は支えられているのであり、それゆえ、監視は遍在することになる。ライアンの言う「ポストモダンの監視」とは、「技術に基礎を置き、身体を客体化し、日々発生する、普遍的な種類の監視」[*7]のことである。

監視社会とは、統合された情報インフラのおかげで、社会生活の各部門に監視が浸透するという意味でもあるのだ。国家による監視が支配的であるどころか、監視は今や、労働の現場や消費の場面にも同様に見いだされる。[*8]

ドゥルーズもすでに指摘していたように、マーケティング、なかでも、データベースを活用したリレーションシップ・マーケティングに先導され、監視は遍在化するわけである。この遍在化した監視が狙うのは、かつての近代の規律社会におけるように、個人を特定することではなく、個人から抽出されるデータのみである。

〔監視とは〕個人の身元を特定しうるかどうかはともかく、データが集められる当該人物に影響を与え、その行動を統御することを目的として、個人データを収集・処理するすべての行為である。〔…〕主として、お互いに警戒し合う生身の人間に関わるものではない。そうではなく、個人から抽出された断片的な事実こそが求められるのだ。[*9]

もはや個人は分割不可能なものではなく、「可分的なもの」となるわけだが、ライアンはそれを身体の消失と名指している（「消失する身体」）。つまり、情報機器を介することで、面と向かっての直接的なコミュニケーションの機会が減少するだけでなく、カメラやセンサーなどの個人を把捉するテクノロジーの精度が飛躍的に向上することで、身体は「可分的なもの」＝「データ」の束でしかなくなる——その例が、遺伝情報や画像データを利用したバイオメトリクス技術である。

こうしたデジタル・テクノロジーの発達によって実現する普遍的な監視の体制を、ライアンは、データベースを、デジタル化されたディスクールのアーカイブと捉えるマーク・ポスターの議論を参照して、「スーパーパノプチコン」[*10]と呼ぶ。

パノプチコンは、自分の内的生を改善しようと望む主体を産出する。対照的に、スーパーパノプチコンは、対象を構成する。つまり、アイデンティティーの分断した個人、これらのアイデンティティーがコンピューターによってどのように解釈されるか気づかずにいる個人を。またもや消失する身体に立ち戻るわけだ。近代の監視は、個別化、つまり、一人の身元特定可能な個別的主体を別の主体から慎重に区別することに深く関係する。だが、ポストモダンの監視はその先に進む。アイデンティティーを複合化すること、アイデンティティーを構成するデータの帰属先である個人からそれを切り離し、けれども、再結合可能な状態にしておくこと。このようにして構成されたアイデンティティーは、ボードリヤールが「ハイパーリアリティー」と呼んだものの集合体としてシミュレートされる。[*11]

監視の対象となり、データの源泉でしかなくなることで身体は消失するが、こうして集積されるデジタル・アーカイブから、「データ・ダブル」――ネット上での行動履歴から構成されたプロファイルやアバター――が再構成されるのである。

コントロールと〈顔〉

ライアンは、監視の時代を、前近代的な「フェイス・トゥ・フェイス」、近代的な「ファイル」、そして、ポスト近代的な「インターフェイス」に区分している（もっとも、各モデルが時代ごとに継起してくわけではなく、折り重なり、同時代にすべてのモデルが見られることもある）。ドゥルーズがコントロール社会と呼び、デジタル技術を活用して行われる監視は、「インターフェイス」の時代のものである。これに対し、「フェイス・トゥ・フェイス」による監視は、隠れて見張ること、盗み聞きや立ち聞きすることなど、監視者と対象者が時間・

空間をともにするなかで行われる。「ファイル」による監視は、官僚システム的に情報を集積・管理し、対象者をカテゴリー化することでなされるものであり、パノプチコンもこの監視のひとつである。

特定の個人に関して行われる「フェイス・トゥ・フェイス」の監視はもとより、実のところ、他のふたつのモデルにおいても、〈顔〉は特権的な対象である。

先に見たように、正確な写真あるいは写真的な正確さを目指したベルティヨン法は、山積した写真の分類を目的としたものであり、「ファイル」の時代の監視技術のひとつである。そして、このベルティヨン法に則って作成されたファイルで、後世にまで受け継がれたのが正面と横顔の二葉の写真であったことを思い出すなら、この監視にとっても、〈顔〉は中心的な対象なのが明らかになるだろう。

また、「インターフェイス」の時代の監視技術としては、デジタル技術の一般化・高精度化によって、バイオメトリクスが広く活用されているが、そこでも〈顔〉は特権的な対象である。というのも、〈顔〉による認証は、指紋や掌形、虹彩、網膜などの他の認証法と違い、距離を介して遠隔的に行えるという利点を持っているからである。特に、カメラが携帯機器として普及するのにともない、写真や動画を撮られることに対する抵抗感がなくなっていることが、その他の生体認証技術に比べて、顔認証を受け入れやすいものにしている。

このように、〈顔〉は、メディアだけでなく、監視技術の歴史においても画期を記すものなのだ。

スティグレールのいう象徴的貧困を引き起こすのは、文化産業の生み出す「産業的時間対象」と、意識という時間対象との同期化なのであった。そして、われわれは、〈顔〉を中心として構成される〈indi-visual〉こそがふたつの時間対象のインターフェイスとなっているのを見た。〈顔〉によってこそ、同期化が可能になるのだ。

この意味で、象徴的貧困論も監視社会論もドゥルーズのコントロール社会論を大きな知的源泉としているが、ともにコントロールと〈顔〉の問題を問うているわけである。そして、それは、ドゥルーズが〈顔〉の哲学者だからにほかならない。

そこで、ドゥルーズの議論に立ち戻ることで、この問題の位置づけを検討することにしよう。

記号の体制と〈顔〉

コントロール社会論と〈顔〉の問題をともに考える視座を与えてくれるのは、『千のプラトー』のいくつかの章——「言語学の公準」「いくつかの記号の体制について」「顔貌性」——である。その理論的な中心となるのは、「記号の体制」である。この概念は次のように定義される。

特殊な表現の形式化はいかなるものであれ、少なくともその表現が言語的なものの場合、記号の体制と呼ばれる。[*12]

世界の意味（signification）は記号（signe）を介して与えられるのであり、世界は「記号作用＝意味作用（signifiance）」から成り立っている。ここで、「少なくともその表現が言語的なものの場合」という留保が付けられているのは、記号学が言語をモデルに構想されたことからすれば当然のものだと言えるだろう。しかし、ここで、言語とは、情報的なものではなく、「指令語」として機能するものである。「指令語」が意味しているのは、ジョン・L・オースティンの言語行為論が教えるように、あらゆる言語活動は行為であり、「行為遂行的」だということである。言語＝行為とは、なによりもまず力の行使なのであり、その行使のための「組み立て（agencement アレンジメント）」を構成するのである。そして、このような言語概念を一般化するのが、「記号の体制」である。別言すれば、「記号の体制」は、言語をモデルにしている。しかし、そこでモデルとされている言語は、ソシュールに端を発するもの――意味論的・統語論的なもの――ではなく、語用論＝実践論、すなわち、社会・政治の観点――「語用論は言語の政治学である」[*13]――からのものなのである。

そして、記号を解釈するのが記号であるかぎり、記号は無限に連鎖していくことになる。このように記号が記号に関わっていることは、「冗長性」と呼ばれているが、この冗長的な記号の中心にあるのが、「表現の実質」としての「顔貌性」、〈顔〉である。

まさにこのシニフィアンの、形式的で純粋な冗長性は、ある特別な表現の実質なしには考えられないものである。それにひとつの名を与えなければならない。顔貌性という名を。言語は顔貌性の特徴をともなうだけでなく、顔は冗長性の全体を結晶させ、シニフィアンである記号を送り、受け、放ち、再び捕らえる。[*14]

情報的ではなく、行為遂行的、すなわち、ひとつの行為として実践されるとき、言語は〈顔〉、顔貌性を帯びるわけである。

「顔貌性」と名付けられた章で、この概念は、「記号＝意味作用」と「主体化」というふたつの軸、これらの冗長性によって定義されている。

まず「主体化」は、語用論・実践論の展開において、オースティンの言語行為論とは別の系譜をなすエミール・バンヴェニストを参照しながら、言表に対する言表行為の次元、言語に対する身体の次元を一般化するもの――この一般化は、権力によって「呼び立てられる」ことで主体が成立することを指摘したルイ・

アルチュセールの議論を経て、「言表行為の集団的組み立て」に至るものである――として提出されている。この「主体化」と、「記号＝意味作用」というふたつの軸が、「冗長性の全体を結晶させ（る）」〈顔〉において重なり合う、すなわち、冗長性をなしているわけである。たとえば、「指令語」に関しても、「行為と言表の冗長性」をなすものとされる。この点は、「言語における主体性」を問うたバンヴェニストのディスクールの言語学にならうなら、言表における主語と言表行為の主体が「わたし（je）」という一人称単数の代名詞において重なり合っていることを指すものである。あるいは、オースティンの言語行為論、なかでも、何ごとかを「言い」ながら、それを「行う」発話内行為を考えれば、言語と行為というふたつの次元が重なり合い、「冗長性」をなしているということである。

このような「冗長性の全体を結晶させ（る）」〈顔〉によって担われた「シニフィアン」の体制のあり様を、裏側から、明らかにするのが、「前シニフィアン」と「反シニフィアン」のふたつの体制である。これらの体制は、〈顔〉が消えるとき裸出する。

顔が消えてしまうとき、顔貌性の特徴が消滅するとき、われわれは別の体制に、はるかに寡黙で知覚しがたい他の帯域に入ったことを確信してもいい。そこでは、〈動物になること〉、地下で〈分子になること〉、シニフィアンのシステムの限界を逸脱してしまう深夜の脱領土化が作動するのである。[*15]

この「別の体制」である「前シニフィアン」の体制は、「原始的」で、記号なしで機能する「自然な」コード化に似ているとされる。それに対して、「反シニフィアン」の体制を特徴づけるのは、「数」である。しかし、この「数」は何ものかを数えるもの、「表象あるいは意味する数」ではなく、「それ自身を樹立する印づけの外のいかなるものによっても産み出されることのない数的記号」であり、「複数的、動的な分配をしるし、それ自体で、さまざまな機能や関係を産み出し、総計ではなく編成を行い、収集ではなく分配を行い、単位の組み合わせによってではなく、切断、移行、移動、集積などによって作動するような数的記号[*16]」のことである。つまり、この数は、事実確認的ではなく、行為遂行的なものである。

『千のプラトー』において、記号の体制――「前シニフィアン」と「反シニフィアン」の体制、そして逆に、その陰画としての「シニフィアン」の体制――は、以上のようなかたちで提出されているが[*17]、これらの体制を例証しているのが、ミシェル・トゥルニエの『フライデーあるいは太平洋の冥界』を論じた「ミシェル・トゥルニエと他者なき世界」である。実のところ、記号の体制は、このトゥルニエ論を記号の問題として捉え返したものにほかならない。

他者なき世界＝〈顔〉なき世界

トゥルニエが描くのは、経済的な観点ではなく、イメージ論の観点からのロビンソン・クルーソーである。この小説が興味深いのは、そのイメージ世界が、ゼロからひとつずつ再構築されていくのではなく、逆に、崩壊していく過程から詳細に描き出されていることである。そこで明らかになるのは、他者の不在がもたらす効果であり、それによって、他者の存在の効果が逆証される。この意味で、トゥルニエのロビンソンは、「ロビンソンの主題そのもの、すなわち島における他者なき人間という主題を展開する小説」なのである。

この主題は、想定された起源に関係づけられるのではなく、冒険――他者なき島の世界では何が起きるか？――を告げるものであるぶんだけ意味を持ったものとなる。それゆえまず、他者の意味するところが、その効果によって探求される。すなわち、島における他者の不在の効果が探求され、慣れ親しんだ世界における他者の存在の効果が帰納されるだろう。そして、他者とは何か、そして、その不在が何に存しているかが導き出されることになる。[*18]

ロビンソンが、他者の不在から見いだすのは、他者が対象の世界との媒介となっていること、世界は他者を媒介として与えられるということである。

他者というものは、われわれにとっては注意を逸らせるひとつの強力な要因であるが、それは他者がたえずわれわれの邪魔をし、われわれが目下考えていることからわれわれを引き離すからだけではなく、他者がいつなんどき不意に訪ねてくるかも知れないという可能性があるだけで、われわれの注意の余白に位置づけられているものの、いつでも注意の中心となることができる対象の世界におぼろげな光が投げかけられるからだ。[*19]

対象の世界との媒介としての他者は、いままさに注意が向けられている対象の「余白」、つまり、「図」としての対象にとっての「地」あるいは「地平」を構成している。このような他者の存在のおかげで、知覚する主体は知覚される対象との直接の対峙を回避することができる。

新たな対象がわたしを傷つけることなく、銃弾のような衝撃をわたしに与えもしないのは、もとの対象が、それに続く対象がすでに存在していることを予感させる余白を持っていたからなのだ。[*20]

「余白」や「地」、「地平」としての他者とは、知覚される対象でもなければ、もうひとつの主体なのでもない。むしろ、「ありうるもの（le possible）の構造」をなし、世界の可能性を担保する存在である。

恐れおののいた顔は、恐れおののかせる、ありうる世界（le monde possible 可能世界）、あるいは、わたしがまだ目にしていないとはいえ、世界のなかの恐れおののかせる何ものかを表現するものである。［…］恐怖に引きつった顔は、恐怖を与えるモノに似てはいないが、それを他なるものとして、畳み込み（impliquer）、包み込んでいる。わたし自身が、みずからのために、他者が表現していたものが実在のものであることを把握するとき、わたしが行っているのは、他者を押し広げ（expliquer）、対応したありうる世界を展開し実在のものとすること以外ではない。[*21]

他者が世界との媒介となり、余白をなしているということは、先に見た「社会的参照」の機能を指すものである。つまり、対象の認識が、主体－対象との二項関係ではなく、主体－他者－対象という三項関係において行われるということ、対象志向が他者志向と不可分だということである。そして、この媒介としての他者が包み込んでいる「ありうるもの」「ありうる世界」をすでに実在化しているのが、言語である。

他者とは、包み込まれたありうるものの存在であり、言語とは、ありうるものそのものの実在性である。[*22]

先に見たように、記号の「シニフィアン」の体制は、シニフィアンの「無限の連鎖」あるいは「冗長性」からなっていたが、このシニフィアン概念は、「ありうるものそのものの実在性」としての言語を捉え返したものであり、言語自身もまた、このような冗長性によって特徴づけられるということである。そして、他者、なかでもその〈顔〉において、このような言語と「包み込まれたありうるものの存在」とが重なり合う、つまり、冗長性をなしている。この意味でこそ、〈顔〉が「冗長性の全体を結晶させ」、記号の「シニフィアンの体制」を支えているわけである。これが、その不在から逆証される、「慣れ親しんだ世界における他者の存在の効果」である。

逆に、他者＝〈顔〉なき世界で顕わになるのは、「前シニフィアン」と「反シニフィアン」の体制である。「前シニフィアン」の体制とは、先に見たように、〈動物になること〉、〈分子になること〉という生成変化＝脱領土化が作動する世界のことであった。ロビンソンが体験する「もうひとつの島」はまさに、主体と対象が無媒介に交わり、生成変化が繰り広げられる世界である。

突然、カチッという音がする。主体は対象から引き離され、その色や重さの一部を剝ぎ取ることになる。世界のなかで何ものかが崩れ落ちたのであり、一面のモノが崩れ行き、わたしになる。対象のそれぞれはその地位を失い、対応した主体となるのだ。光は眼となり、もはや光としては存在しない。網膜の興奮状態でしかなくなるのだ。匂いは鼻孔となる。そして、世界自体は無臭なのが明らかになる。マングローブの木立の風が奏でる音楽は打ち消される。鼓膜の振動でしかなかった。［…］主体は、その地位を失った対象なのだ。わたしの眼は光や色の屍であり、鼻は、匂いのうちで、実在しないことが証明されても残るものである。手は、持っているモノを打ち消す。[*23]

世界の可能性を担っていた他者が不在になることで、「モノの副次的で幽霊のような不気味な存在感」が奪われ、「オール・オア・ナッシングの単純な法則に従ったモノ」しかなくなる。意味づけを失った、剝きだしのモノの世界へと還元されるのだ。こうして、「記号＝意味作用」の前提である、主体と対象の関係性そのものが失われることになる。

この「もうひとつの島」が立ち現れたのは、ロビンソン自身が作った水時計が停止したとき、「無垢の瞬間」なのであった。

> 真鍮の最後の一滴の音によって、初めて部屋を支配している異様な静けさに気がついたのだった。次の一滴が空の瓶の底に遠慮がちに現れ、細長くいびつになり、ためらい、それから気がそがれたようにまた元の球状に戻り、結局落ちるのを諦め、時の流れの逆流を準備さえしながら、自分の源にむかって遡る気配だった。[*24]

水滴の逆流は、時間の逆流だけでなく、「前シニフィアン」の体制に入るのに先立ち、他者なき世界を支えていた秩序の逆転を準備するものである。他者なき世界が、他者が果たしている役割を顕わにするのと同様、秩序の逆転は、秩序の役割を顕わにする。この秩序をもっとも端的に表しているのが、水時計にほかならない。それは、島の測量や、食料の調査、法律の制定などに続いて、無人島での秩序、前シニフィアン的なモノの浸食に抗する「体系」を確立するひとつとして作られたのであった。

> かれはかなり原始的な水時計を作ることにした。といっても、透明なガラスの瓶の底に小さな穴を開け、その穴から水が一滴一滴と垂れて、床に置いた真鍮の器に移るようになっていた。ロビンソンはガラス瓶の腹に二十四本の線を刻みつけ、その一本一本に数字を記した。こうして、水の高さがいつも時間を知らせてくれた。この水時計はロビンソンにとって測り知れない慰めの源泉となった。昼となく夜とな

く、真鍮の容器に落ちる水滴の規則正しい音を聞く時には、これでもう時間は自分の意志に反して暗い深淵のなかへ逃げてはいかない、これからは時間もまた調節され、制御され、要するに飼い慣らされるのだ、それはちょうど島全体がたったひとりの人間の魂の力で徐々に生成していくのと同じだ、という誇らしい気持ちをかれは味わった。[*25]

ロビンソンは、時間を「機械的で、客観的で、反論の余地なく、正確で、確かめることのできる」ものにすることで、周囲のものすべてを「計量され、証明され、確証され、厳密で、合理的」なものにしようという欲望を完成させたのであった。「不明瞭で、測りしれず、鈍い動揺と不吉な渦に満ちた」島を、「徹底的に抽象的で、透明で、理解可能な」ものにしようとしたのだ。漂着して以来、まず重要だったのは、無人島を探索し、外敵から身を守り、食料を調査し確保することであった。しかし、ひとつひとつ落ちる水滴でつねに時間を記し、厳密・正確に計測しようとまでするのは、測量のための測量、秩序のための秩序の確立以外の何ものでもない。この過剰な秩序への欲望は、次のようなかたちでも表れてくる。

島の測量にとりかかり、全土の平面投影を表す図面を作り、それらのデータを土地台帳に記入しなければなるまい。どの植物にもそれぞれ札をつけ、どの小鳥にもそれぞれ環を付け、どの哺乳動物にもそれぞれ焼き印を押すようにしたいものだ。[*26]

この過剰さは、自然的で身体的な欲望や必要から離れた、社会・文明的で精神的な欲望・必要を、純化したかたちで表すものである。

このように「時間の飛翔を停止させ」、時間を支配するまでの力を手に入れようとしたロビンソンだが、実のところ、その力に逆に縛られていたにすぎない。時間の逆流、そして、秩序の逆転を表していた「無垢の瞬間」は、この逆転を顕わにするものでもある。

器のなかでひとつひとつつぶれる水滴の執拗なリズムがメトロノームのような正確さでかれのどんな小さな動作をも要求することをやめたのは、この数ヶ月来初めてのことだった。[*27]

時を刻むだけでなく、主人であるはずのロビンソンをも縛っていたこのような数、秩序とは、「反シニフィアン」の体制の特徴づけるものであった行為遂行的なものである。この数は、「表象あるいは意味する数」ではなく、「それ自身を樹立する印づけの外のいかなるものによっても産み出されることのない数的記号」であり、「総計ではなく編成を行い、収集ではなく分配を行う」のであった。ロビンソンの一挙手一投足を拘束する水時計として具現化した数とは、まさにこのような「反シニフィアン」的な記号である。

この意味で、「無垢の瞬間」とは、夜と朝が接する「ブルーアワー（l'heure bleue）」のように、「前シニフィアン」と「反シニフィアン」の体制が接する瞬間でもあったわけだ。

そして、この瞬間を用意したのは、〈顔〉の喪失にほかならない。「無垢の瞬間」が訪れる直前、ロビンソンは、無人島に漂着して以来、初めて鏡に写るみずからの〈顔〉と直面する。それは、他者＝〈顔〉なき世界において、「見る機会をあたえられた唯一の人間の顔」である。「新しい種類のナルシス」としてのロビンソンには、その〈顔〉にさほどの変化は認められなかった。しかしそれでも、「自分の顔を見分けるのがやっと」なのであった。この〈顔〉を前にしてかれが発したのは、「defiguré（＝顔が醜くなった）」という言葉であった。

「おれは顔が醜くなった」とかれは大声で叫んだが、一方では絶望に心を締めつけられた。たしかにかれは、口の下に下品なところや、目に光のないことや、額におもしろみのないことなどに――かれは以前から自分のこうした欠点に十分気づいていた――鏡についている湿気の染みを通してかれを固定している仮面の暗い醜さの説明を求めていた。その醜さは以前よりいっそう全体に広がり、かついっそう深くなっていて、ある種の硬直と言おうか、かれが昔、何年も光のささない牢屋に入れられていたあげく自由になったある囚人の顔の上に認めた、どこか死を思わせるものだった。それはちょうど、情け容赦のない厳しいひと冬がこの親しみのある顔の上を通りすぎて、この顔の一切のおののきを石化し、その表情を卑しいまでに単純化してしまったようだった。[*28]

この〈顔〉を前にして、ロビンソンに明らかになるのは、「慣れ親しんだ世界」で〈顔〉、他者の〈顔〉が果たしている役割である。

われわれの同類の現前がたえずかたちを作り、整え、暖め、生気を与える肉の一部がわれわれの顔であることを理解した。いまさっき活発な会話を交わしていた人間と別れてきたばかりの人間の顔は、その会話の名残をしばらくとどめているもので、この活気の名残は徐々にしか消えず、そしてまた不意にやってきた別の相手がこの活気の炎をもう一度迸らせるのである。[*29]

〈顔〉と〈顔〉は合わせ鏡のようにしてあり、みずからの〈顔〉は、他者の〈顔〉によって作られているわけである。逆に、他者の〈顔〉を失うことは、みずからの〈顔〉を失うことにほかならない。この意味で、「defiguré」が表しているのは、美醜よりむしろ、〈顔〉を失うこと、〈顔〉が〈顔〉でなくなることなのである。

こうして、ロビンソンが倦むことなく、絶えず立ち戻る「存在の問題」にひとつの答えが与えられる。存在すること、とはいったいどういう意味だろうか？　これは「外にあること」という意味なのだ。外在するもの。内在しないもの。わたしの思考、わたしのイメージ、わたしの夢は外在しない。［…］わたし自身は、わたし自身から抜け出して他者へ向かうときしか外在しないのだ。［…］「外在」しないものは、「内在する」。内在するのは外在するためにこそである。この小さな世界の全体は、大きな世界、真の世界の入り口に追い立てられる。この入り口の鍵を持っているのが他者なのだ。[*30]

このような他者を失ったロビンソンに残されたのは、「動物になる」こと以外にない。

この犬の微笑みがご主人の人間らしくなった顔に日に日にはっきりと反映するのだった。[*31]

「無垢の瞬間」が訪れるのは、こうしてのことなわけだが、〈顔〉なき世界にほかならない他者なき世界では、他者の〈顔〉だけでなく、みずからの〈顔〉をも失うことになるのである。

以上のように、『千のプラトー』において「記号の体制」として結実する思考は、トゥルニエのロビンソンをめぐる論考にすでに見られるものである。他者＝〈顔〉なき世界は、他者＝〈顔〉が果たす役割と同時に、別の記号の体制、「前シニフィアン」と「反シニフィアン」の体制を顕わにしているのだ。

さらに、トゥルニエは、もうひとつの「脱シニフィアン」の体制も描き出している。この体制は、先に見た「主体化」によって規定されるものであり、もうひとつの記号の体制というより、記号とは別の体制である。この体制は、「情念的で主体的」とされるが、それを具現化しているのが、小説のタイトルとなっているフライデーである。かれは、当初は、忠実な召使いとして、ロビンソンが確立した秩序、「体系」を補完する存在であった。獲物を巧みに捕らえ、ゴミを首尾よく処理し、島での問題を片付けていったのだった。しかし、かれは、貯蔵庫であった洞窟を爆破し、いともやすやすとその「体系」、島そのものをも破壊することになる。

アロカニア族の男［＝フライデー］は別の支配に属していたが、この支配はかれの主人の地上的な支配とは矛盾するもので、この支配にちょっとでも閉じ込められようとすると、これに対して破壊的な力を発揮したようだった。[*32]

ドゥルーズによれば、構造としての他者をすでに失っていたロビンソンにとって、フライデーはもはや「再発見された他者」としての役割を果たすことはない。むしろ「ロビンソンによって始められた世界の変容を導き、完成させ、その意味と目的をロビンソンに唯一啓示できる」存在である。たとえば、ロビンソンの召使いとしてのフライデーは、主人にならって文明的な振る舞いを身につけるようになっていった。しかし、島の崩壊の後、すなわち、「ロビンソンを古い土台に結びつけている最後の絆を断ち切ってしまった」後、この関係は逆転する。ロビンソンのほうが、フライデーに似てくるのだ。

ロビンソンは頭を刈ることをやめてしまったので、頭髪は薄茶色の巻き毛が日に日に伸び放題になって縮れてきた。ところが、反対に、すでに爆発で台なしになってしまったあごひげは剃っていた。［…］かれはそのいかめしい、族長のような風貌、つまりかれの元の権威をあんなによく支えていた「父なる神」の部分を失ってしまっていた。かれはこうして一世代若返り、鏡をちらと見るだけで、これからは、自分の顔とフライデーの顔とのあいだに明らかな類似が存在することがわかるほどだった。何年ものあいだ、かれはフライデーの主人であると同時に父親だった。それがこの数日間にフライデーの兄弟になってしまった――兄であるという自信はなかった。[*33]

こうして、ロビンソンは、「無垢の瞬間」に続いて「もうひとつの島」を発見したのと同様、「もうひとりのフライデー」と初めて直面し、それに「なる」のだ。

記号の体制とコントロール社会

ここまで、トゥルニエ（論）と突き合わせることで、記号の体制について検討してきた。「前シニフィアン」と「反シニフィアン」の体制は、「記号＝意味作用」が維持された「シニフィアン」の体制の条件を、裏側から、明らかにするものである。「前シニフィアン」の体制において、「記号＝意味作用」を支える主体－客体図式が崩壊し、主体は客体＝モノの秩序に組み込まれ、「反シニフィアン」の体制では、「意味し表象する」ことをやめた数が行為遂行的に力を行使する。そして、これらの「記号作用」の体制から逃れる「主体化」に関わるのが、「脱シニフィアン」の体制である。

これらの「記号＝意味作用」と「主体化」というふたつの軸、さらにこれらの四つの体制が交差するところにあるのが、「顔貌性」、〈顔〉である。〈顔〉において、言語的・記号的次元と行為的・主体的次元、非身体的次元と身体的次元が重なり合い、冗長性をなしているのだ。

「コントロール社会」論は、このような「記号の体制」と「顔貌性」の議論に位置づけられるものである。「規律社会」に続く「コントロール社会」は、分割不可能だったはずの個人を「可分的なもの」＝「データ」として把捉し、それをデータベースに集積し、それに基づいて、情報へのアクセスの可否を決定することで力を行使するのであった。この意味で、デジタルの言語とは行為遂行的な数字である。つまり、「コントロール社会」とは、記号の体制の観点からすれば、「反シニフィアン」の体制に対応するものであり、その形式面を捉えたのがこの体制なのだ。なかでも、ライアンのいう「インターフェイス」の時代の監視はまさに、このような「反シニフィアン」としての数字によって実行されるものである。

これに対して、「脱シニフィアン」の体制は、記号とは別の体制として、「主体化」に関わるとされていた。「主体化」のプロセスは、「コントロール社会」を論じた「追伸」の本文にあたる「コントロールと生成変化」において、人々に対して適合を強いるモデルを有さない「マイノリティー」への生成変化に関わり、コントロールに抗する可能性として提示されていたものである。

そして、「記号＝意味作用」が維持された「シニフィアン」の体制を問題にするのが、象徴的貧困論である。象徴的貧困は、生産における貧困と対比しながら定式化されていた。それは、コントロールが、規律とは異なり、監獄や病院、学校、工場などの閉じた環境を越えて遍在化し、常時、行使されるようになり、個人が「可分的なもの」というデータの束へと切りつめられるという認識に基づいていた。なかでも、このような「社会的なコントロール」において、マーケティングの論理に導かれた文化産業に注目するものであった。そして、文化産業は、記号を産み出すことで世界を意味づけていく、すなわち、「記号作用＝意味作用」を司るものにほかならず、現代社会において、「シニフィアン」の体制を中心的に担っているものである。

以上の議論をまとめるなら、次のようになるだろう。スティグレールの象徴的貧困論も、ライアンの監視社会論も、ドゥルーズのコントロール社会論を発展させるものであったが、コントロール社会論自体は、ドゥルーズの議論のなかで、記号の体制に位置づけられるものである。この一般的な記号の体制の観点からすれば、文化産業に注目する象徴的貧困論は「シニフィアン」の体制を、そして、情報技術に注目する監視社会論は「反シニフィアン」の体制を対象にしているのである（そして、象徴の貧困や監視社会に抗する視座を与えるのが、「脱シニフィアン」の体制となるだろう）。

そして、「記号の体制」の要をなしているのが、〈顔〉である。「記号＝意味作用」と「主体化」が「冗長性」をなす〈顔〉こそが「シニフィアン」の体制を支えているのであり、「前シニフィアン」と「反シニフィアン」の体制を裸出させるのは、〈顔〉の喪失なのであった。

「記号の体制」に位置づけられる「コントロール社会」論を参照しながら提出された「象徴的貧困」と「監視社会」をめぐる議論においても〈顔〉は重要な役割を果たしている。〈顔〉は、映像と観る者の意識というふたつの流れを同期させ、象徴的貧困をもたらすものであり、各時代――「フェイス・トゥ・フェイス」と「インターフェイス」だけでなく、「ファイル」の時代――の監視の中心的な対象でもある。

象徴的貧困論と監視社会論は、ドゥルーズの議論からは、このように位置づけることができるだろう。逆に、これらの議論は、「記号の体制」が、いかにして、そして、なぜ、存立しているのか、実効化されているのかを解明するものである。この点について、象徴的貧困論と監視社会論を付き合わせることで明らかにしていこう。

象徴的貧困と監視社会

先に見たように、ライアンはフーコーに対して、「マス・メディアやコンピューターが果たす役割」の看過を批判し、それを補完すべくみずからの監視社会論を提出したのであった。なかでも現代の情報技術の広がりに注目し、「情報社会は必然的に監視社会」だと看破し、デジタル技術によって個人が把捉され、データの源泉でしかなくなる事態を「身体の消失」として指摘していた。

これに加えて、ライアンはマス・メディアの役割にも興味深い指摘を行っている。そこで言及されるのは、『ビッグ・ブラザー』（図24）のようなリアリティー・ショーの広がりである。この番組は、オランダのエンデモルが製作し、その後、さまざまな亜種も含めて、二〇〇〇年前後に各国で大きな成功を収めたが、公募で集められた若者たちが、外部から閉ざされた環境で、四六時中、撮影＝監視されながら過ごす様子を映し出すものである。

図24：「Big Brother」のロゴ。

ライアンは、リアリティー・ショーを、ジョージ・オーウェルの『1984』のような小説、そして、フランシス・フォード・コッポラの『カンバセーション』や、スティーヴン・スピルバーグの『マイノリティー・リポート』と比較しながら、次のように位置づける。

監視の古典小説が抑圧的なまなざしの下に置かれた生活を描き、「シネマ社会」が「見たい」というのぞき見的な欲望がかぶっていたマスクを剝いだとするなら、「リアリティー番組」の到来はいま一度レンズをターンさせて、見られたいという欲望のうえに焦点を合わせたといえる。ここには、意味深長な皮肉がある。ビッグ・ブラザーの恐ろしげな姿は人を現実から逃避させてくれる魅惑的な娯楽へと変わり、可視性が「罠《トラップ》」になる（パノプチコンの議論でフーコーが考えたように）のではなく、楽しい「旅《トリップ》」になった。[*34]

リアリティー・ショーは、監視社会の一種の戯画として、見られる＝監視されることの恐怖でもなく、見ること＝監視することへの欲望でもなく、見られること＝監視されることへの欲望を描き出しているわけである。先に見たエーコの指摘するパレオTVからネオTVへの変化は、世界の出来事に開かれた窓から、視聴者の望むものを映し出す鏡への変化のことであったが、リアリティー・ショーは、このようなネオTVの極みである。そして、ネオTVが「視聴者のマゾヒズム」を具現化するものであるかぎり、監視されることの欲望が表しているのは、「マゾヒズム」の極みというべきものである。

このような事態を別の視点から描きだしたのが、トーマス・マシーセンであり、かれが提出した「シノプチコン」の概念である。マシーセンも、フーコーがテレビを始めとしたマス・メディアについて言及していないことを批判する。

ミシェル・フーコーが、なかでも、近代社会における監視について明に暗に意識化させた大著において、テレビ、あるいは、その他のマス・メディアについて一言も触れていないのは、控え目に言っても、当惑させるものである。これは単なる言い落とし以上のものだ。それらを分析の俎上に載せていたならば、監視に関するかぎり、かれが描き出す社会の全体像が根本において必然的に変わってしまったことだろう。[*35]

マシーセンは、マス・メディアが果たす役割に注目することで、少数者が多数者を見る＝監視するパノプチコンに対して、多数者が少数者を見る＝監視する「シノプチコン」概念を提起し、十九世紀以来、両者が平行して発展してきたと主張する。規律的な監視とともに、スペクタクル的なメディアが近代、そして、現代を特徴づけるのであり、その意味で、われわれが生きているのは「視聴者社会（viewer society）」である。

少数者が多数者を見ることがますます可能になったが、それと同時に、多数者が少数者を見ることもまた、ますます可能になった。［…］敢えて言えば、パノプチコンだけでなく、シノプチコンがわれわれの生きる社会を特徴づけるのであり、近代への移行を特徴づけるものであったのだと言えるだろう。[*36]

このようなシノプチコンにおいては、少数者を見る多数者に、その少数者が表す価値が「世界観（world paradigm）」として植えつけられ、その振る舞い、そして、意識が方向づけられる（マシーセンは「コントロール」という言葉を使っているが、ドゥルーズが規律社会に対して使っている意味合いは含まれていない）。この「世界観」とは、「私的で個人的なもの、常識外れであったり、身震いさせ、性的に刺激するもの、すなわち、広い意味でのエンターテインメントに力点を置いたもの」である。

ライアンは、このようなマシーセンの議論を受け、リアリティー・ショーが、監視を題材としたメディア表象一般と同様に、監視の実態や、監視に対する人々の意識を表しているだけでなく、監視を嬉々として受け入れる人々の姿を映し出すことで、その受容を促していることを指摘する。つまり、シノプチコンは、パノプチコンを再生産し、一層強化するわけである。

マシーセンの言う少数者とは、「セレブ、キャスター、スターなど、公共空間における新たな階級」のことであり、われわれのいう〈indi-visual〉にあたるものである。リアリティー・ショーに出演する者たちも、番組をきっかけにして、多かれ少なかれ、名を成し、いわゆるタレントにはならずとも、知名度を利用して活動している。たとえ「使い捨てのセレブ」だとしても、〈indi-visual〉の末裔、末端にほかならない。特に、

「ネオTVの極み」であるリアリティー・ショーは、さまざまなジャンル――バラエティ、ドキュメンタリー、ゲーム、音楽など――を内包しており、そのすべてであると同時にそのどれでもない。この意味で、そこに登場する人々は、すぐれてタレント的な存在である。また、リアリティー・ショーに出演するものたちは、公募で選ばれたとされている。つまり、見られる少数者たちも、見る多数者の一員なわけであり、少数者と多数者、見るものと見られるものとの区別は、いつでも乗り越えることが可能で、曖昧なものとなる。情報技術によって、パノプチコンが社会の隅々にまで浸透していくのと同様、シノプチコンも、メディアによって社会と重なり合うようになるのだ。

ライアンの監視社会論は、このようにして、情報技術とメディア表象のあいだの補完関係を指摘することで、フーコーに対して取り逃していると批判した点を補完するわけである。

それと同時に、監視社会論は、リアリティー・ショーのようなメディア表象に取り組むことで、象徴的貧困論の問題設定に近づくことになる。スティグレールによる象徴的貧困論は、映画を論じることで現象学を更新し、メディア現象と意識の問題に力点を置くものであった。情報技術と身体の問題に注目するライアンの監視社会論も、それを補完するシノプチコンを論じることで、文化産業に対する批判理論に連なるものとなる。

スティグレールの象徴的貧困論は、このような文化産業による意識の方向づけのメカニズムの解明を主題とするものである。先に見たように、文化産業論に関してスティグレールが注目するのは、カントの図式機能への言及であった。ホルクハイマーとアドルノは、文化産業が、生み出すものすべてに「類似性」という焼印を押し、「ひとつのシステム」を構成していることを批判するが、この産業が力を行使しうるのは、人々から図式機能を簒奪することによってなのであった。

「図式」とは、感性的直観を悟性的カテゴリーに包摂するにあたり必要とされる、両者と同種的な媒介項のことである。この「図式」について、スティグレールは、それが形象という対象イメージや身振りなしにはありえず、そこにこそ起源があること、すなわち、図式には形成されてきた歴史＝プロセスがあることを強調する。たとえば、数に関して言えば、指やビー玉を使って数えるという身振りから派生してきたものだということである。

この身ぶりからの「図式」の派生という点を明らかにするのが、「ハビトゥス（habitus）」の概念である。[*37] この概念に新たな力を与えたのは、社会学者のピエール・ブルデューである。ブルデューはマルセル・モースから借用し「実践」を解明するために用い、いまや社会学の重要概念のひとつとなっているが、なにもこの概念は、社会学に固有のものではない。

語源的には、「図式」がギリシア語の「echein（「持つ」、「ある」）」から派生してきたのと同様に、ラテン語の「habere（「持つ」）」から派生したものである。哲学史では、アリストテレスの「ヘクシス（hexis）」を翻訳したものであり、エトムント・フッサールやモーリス・メルロー＝ポンティーの現象学においても、重要な役割を果たしている。たとえば、死後に公刊されたフッサールの『経験と判断』では、「前述語的（受容的）経験」から、「述語思考と悟性対象」を経て、「一般対象性の構成と一般判断の形式」へと、言い換えれば、「ドクサ」から「エピステーメ」、あるいは、個別的なものから一般的なものへと抽象化、制度化を遂げていく意識のあり様が描き出されている。この発生論的現象学が明らかにしようとしているのは、科学や学問における普遍的に妥当する述語的判断が、前述語的判断、生活世界に根ざしているということである。そして、「ハビトゥス＝習慣」が言及されるのは、この前述語的判断について詳述されるときである。

「ある対象の知覚という」体験そのものは、そのなかで構成された対象とともに「わすれられる」かもしれないが、といっても、それはあとかたもなくきえうせるのではなく、たんに潜在的なものになるだけである。そこで構成されたものは、習慣として所有されていて、いつでもあらたにじっさいに連想的によびおこされる。[*38]

「習慣」は、体験の痕跡が沈殿していくことで形成され、「恒常的な成果」として、より高次な判断が行われる際の前提となるわけである。つまり、『幾何学の起源』で問題になっているのが学の系統発生だとすれば、ここでは、その個体発生が論じられているのである。

スティグレールが指摘する、身ぶりからの図式の派生も、このような発生論的なものであり、その意味で、ハビトゥスのことなのである。

このような図式論の批判的検討から明らかになるのは、スティグレールのカント読解が、批判哲学を完成した体系としてではなく、展開されていくプロセスの渦中において捉えるものだということである。それが、第一批判のふたつの版の差異の読解として、行為遂行的に実践されているわけだが、それはまた、この読解を可能にしたのが、書物という文字を複製する技術によってであることも行為遂行的に証している。

このように身ぶりから経験的・歴史的に構成された図式に働きかけることはまた、身ぶりを方向づけることでもある。図式＝ハビトゥスには身ぶりが折り畳まれているのであり、図式＝ハビトゥスを身につけることとは、その折り畳まれた身ぶりを改めて押し開くことなのだ。図式＝ハビトゥスとは、身ぶりを伝達するものなのである。

ハビトゥスを社会学の概念として確立したブルデューは、「構造化する構造として機能するように予め定まった、構造化された構造」と定義したが、この構造化されると同時に構造化する構造が指しているのはまさに、このような図式＝ハビトゥスを介した身ぶりの伝達のことである。

たとえば、コミュ力であれ、地頭力であれ、「〇〇力」と称されているのも、ハビトゥスにほかならない。

そして、このハビトゥスを具現化し、日常のコミュニケーションを形づくるうえで中心的な役割を演じているのが、すぐれてテレビ的な〈indi-visual〉としてのタレントたちである（ひな壇に祭り上げられたタレントたちのあいだで繰り広げられる集団トークで、期待された〈キャラ〉を着実に演じるかれらの姿と、グループ内で空気を読みながら生き延びていく若者たちの姿が重ならないだろうか）。スターに憧れ、タレントに馴染んできたように、〈indi-visual〉は、観る者たちに振る舞い方を教育するのだ。それをいま、果たしているのが、〈キャラ〉であり、いまやスターもタレントもひとつの〈キャラ〉と見なされるようになった。〈indi-visual〉は、図式＝ハビトゥスを具現化するものとして、文字通り、メディアのあちら側とこちら側のインターフェイスなのである。

このようにして、メディアのあちら側とこちら側はつながっている、別言すれば、記号の体制は存立し、その力を行使しているわけである。われわれが論じてきた〈indi-visual〉は、ひとつの記号、図式として、身ぶりを観る者に伝達するものなのだ。スターであれ、タレント、キャラであれ、〈indi-visual〉は、観る者の身ぶりを形づくってきた、コントロールしてきたのである。つまり、〈indi-visual〉は、消費される対象であると同時に、それによって、消費者の振る舞いを形づくる主体でもあるのだ――逆に、消費する主体は、消費される客体でもある。〈顔〉的存在としての〈indi-visual〉は、「可分的なもの」に解体された個人を再統合する核なのである。

このように、〈顔〉は、象徴的貧困論と監視社会論、そして、それらの源泉たるコントロール社会論、記号の体制をめぐる議論、これらすべてが交わるところにあるわけである。

それは、メディア的、コミュニケーション的なものとしての〈顔〉のあり様をよく表しているが、それはまた〈顔〉がすぐれて「社会的なもの」だということである。

ここで改めて、〈顔〉の哲学者、ドゥルーズに立ち戻ることになる。

〈顔〉、この「社会的なもの」

ドゥルーズは、ジャック・ドンズロの『家族に介入する社会』へのあとがきで、「社会的なものの上昇」を指摘している。ドンズロは、子供の管理などを通して、公的権力の私的領域・私的問題への介入について論じているが、このような介入、逆に言えば、私的なものの公化、すなわち、公的なものと私的なものの混淆によって上昇してくるのが、「社会的なもの」である。ドゥルーズは「社会的なもの」を次のように規定している。

> 社会的なものは、公的な領域とも、私的な領域とも混同されない。なぜならば、社会的なものは、逆に公的なものと私的なものの新しい雑種的なかたちを導入〔する〕。[*39]

ここでドゥルーズが前提にしているのは、アーレントによる議論である。先に見たように、アーレントは『人間の条件』で、「活動的生」を「労働」「仕事」「活動」の三つに分け、「公的領域」でなされる「活動」が、「仕事」を実現する「工作人」を経て、「私的領域」の「労働」に取って替わられていく過程として近代を描き出していた。言い換えれば、奪われたもの、なかでも「現れ」を奪われたものであった私的なものが公的なものの場を逆に奪っていくわけである。「社会的なものの上昇」が指しているのは、この反転のことである。

ドンズロ、そして、ドゥルーズは、「社会的なもの」を、特に社会保障の問題として論じているが、ここまで見てきた監視社会論と象徴的貧困論は、この「社会的なものの上昇」として捉え返せるものである――逆に、こうして捉え返すことで、「社会的なもの」の概念を更新できるだろう。たとえば、監視を受け入れること、監視を望むことは、プライヴァシー、私的なものを明け渡すこと、公化することである。それは、私的なものが「現れ」を奪われていることだとすれば、その奪われた状態を拒否すること、「現れ」を望むことである。つまり、監視状態とメディア現象はまったく地続きのものであり、ともに「現れ」に対する欲望を表している。この意味で、コントロール社会を問うことは、なによりまず「社会的なもの」を問うことなのだ。

そして、公的なものと私的なものの混淆としての「社会的なものの上昇」とは、〈顔〉＝メディアの上昇にほかならない。

われわれがたどってきた〈顔〉の歴史が教えるのも、「現れ」の公的な領域から私的領域への退去、そして、再浮上であった。この再浮上を大きく進めるのが、メディアであり、そこで誕生したのが、〈indi-visual〉なのであった。映画のスターは、役柄に対する役者そのものの前景化によって定義されていたが、テレビというメディアでは、コミュニケーション的なタレントが誕生するのであった。それが、デジタル化とともにメディアが遍在化した環境では、あらゆる人に「現れ」の可能性が与えられるが、それによって、コントロールの対象ともなる。

自己と他者が交差し、言葉とイメージのあいだにある、不気味なものとしての〈顔〉＝メディアとは、このような「社会的なもの」なのである。

注

＊1――フラット化したデジタルのメディア環境で、この役割を果たしているのが、「キャラ」である。「キャラ」については、以下で論じた。西兼志「コミュニケーションのvectorとしての〈キャラ〉――indi-visualコミュニケーション」石田英敬、吉見俊哉、マイク・フェザーストーン編『デジタル・スタディーズ2――メディア表象』東京大学出版会、二〇一五年。

＊2――ジル・ドゥルーズ「追伸――管理社会について」『記号と事件――一九七二―一九九〇年の対話』宮林寛訳、河出書房新社、一九九二年、二九六頁［Gilles Deleuze, « Post-scriptum: sur les sociétés de contrôle », *Pourparlers*, Minuit, 1980, pp. 243-244］。

＊3――同上、二九八頁［*Ibid.*, pp. 245-246］。

＊4――ベルナール・スティグレール「「象徴的貧困」というポピュリズムの土壌――「意識の市場化」からの脱却を」『世界』二〇〇六年五月号、岩波書店、一八一頁。

＊5――デイヴィット・ライアン『監視スタディーズ――「見ること」「見られること」の社会理論』田島泰彦訳、岩波書店、二〇一一年、九一―九二頁［David Lyon, *Surveillance Studies : An Overview*, Polty, 2007, p. 58］。

＊6――D・ライアン『監視社会』河村一郎訳、青土社、二〇〇二年、六三頁［D. Lyon, *Surveillance Society : Monitoring Everyday Life*, Open University Press, 2001, p. 34］。

＊7――D・ライアン『監視スタディーズ』八〇頁［D. Lyon, *Surveillance Studies*…, p. 51］。

＊8――D・ライアン『監視社会』六三頁［D. Lyon, *Surveillance Society*…, p. 34］。

＊9――同上、一三頁［*Ibid.*, p. 2］。

＊10――「現在の「コミュニケーションの流通」やそれが作り出すデータベースは、一種の「スーパー・パノプチコン」を構築している。それは壁や塔や看守のいない監視のシステムである［…］社会保障カード、運転免許証、クレジットカード、図書館カードのようなものを個人は利用し、使い続けなくてはならない。これらの取引は記録され、データベースにコード化され加えられる。［…］ホーム・ネットワーキングはこの現象の最適化された頂点を作り出す。消費者は、製品を製造者につながれたモデムを通して注文することによって、まさしく購買という行為それ自体によって自分自身を製造者のデータベースに直接入力することになる」。マーク・ポスター『情報様式論』室井尚ほ

か訳、岩波書店、一九九一年、一七五頁［Mark Poster, *The Mode of Information: Poststructuralism and Context*, University of Chicago Press, 1990］。

*11――D・ライアン『監視社会』一九三頁［D. Lyon, *Surveillance Society...*, pp. 115-116］。

*12――ジル・ドゥルーズ、フェリックス・ガタリ『千のプラトー――資本主義と分裂症』河出書房新社、一九九四年、一三三頁［Gilles Deleuze, et Félix Guattari, *Mille Plateaux : capitalisme et schizophrénie 2*, Minuit, 1980, p.140］。

*13――同上、一〇三頁［*Ibid.*, p.105］。

*14――同上、一三六頁［*Ibid.*, p.144］。

*15――同上、一三七頁［*Ibid.*, p.145］。

*16――同上、一四〇頁［*Ibid.*, p.148］。

*17――このように規定される「前シニフィアン」「シニフィアン」「反シニフィアン」という三つの記号の体制は、「記号のピラミッド」を構成する「指標」「類像」「象徴」という三つの次元に対応するものである。

*18――G・ドゥルーズ『意味の論理学』岡田弘ほか訳、法政大学出版局、一九八七年、三七九頁［G. Deleuze, *Logique du sens*, Minuit, 1969, p. 354］。

*19――ミシェル・トゥルニエ『フライデーあるいは太平洋の冥界』榊原晃三訳、岩波書店、三七―三八頁［Michel Tournier, *Vendredi ou les ilbes du Pacifique*, Gallimard, 1972, p. 36］。

*20――G・ドゥルーズ、前掲書、三八〇頁［G. Deleuze, *op. cit.*, p. 354］。

*21――同上、三八三頁［*Ibid.*, p. 357］。

*22――同上［*Ibid.*］。

*23――M・トゥルニエ、前掲書、一一一―一一三頁［M. Tournier, *op. cit.*, p. 98］。

*24――同上、一〇五頁［*Ibid.*, p. 93］。

*25――同上、七三頁［*Ibid.*, p. 66］。

*26――同上、七四頁［*Ibid.*, p. 67］。

*27――同上、一〇五―一〇六頁［*Ibid.*, p. 93］。

*28――同上、一〇一頁［*Ibid.*, pp. 89-90］。

＊29——同上、一〇二頁［*Ibid.*, p. 90］。

＊30——同上、一四八—一四九頁［*Ibid.*, p. 129］。

＊31——同上、一〇三頁［*Ibid.*, p. 91］。

＊32——同上、二二二頁［*Ibid.*, p. 188］。

＊33——同上、二二五頁［*Ibid.*, p. 191］。

＊34——D・ライアン『監視スタディーズ』二四六頁［D. Lyon, *Surveillance Studies*…, p. 152］。

＊35——Thomas Mathiessen, "The Viewer Society : Michel Foucault's 'Panopticon' Revisited", *Theoretical Criminology*, 1 (2), 1997, p. 219.

＊36——*Ibid.*

＊37——「ハビトゥス」については、以下で論じた。西兼志「「ハビトゥス」再考——初期ブルデューからの新たな展望」『成蹊人文研究』第二三号、二〇一五年。

＊38——エトムント・フッサール『経験と判断』長谷川宏訳、河出書房新社、一九九九年、一〇八頁［Edmund Husserl, *Erfahrung und Urteil : Untersuchungen zur Genealogie der Logik*, Claassen, 1964］。

＊39——ジャック・ドンズロ『家族に介入する社会——近代家族と国家の管理装置』宇波彰訳、新曜社、一九九一年、二八一頁［Jacques Donzelot, *Police des familles*, Minuit, 1977, p. 214］。

あとがき

　ここまで本書がたどってきたのは、〈顔〉の力がどのように行使され、それがどのように論じられてきたかということである。その力とは、コミュニケーションを確立する力、接触＝コンタクトを打ち立てる力のことであった。〈顔〉とは、コミュニケーション的対象なわけだが、ここで問題になるコミュニケーションとは、接触の次元に関わるもの、つまり、指標的コミュニケーションである。別言すれば、メッセージ、何が伝えられるかという内容の次元ではなく、その前提であるコミュニケーションそのもの、関係性そのものの次元が賭金となっているのだ。そして、それはまた、メディア論的アプローチが要請されるということでもある。

　〈顔〉をめぐる認知心理学や発達心理学は、対象志向には他者志向がともなっており、それに先立ちさえすることを明らかにしていた。それはまた〈顔〉の力がわれわれの生の始めから、その基層において働いていることを証すものである。そして、この力を読み解き、活用しようとする観相学や弁論術は、〈顔〉の力が、われわれの文化の始めから問題となってきたことを表している。

　イメージをめぐる戦争で賭金となっているのも、この力にほかならないが、この戦争はまた、複製技術にとって〈顔〉が特権的な対象となることを告げている。実際、シルエットであれ、写真、あるいは、映画、テレビであれ、新しいメディアが登場するとき、〈顔〉の力は新たなかたちで証明されてきたのであった。シルエットは、肖像を残したいという欲望を満たすだけでなく、〈顔〉の理論を広めることにもなった。写真は、個人の痕跡を記録し、その追跡を可能にすることで、監視社会化を先駆けるものであった。そして、映画やテレビといったマス・メディアは、スターやタレントというマスが形成される中心としての〈indi-visual〉を生み出したのであった。

このような〈顔〉の力を対象にすることは、言語中心主義に抗して、イメージの次元の導入を要請するものである。こうして、失語症ではなく相貌失認から記号論を構想し直すこと、書かれたものであれ、話されたものであれ、言語中心的なマクルーハン・パラダイムではなく、イメージの力を問うメディオロジーからメディア論を改めて提起したのであった。

このようなメディオロジーの試みをよく表すのが、記号のピラミッドであった。このピラミッドは、ソシュールではなく、パースの記号論に依拠することから定式化され、言語＝象徴の次元から、イメージに関わる類像、そして、あらゆるコミュニケーションが前提としている指標の次元に及ぶものであった。グーテンベルクの銀河系が誕生して以来のメディアの進展は、このピラミッドを下降していくベクトルに従っていた。

このベクトルの突端で、その進展を導くのが、〈顔〉なのであった。

しかし、それはまた「コントロール」を社会に遍く行き渡らせるものでもある。リアリティー・ショーはメディアと社会が重なり合うようになったことを表していたが、監視社会の戯画として、それを推し進める一因でもあった。別言すれば、フラット化したメディア環境では、誰にも「現れ」の権利が与えられることになる。文化産業は間接的＝メディア的にコントロールし、監視社会は直接的＝非－メディア的（im-mediate）にコントロールするものであったのが、いまや両者は地続きのものとなったわけである。

本書が明らかにしてきた〈顔〉の力とは、以上のようなものである。

もちろん、これで〈顔〉の力を明らかにしつくせたわけではなく、ほんの一端に触れたにすぎない。しかし、それでも、〈顔〉という対象が、多様なアプローチを要請するものであり、それらを結晶化させる〈核〉のようなものであることは明らかにできたのではないかと思う。

最後に、本書の成立に至る経緯を記しておきたい。

本書は、二〇〇六年に、ダニエル・ブーニュー教授の指導の下、グルノーブル第三大学情報コミュニケーション学科に提出した博士論文が元になっている。提出後、日本語での出版については、フランス語で書いたものを自分で翻訳するようなかたちでよいだろうというぐらいに考えていた。しかし、それほど簡単にはいかず、そうしているうちに時間ばかりが過ぎ、メディア環境も含めて、状況が大きく変化していった。そのため、結局、ほぼ全面的に書き直すことでようやく成立したのが本書である（逆に、博士論文は本書の素材程度でしかなくなってしまった）。

元の博士論文自体も、哲学科で準備していたもうひとつの博士論文と平行して執筆していたのだが、このようなかたちになったのは、偶然によるものであった。

グルノーブルの情報コミュニケーション学科では、二〇〇一年に、ブーニュー教授のもとで博士論文準備課程を修了していた。しかし、ブーニューが退官することもあり、また、当時、テーマとしていたのが、発話媒介行為の観点から言語行為論を考え直すというものであったため、まさにその専門家であるドニ・ヴェルナン教授のいるグルノーブル第二大学の哲学科に移ることになった（こちらのほうは、二〇〇八年に修了した）。

しかし、〈顔〉の問題については、東京大学大学院の博士課程でメディア研究に関わるようになって以来、気になる対象であったため、どうにかまとめられないものかと考えていた。そのなかで、記号論の三区分——意味論・統辞論・語用論——が有用なのではないか、つまり、観相学的アプローチ＝意味論、弁論術的・コミュニケーション的アプローチ＝語用論、そして、映画以降の動画メディア＝統辞論というふうに、古代から現代に及ぶ〈顔〉へのアプローチをまとめることができるのではないかと考えるに至ったのであった。

このような話を友人にしたところ、この友人を介してブーニューに伝わったのだった（その友人はシステムエンジニアでもあったため、たまたま故障したブーニューのＰＣを復旧しに行ったのであった。その際、ちょうど出版されたところであった『Cahiers de médiologie』誌の「顔」特集号に目を留め、このような顔論の構想を持った学生がいるのだが、博士論文にできるだろうかと尋ねたのだった。そうしたところ、可能ではないかということだったので、その学生が私だと明かしたということであった）。その数日後、シンポジウムでたまたまブーニューと同席した際に、この顔論の話題となり、一度、話しに来ないかと言ってもらったのであった。その際に、この構想をどうするつもりかと尋ねられたため、博士論文をふたつ進める可能性について聞いたところ、可能ではないかということであった。そこで、改めて指導教官を引き受けてもらい、哲学科での博士論文と平行して、こちらの執筆にも取りかかることになったのであった。

このような一連の偶然から、博士論文、そして本書は生まれたわけだが、いわゆる学際的な学部で学んできた筆者にとって、ひとつの必然であった。先に〈顔〉という対象は、さまざまなアプローチの〈核〉のようなものだと言ったが、なによりまず、個人的に、このような執筆の経緯を始めとして、みずからが学んできたことを結晶化させる〈核〉なのであった。逆に言えば、このような〈核〉がなければ、論文にしろ、書籍にしろ、かたちをなすことはなかった。

こうして何とかかたちになったのは、先に記した友人を始めとして、直接、間接に、多くの人のおかげである。まず、グルノーブルでの研究を指導して頂いたダニエル・ブーニュー、ドニ・ヴェルナンの両教授に感謝したい。ふたりの寛大さがなければ、博士課程を修了することはできなかった。また、著作から学ばせてもらっただけでなく、博士論文の口頭審査を引き受けてくれたレジス・ドブレ教授にも感謝したい。そして、これらの出会いや偶然を組織してくださったのは、東京大学大学院の石田英敬先生である。そもそも石田先生のもとで学ぶことがなければ、ここまで書いてきたすべてはありえないものであった。ここに記して感謝したい。

本書の編集は、Ｂ・スティグレールの『技術と時間』シリーズ以来、お世話になっている法政大学出版局の前田晃一さんに担当していただいた。

二〇一六年九月一〇日、ロンドン

西　兼志

ヤ行

ラ行

ワ行

ナ行

ハ行

サ行

タ行

カ行

索引

著　者

西 兼志（にし・けんじ）

1972年生まれ。東京大学大学院総合文化研究科言語情報科学専攻博士課程単位取得退学、グルノーブル第3大学大学院博士課程修了（情報コミュニケーション学博士）、グルノーブル第2大学大学院博士課程修了（哲学博士）。現在、成蹊大学文学部現代社会学科准教授。著書に『窓あるいは鏡：ネオTV的日常生活批判』（慶應義塾大学出版会、水島久光との共著）、訳書にD. ブーニュー『コミュニケーション学講義：メディオロジーから情報社会へ』（書籍工房早山）、E. オーグ『世界最大デジタル映像アーカイブINA』（白水社）、F. カプラン『ロボットは友だちになれるか：日本人と機械のふしぎな関係』（NTT出版）、B. スティグレール『技術と時間』（1巻〜3巻、法政大学出版局）などがある。

〈顔〉のメディア論
メディアの相貌

2016年10月31日　初版第1刷発行

著　者　西 兼志
発行所　一般財団法人　法政大学出版局
〒102-0071 東京都千代田区富士見 2-17-1
電話03(5214)5540／振替00160-6-95814
組版：HUP
印刷：ディグテクノプリント
製本：誠製本
装幀：阿部卓也

ISBN978-4-588-15080-7　Printed in Japan